Repetitorium für den Hochbau

1. Graphostatik und Festigkeitslehre. 2. Statik der Hochbaukonstruktionen. 3. Grundzüge des Eisenhochbaues

2. Heft

Abriß der Statik der Hochbaukonstruktionen

Für den Gebrauch an Technischen Hochschulen und in der Praxis

von

Dr.-Ing. E. h. Max Foerster

Geheimer Hofrat, ord. Professor für Bauingenieurwissenschaften an der Technischen Hochschule Dresden

Mit 157 Textfiguren

Springer-Verlag Berlin Heidelberg GmbH
1920

ISBN 978-3-642-51945-1 ISBN 978-3-642-52007-5 (eBook)
DOI 10.1007/978-3-642-52007-5

Ursprünglich erschienen bei Julius Springer in Berlin 1920

Vorwort.

In organischem Anschlusse an Heft I des Repetitoriums für den Hochbau, das der Graphostatik und Festigkeitslehre gewidmet ist, steht Heft II, die Grundzüge der Statik der Baukonstruktionen behandelnd, soweit ihrer der Hochbau im allgemeinen bedarf. Beginnend mit den allgemeinsten Fragen der Trägerlehre, der Erörterung statischer Bestimmtheit und Unbestimmtheit, und der kurzen Vorführung und Wesensbestimmung der wichtigeren, zu dieser Gruppe gehörenden hochbaulich verwendeten Trägersysteme, wenden sich die Betrachtungen alsdann letzteren im besonderen zu. Behandelt werden zunächst von statisch bestimmten Balken der einfache Balken auf 2 Stützen, der Kragträger und der Auslegerträger. Da die weiterhin folgende Behandlung statisch unbestimmter Balken mit Hilfe ihrer Formänderung infolge der Durchbiegung bewirkt werden soll, ist der nächste Abschnitt der elastischen Linie und der mit ihrer Hilfe zu bewirkenden Bestimmung der Durchbiegung des einfachen Balkens auf 2 Stützen und des Kragträgers gewidmet. Hieran schließt sich die Berechnung der über mehrere Stützen durchgehenden Träger und des einseitig frei gelagerten anderseits fest eingespannten Balkens sowie des beiderseits fest eingespannten Trägers. In diesen Abschnitten sind, bei den Herleitungen der Auflagerkräfte, Momente und Hilfskräfte, nur die einfachsten, symmetrischen Belastungsfälle behandelt; daneben sind aber beim durchgehenden Träger die Clapeyronsche Gleichung sowie die Winklerschen Zahlen eingefügt und ihre Anwendungen zur Bestimmung der statischen Größen für beliebige Stützenanzahl, Feldweiten und Belastungsgrößen an Beispielen erläutert. In gleicher Weise sind auch bei doppelt eingespannten Balken die Rechnungsergebnisse für eine unsymmetrische Belastung gegeben und durch Beispiele belegt.

Von Bogenträgern ist nur der statisch bestimmte Dreigelenkbogen in den Kreis der Betrachtungen gezogen, und zwar in normaler Bauart und mit Zugstange zur Aufnahme seines Horizontalschubes. In diesem Abschnitte ist insbesondere auch die Mittelkraftlinie zur Spannungsermittlung herangezogen, und zwar im Hinblicke auf ihre spätere Verwendung bei der Berechnung von Tonnengewölben des Hochbaues.

Ein weiterer wichtiger Abschnitt befaßt sich mit den allgemeinen Verfahren zur Spannkraftermittlung in Fachwerken, der Ritterschen,

Culmannschen und Cremonaschen Methode. Überall sind Nutzanwendungen der Verfahren zur Berechnung von Trägern bzw. Dachbindern angeschlossen. Hieran fügt sich ein ganz kurzer Abschnitt über das Wesen der Einflußlinien und ihre Verwendung zur Ermittlung statischer Größen bei einfachen Balken und Dreigelenkbögen. Wenn auch die Fälle nicht allzu häufig sein dürften, in denen der Hochbauer diese Berechnungsmethode mit besonderem Vorteil anwenden wird, so ist sie doch zur Übung im statischen Denken so wertvoll und in der Eleganz ihrer Lösungen so für sich gewinnend und zwingend, daß auch dem Hochbauer ihre Grundzüge nicht vorenthalten werden dürfen.

Im Anschlusse an die vorangegangene Vorführung Cremonascher Kräftepläne im allgemeinen konnte die Berechnung der einfachen Dachbinder in Fachwerksform (und in Massivbau) verhältnismäßig kurz besprochen werden. Hier wurden neben Balkenbindern ohne und mit überstehenden Enden Kragkonstruktionen und Dreigelenkbögen-Dächer in den wichtigsten Grundzügen ihrer Berechnung unter den üblichen Belastungsarten behandelt.

Den räumlichen Dachsystemen ist ein weiterer Abschnitt gewidmet, nicht von der Absicht eingegeben, ausführlicher auf die Frage der Berechnung dieser Systeme einzugehen, sondern fast ausschließlich zu dem Zwecke mitgeteilt, auch dem Hochbauer ein Verständnis für die Grundlagen zu gewähren, die er bei dem Entwurfe seiner Kuppeln, Zelt- und Turmdächer walten lassen muß, um sein Gebilde im Zusammenhang mit dessen Unterbau von vornherein so zu gestalten, daß einer späteren statischen Behandlung durch den Ingenieur nicht unüberwindliche oder übergroße Schwierigkeiten entgegenstehen.

Die letzten Kapitel behandeln die Berechnung der Tonnengewölbe und geben eine kurze Darlegung der Theorie des Erddruckes, um auch in diese Gebiete den Hochbauer, soweit erfordert, einzuführen. Hierbei sind die Tonnengewölbe ausschließlich als Dreigelenkbögen behandelt, die Erörterungen über den Erddruck auf den allereinfachsten Fall — senkrechte Mauerbegrenzung, wagerechte Erdoberflächen — und auf die Heranziehung dieses einfachsten Falles zu grober Schätzung bei verwickelteren Fällen beschränkt.

Möge auch das Heft II seine Aufgabe erfüllen, in wahrem Sinne für das Gebiet, das es behandelt, ein Repetitorium zu sein, sowohl im Studium, wie später bei den vielgestaltigen Anforderungen der Praxis.

Auch bei Abschlusse dieses Heftes ist es mir erneut ein Bedürfnis, der Verlagsfirma Julius Springer, Berlin, für die weitschauende Unterstützung des Unternehmens und die trotz all der Schwierigkeiten der Jetztzeit einwandfreie Ausstattung des Heftes meinen sehr ergebenen Dank auszusprechen.

Dresden, im Oktober 1919. Dr.-Ing. **M. Foerster.**

Inhaltsverzeichnis.

Abriß der Statik der Hochbaukonstruktionen.

1. Kapitel.

Einführung in die Trägerlehre.

Unter einem **Träger** wird ein Bauteil verstanden, der auf ihn entfallende, senkrecht oder schiefwinkelig zu seiner Achse gerichtete Lasten an seinem Auflagerpunkte oder seinen Auflagerstellen auf feste unwandelbare Unterstützungspunkte überträgt. Hierbei werden in dem Träger selbst innere Kräftewirkungen hervorgerufen, welche mit den äußeren Kräften im Zustande des Gleichgewichtes stehen müssen. Die äußeren Kräfte suchen den Träger zu verbiegen und erzeugen hierbei in seinen Fasern oder bei gegliederter Ausbildung in seinen einzelnen Stäben Druck- und Zugkräfte, die abhängig sind von der Größe des jeweilig einwirkenden Biegungsmomentes der äußeren Kräfte bzw. deren Mittelkraft. Zudem lösen die äußeren Kräfte auch Schubwirkungen an den Trägern aus.

Je nachdem ein Träger ein ebenes Gebilde darstellt und als solches in der Ebene berechnet wird, oder nur als räumliches Tragwerk im unlösbaren Zusammenhange mit einer Anzahl, in verschiedenen Ebenen liegender Bauteile mit ihnen gemeinsam betrachtet und untersucht werden kann, werden ebene und räumliche Tragsysteme unterschieden. Reichen bei den Trägern die durch ihre Bauart und Lagerung bedingten Gleichgewichtsbedingungen bzw. die aus ihnen abgeleiteten Gleichungen aus, um alle am Träger auftretenden äußeren und inneren Unbekannten — d. s. die Stützenwiderstände infolge der Last und die von ihnen hervorgerufenen Spannkräfte in den Stäben der Systeme usw. — einwandfrei zu finden, so nennt man das Tragwerk ein statisch bestimmtes, im anderen Falle ein statisch unbestimmtes. Während also im ersteren Falle die Gleichgewichtsbedingungen genügen, um die Trägerberechnung in ihrer Hauptsache durchzuführen, müssen im anderen Falle noch besondere Gleichungen gefunden werden, die sich aus den Formänderungen der Tragwerke ableiten, und zwar für die hochbaulich wichtigeren statisch unbestimmten Träger in der Regel unmittelbar aus den Durchbiegungsgrößen dieser gefunden werden. Die statische Unbestimmtheit kann eine äußerliche oder — bei Fachwerkträgern — eine innerliche sein, je nachdem die Überzahl der Unbekannten auf Stützenwiderstände oder auf Spannkräfte in Systemsgliedern zurückzuführen ist.

Nach der äußeren Form der Träger unterscheidet man Vollwand- und Gitterträger, je nachdem der Träger ungeteilt ist, also überall ungegliederte Querschnitte aufweist oder aus einem System von Stäben, die in Gitterform zu einem Fachwerk zusammengefügt werden, gebildet wird. Solche Fachwerke können nach den vorstehenden Ausführungen sowohl ebene wie räumliche sein, während bei den ungegliederten Tragwerken für den Hochbau nur ebene Gebilde in Frage kommen, es sei denn, daß man — was aber nicht üblich ist — massive Kuppeln und ähnliche Bauten als Vollwandraumsysteme bezeichnen will.

Eine jede Belastung eines Trägers erzeugt an den Auflagerpunkten dieses Stützenwiderstände — Reaktionen —, die, mit den Lasten im Gleichgewicht stehend, je nach der Art der Trägerlagerung und Lastrichtung gerichtet sind. Hierbei kann ein Lagerpunkt eine Verschieblichkeit erhalten, also auf einer Gleitbahn in bestimmter Richtung verschieblich geführt sein, bewegliches Lager, oder durch einen festen Anschluß gebildet werden. Dieser ist in der Regel so beschaffen, daß sich der Träger in ihm frei verbiegen, also um ihn drehen kann. Alsdann wird ein solcher Lagerpunkt als Gelenk oder festes Gelenk bezeichnet. Endlich kann auch die Lagerung eines Trägers durch eine feste Einspannung bedingt sein, die ihrerseits dann neben der Auflagerkraft zur Herstellung des Gleichgewichts gegenüber dem angreifenden Verbiegungsmoment der äußeren Kräfte die Ausbildung eines Einspannungsmomentes in sich schließt.

Vernachlässigt man bei einem beweglichen, linear verschieblichen Lagerpunkt die Reibung zwischen dem Träger und seiner Lagerkonstruktion, setzt man also voraus, daß in der Richtung der Verschieblichkeit keine Kraft übertragen werden kann, so wird hier nur eine Kraft auftreten können, die senkrecht zur Verschiebungsbahn gerichtet ist. Ist letztere — wie das die Regel bildet — wagerecht angeordnet, so wird demgemäß ein so geartetes, bewegliches Lager nur senkrechte Drücke aufnehmen und abgeben können. Hier tritt also, da die Richtung der Stützenkraft gegeben ist und nur ihre Größe unbekannt ist, auch nur eine Unbekannte auf. Bei einem festen Gelenke kann die Stützenkraft eine beliebige schiefe Lage einnehmen; zu ihrer Bestimmung ist somit die Kenntnis ihrer beiden Seitenkräfte notwendig, die Anzahl der Unbekannten beträgt demgemäß hier zwei. Liegt endlich eine feste Einspannung vor, so tritt — bei senkrechter, hier nur in Rechnung gestellter Last — neben dem senkrechten Stützenwiderstand noch ein Einspannungsmoment als Unbekannte auf.

Aus der Art der Lagerung eines Tragwerkes, z. T. unter Berücksichtigung der Lastlage und -Richtung, ist somit die Anzahl der Stützenunbekannten ohne weiteres abzuleiten. Da in der Ebene im allgemeinen nur 3 allgemeine Gleichgewichtsbedingungen zur Verfügung stehen[1]), so wird ein ebenes Tragwerk alsdann äußerlich statisch bestimmt sein, wenn an seinen Lagerpunkten im ganzen nicht mehr wie 3 Unbekannte auftreten. Bei vielen — nicht bei allen — Traggebilden bedingen senkrechte Lasten auch senkrechte Widerstände. Da hier i. d. R, nur zwei Gleichgewichtsbedingungen aufgestellt werden können und wegen der Art der Belastung die aus der Summe der wagrechten Kräfte abgeleitete Bedingung entfällt, so wird in diesem Sonderfalle die äußere statische Bestimmtheit durch nur 2 Unbekannte bedingt sein. Daß diese aus einer senkrechten Mittelkraft eindeutig bestimmt werden können, wurde in Heft I auf S. 15 bereits dargelegt.

Handelt es sich um die innere statische Bestimmtheit eines ebenen Fachwerkes, so ist zu beachten, daß in jedem Knotenpunkte eines solchen stets zwei Gleichgewichtsbedingungen (die Summe der Kräfte auf 2 zueinander senkrecht stehende Achsen muß je $= 0$ sein) aufstellbar, also auch 2 Unbekannte bestimmbar sind. Wird mithin, von einem Stabe ausgehend, ein Fachwerk in der Art gebildet, daß an jedem fest angeschlossenen Punkt ein jeder neue Punkt nur vermittels zweier neuer Stäbe angefügt wird, so wird mithin das Gesamtsystem innerlich statisch bestimmt werden, da überall die Summe der neu zugefügten Unbekannten (Stabkräfte) gleich der Anzahl der aufzustellenden Gleichgewichtsbedingungen ist. Ist demgemäß ein so entstandenes ebenes Fachwerk auch äußerlich bestimmt gelagert, so stellt

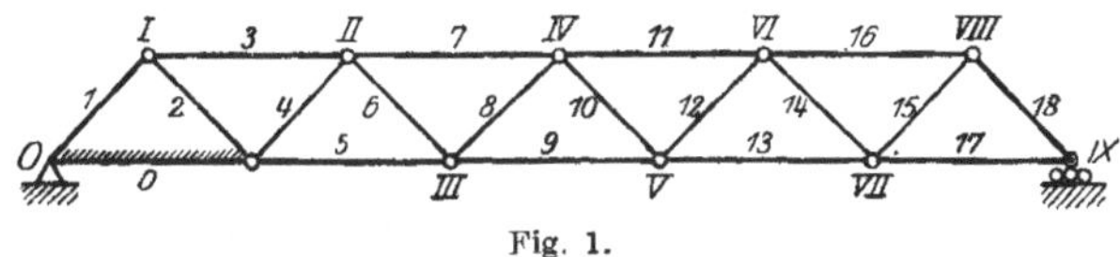

Fig. 1.

es im ganzen ein statisch bestimmtes System dar. Die Art dieser Bildungsweise ist in Fig. 1 erläutert und durch die Reihenfolge der Zahlen erkennbar. Man sieht, daß auf diesem Bildungswege gewonnene ebene Fachwerke sich aus lauter einfachen Dreiecken zusammensetzen müssen.

[1]) Die Summe der senkrechten und wagerechten Kräfte muß je $= 0$ und die Summe aller Momente auf einen beliebigen Punkt bezogen auch $= 0$ sein (vgl. Heft I).

Bezeichnet man die Anzahl der Knotenpunkte an einem ebenen Fachwerk mit n, die Anzahl der unbekannten Auflagerkräfte mit a, die Anzahl der Stäbe mit s, so folgt aus obigem Bildungsgesetze die Beziehung dafür, daß das System statisch bestimmt ist:

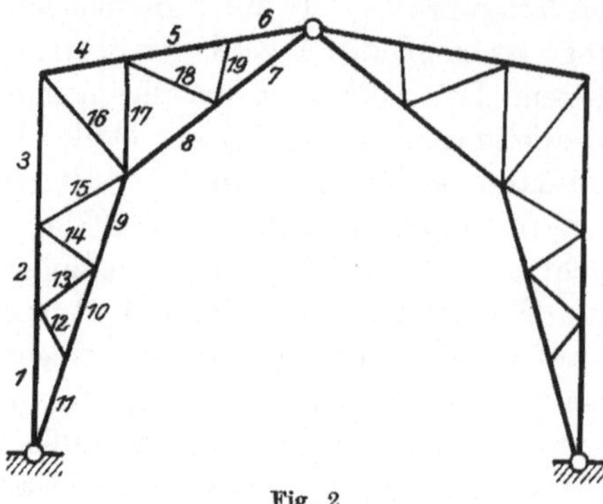

Fig. 2.

$$s + a$$
$$= \text{Summe der Unbekannten}$$
$$= 2\,k = \text{Summe der Gleichgewichtsbedingungen}$$

$$s + a = 2\,k\,;$$

denn man kann an jedem ebenen Knotenpunkte je 2 Gleichungen — aber auch nur je 2 — aufstellen.

In Fig. 1 ist z. B. $s = 19$, $a = 2 + 1 = 3$, $k = 11$:

$$19 + 3 = s + a = 2\,k = 2 \cdot 11 = 22.$$

Das System ist also statisch bestimmt. Dasselbe gilt von dem Dreigelenk-Fachwerksbogen in Fig. 2, bei dem $a = 4 = 2 \times 2$, wegen der beiderseitig angebrachten festen Fußgelenke, $s = 38$, $k = 21$ ist:

$$a + s = 4 + 38 = 42 = 2\,k = 2 \cdot 21 = 42.$$

Hingegen ist das System in Fig. 3, bei dem $s = 34$, $k = 18$, $a = 3$ ist,

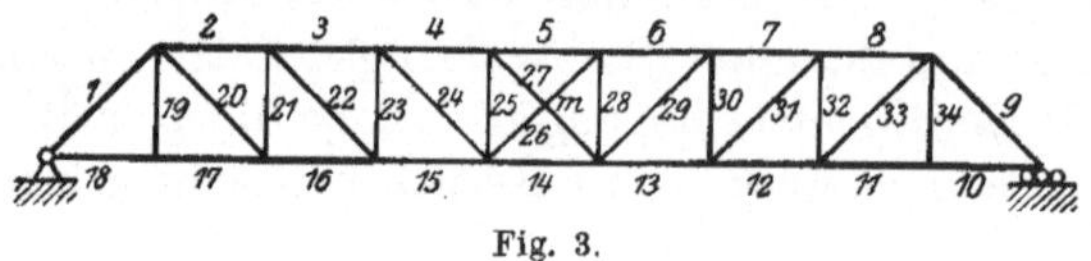

Fig. 3.

einfach innerlich unbestimmt, da ein Stab zuviel im Fachwerk vorhanden ist:

$$34 + 3 = 37 > 2\,k > 2 \cdot 18 > 36.$$

Hieran ändert sich auch nichts, wenn man den Schnittpunkt der beiden mittleren Schrägstäbe (m) als Knotenpunkt auffaßt, da alsdann die Anzahl der Stäbe s um 2 wächst und da k um 1 zunimmt, die rechte Gleichungsseite sich auch um $2 \cdot 1 = 2$ vermehrt:

$$36 + 3 = 39 > 2\,k > 2 \cdot 19 > 38.$$

Im Gegensatz hierzu ist der Gitterträger auf 3 Stützen in Fig. 4 äußerlich statisch unbestimmt. Wenn sein Fachwerk auch nur aus einfachen Dreiecken besteht und dem vorstehend erläuterten Bildungsgesetz entspricht, so ist die Summe seiner Auflagerunbekannten doch mehr als 3 nämlich: $2 + 1 + 1 = 4$. Demgemäß wird:

$$a + s = 4 + 27 = 31 > 2\,k > 2 \cdot 15 > 30\,.$$

Fig. 4.

Neben einfachen Traggebilden kommen in der Ebene auch solche vor, die aus der Aneinanderreihung einzelner ebener Tragwerke entstehen und in ihren Anschlußpunkten gelenkartig miteinander verbunden sind oder zum mindesten als derart verbunden anzusprechen sind. Werden z w e i solcher „Scheiben“ in einem Gelenke zusammengeführt, so überträgt eine jede auf die andere hier eine Druckkraft, und es entstehen (Fig. 5a) insgesamt 4 Unbekannte, denen wiederum die beiden mehr-

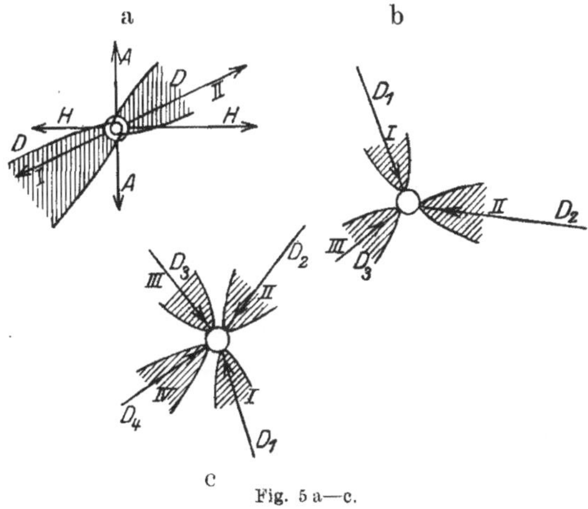

Fig. 5 a—c.

fach erwähnten Gleichgewichtsbedingungen für den Gelenkpunkt gegenüberstehen. Es verbleiben mithin 2 nicht bestimmbare Größen. In gleicher Weise bilden sich bei dem Zusammentreffen dreier Scheiben (Fig. 5b) 6 Unbekannte aus, denen 2 Gleichungen entsprechen, so daß hier 4 Unbekannte verbleiben; bei einem Zusammentreffen von 4 Scheiben in einem Gelenk (Fig. 5c) wird ebenso die Anzahl der Unbekannten $= 8$ und somit ihre nicht unmittelbar zu bestimmende Anzahl 6 usw. Bezeichnet man ein Gelenk, in dem 2 Scheiben zusammentreffen, als ein einfaches, bei den Anschlüssen dreier Scheiben als ein zweifaches, bei 4 Scheiben als ein dreifaches usf. und nimmt man an, daß an einem aus s Scheiben vereinigten ebenen Traggebilde g_1 einfache, g_2 zweifache, g_3 dreifache g_n n fache Gelenke vorhanden sind, so wird die Anzahl der in den Gelenken verbleibenden Unbekannten:

$$2 g_1 + 4 g_2 + 6 g_3 \ldots + 2 n g_n = 2 (g_1 + 2 g_2 + 3 g_3 \ldots + n g_n) .$$

Zu diesen Unbekannten treten dann noch die Auflagerunbekannten an den Stellen, an denen das Gesamtsystem gelagert ist, $= a$ hinzu, während für jede der s Scheiben die bekannten 3 Gleichgewichtsbedingungen aufgestellt werden können. Demgemäß findet die statische Bestimmtheit eines aus einzelnen, gelenkartig verbundenen Scheiben zusammengesetzten, ebenen Tragsystems ihren Ausdruck in der Beziehung:

$$\mathbf{2 (g_1 + 2 g_2 + 3 g_3 \ldots + n g_n) + a = 3 s} .$$

Von dieser Gleichung wird, wie nachstehend gezeigt wird, vielfach im Hochbau zweckmäßig Gebrauch gemacht.

Über die statische Bestimmtheit der Raumsysteme wird in dem Abschnitte über räumliche Dachtragwerke das Erforderliche gegeben werden.

Bei den einfachen ebenen Trägern unterscheidet man die folgenden wichtigeren Arten:

1. **Der einfache Balken.** Der Träger ist hier auf der einen Seite beweglich — wagerecht verschieblich —, auf der anderen fest, gelenkartig, gelagert. Temperaturverschiebungen vermögen also in ihm keine inneren Spannungen und Zwängungen hervorzurufen, da die Zusammenziehungen und Ausdehnungen des Trägers sich uneingeschränkt durch Verschiebung im beweglichen Lager vollziehen können. Sind (Fig. 6) die Lasten senkrecht, so werden ihnen auch senkrechte Stützwiderstände entsprechen, da die Mittelkraft aus den Lasten und die Stützenwiderstände im Gleichgewicht sein, sich aber 3 Kräfte in diesem Zustande stets in einem Punkte schneiden müssen (vgl. Heft I S. 5). Da ein Widerstand am beweglichen, wagerecht verschieblichen Lager bereits senkrecht, d. h. der Mittelkraft parallel gerichtet ist, so muß mithin auch die zweite Stützenkraft die gleiche Richtung haben; alle 3 Kräfte sind parallel und schneiden sich in der Unendlichkeit. Der einfache Balken hat mithin die Eigenschaft, daß senkrechte Lasten senkrechte Stützenwiderstände hervorrufen.

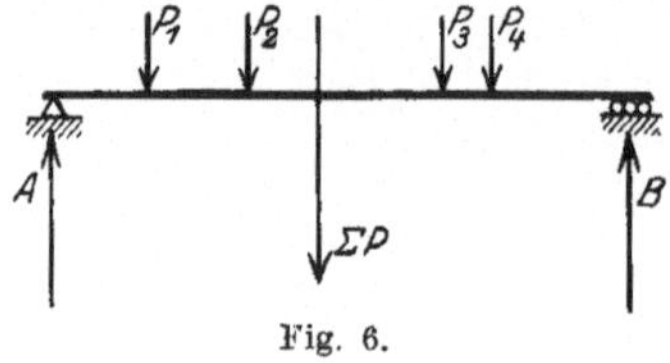

Fig. 6.

Wirken auf den Balken zu seiner Achse schief gerichtete Kräfte ein, so wird der Stützenwiderstand (Fig. 7) am festen Lagerpunkte ebenfalls schief gerichtet sein. Hier treten somit die 3 Unbekannten in die Erscheinung, deren Bestimmung durch die 3 Gleichgewichtsbedingungen ermöglicht wird. Demgemäß ist der **einfache Balken auf 2 Stützen ein ebener, statisch bestimmter Träger.** Das erkennt man auch sofort durch die eindeutige Zerlegung der Mittelkraft der äußeren Kräfte nach den unmittelbar gegebenen Richtungen der Stützenwiderstände (Fig. 7).

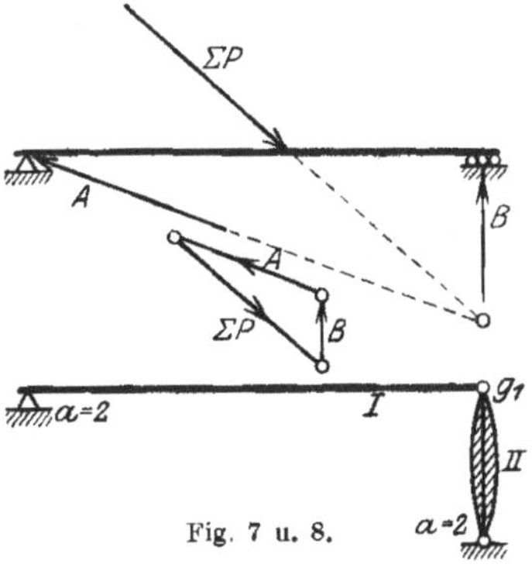

Fig. 7 u. 8.

Denkt man sich das linear verschiebliche, bewegliche Lager durch eine Pendelsäule (Fig. 8) ersetzt, die genau in statischer Hinsicht auf den Träger die gleiche Wirkung wie das verschiebliche Lager ausübt, und faßt man hierbei sowohl Träger als Säule als Scheibe, ihre Verbindungsstelle als Gelenk auf, so bleibt das Gesamtsystem statisch bestimmt:

$$2\,g_1 + a = 3\,s.$$

$$2 \cdot 1 + 4 = 6 = 3 \cdot 2 = 6\text{[1]}.$$

Man erkennt, daß man, ohne die statische Bestimmtheit zu ändern, bei einem einfachen Balkenträger das verschiebliche Lager durch eine Pendelsäule ersetzen kann.

In dieser Weise kann man auch mehrere einzelne Balken aneinanderreihen, sie durch Pendelsäulen unterstützen. Das Gesamtsystem bleibt statisch bestimmt, wenn man (Fig. 9) einen einzigen festen Lagerpunkt innehält.

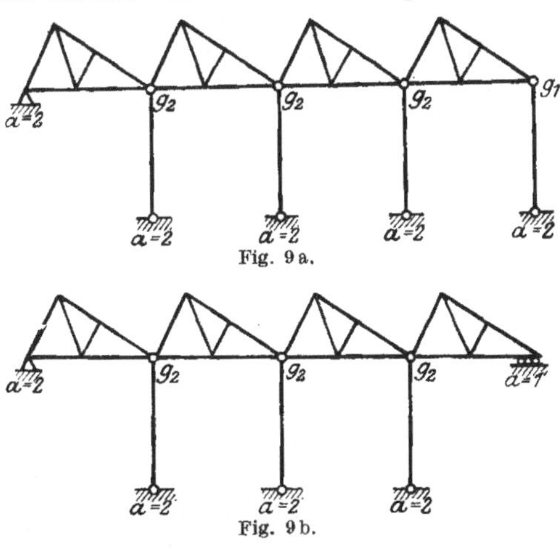

Fig. 9a.

Fig. 9b.

In der in Fig. 9a dargestellten Vereinigung von einfachen Trägern bzw. nach deren Art gebauten Fachwerksdachbinder folgt bei einer beliebigen Zahl von Trägern $= n$: Anzahl der Trägerscheiben $= n$; Anzahl der Säulenscheiben $= n$; $a = 2\,n + 2$; $g_1 = 1$; $g_2 = n - 1$:

$$2\,(g_1 + 2\,g_2) + a = 2\,[1 + 2\,(n-1)] + 2\,n + 2 = 6\,n = 3\,s = 3 \cdot 2\,n.$$

[1]) Hier sind nunmehr beide Lagerpunkte des Gesamttragwerkes feste Gelenkanschlüsse mit je 2 Unbekannten.

Das gleiche Ergebnis statischer Bestimmtheit zeigt sich, wenn man an Stelle der letzten Pendelsäule ein bewegliches Lager setzt; alsdann wird (Fig. 9b): $s = (2n - 1)$; $g_1 = 0$; $g_2 = (n - 1)$; $a = 3 + 2(n - 1)$ und somit:

$$2(g_1 + 2g_2) + a = 2 \cdot 2(n - 1) + 3 + 2(n - 1) = 6(n - 1) + 3$$
$$= 6n - 3 = 3(2n - 1) = 3s.$$

2. Der einfache Kragträger. Hier wird der Balken auf der einen Seite eingespannt, während sein anderes Ende frei herauskragt (Fig. 10).

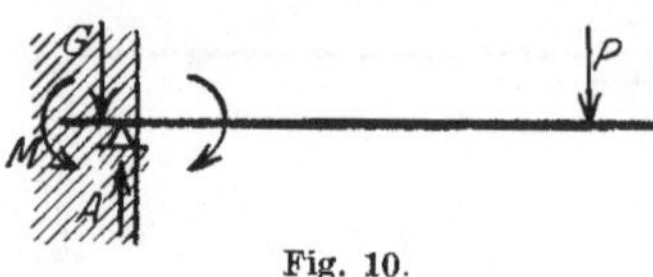

Fig. 10.

Für senkrechte Belastung folgt die Stützenkraft aus der Bedingung, daß sie gleich der Mittelkraft der Lasten sein muß; in gleicher Weise muß dem Biegungsmomente der äußeren Kräfte von dem Einspannungsmoment im Auflager das Gleichgewicht gehalten werden; beide Unbekannte sind mithin bestimmbar. Das Einspannungsmoment muß entweder durch eine Auflagerlast, die auf dem Träger ruht oder durch eine Verankerung dieses gebildet werden; auch hier muß die Einspannungslast oder Ankerkraft mit dem Stützenwiderstande und der Mittelkraft sich in einem Punkte schneiden (vgl. Fig. 11); hier hat letztere eine schiefe Richtung.

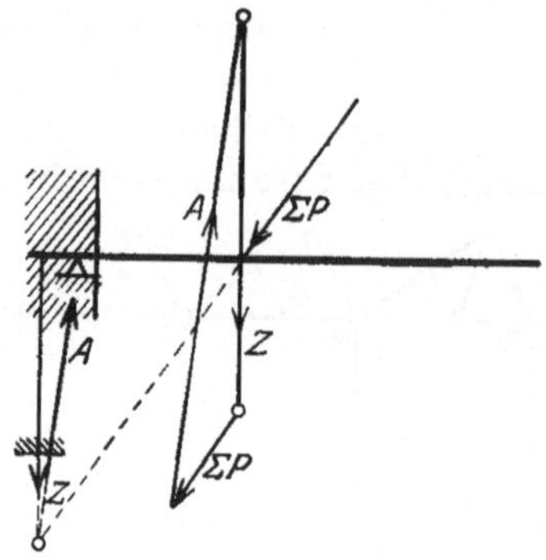

Fig. 11.

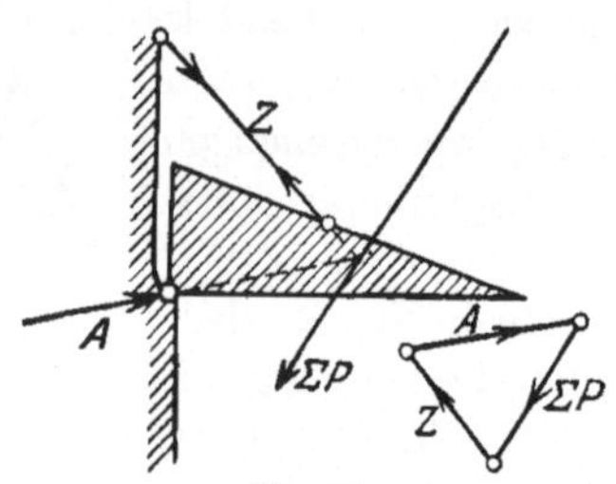

Fig. 12.

Die Richtung der Ankerkraft kann unter Umständen ganz beliebig sein, wie dies bei einfachen Kragbindern nicht selten vorkommt (vgl. Fig. 12). Die Figuren lassen deutlich erkennen, daß es sich auch hier um ein statisch bestimmtes System handelt, da bei ihm die Auflagerunbekannten ohne weiteres bestimmbar sind.

Das ergibt sich auch daraus, daß bei beliebig gerichteter Belastung die schief gerichtete Auflagerkraft 2 Unbekannte, die Ankerkraft eine dritte in sich schließt und diese wiederum den drei allgemeinen Gleichgewichtsbedingungen entsprechen.

3. Der **Auslegerträger,** d. i. ein normal gelagerter Balkenträger mit 1 oder 2 überstehenden Enden (Fig. 13). Da gegenüber dem einfachen Balken keine neuen, also nicht mehr Auflagerunbekannten als dort auftreten, ist das System statisch (äußerlich) bestimmt. Das ändert sich auch nicht, wenn Ausleger mit auf ihren überstehenden Enden aufruhenden Schwebeträgern, gelagert nach Art der einfachen Balken, zu einem d u r c h g e h e n d e n G e l e n k t r ä g e r vereinigt werden (Fig. 14). Der rechnerische Beweis hierfür läßt sich leicht mit Hilfe der „Scheiben-Gleichung“ erbringen. Denkt man sich in Fig. 14b alle beweglichen

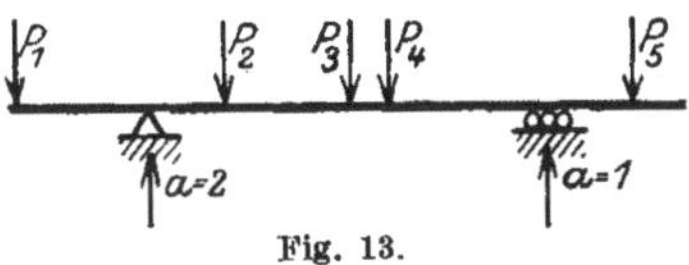

Fig. 13.

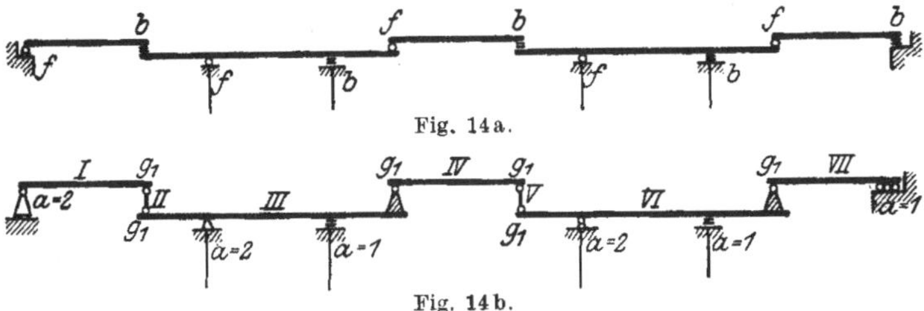

Fig. 14a.

Fig. 14b.

Lager der eingehängten Träger (Mittelträger) durch Pendelsäulen gebildet, so entsteht ein Tragwerk aus 7 Scheiben mit 6 einfachen Gelenken und 9 Auflagerunbekannten. Demgemäß wird die Gleichung erfüllt:

$$a + 2\,g_1 = 3\,s;\; 9 + 2 \cdot 6 = 21 = 3 \cdot 7 = 21.$$

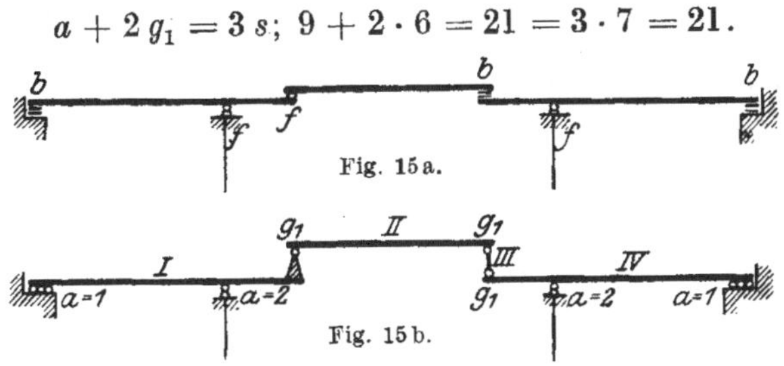

Fig. 15a.

Fig. 15b.

Dasselbe ergibt sich auch bei der Form nach Fig. 15ab mit einseitigen Auslegern; hier ist: $g_1 = 3$; $s = 4$; $a = 6$, und somit wird:

$$a + 2\,g_1 = 6 + 6 = 3 \cdot 4 = 12$$[1]).

---

[1]) Faßt man im vorliegenden Falle die einzelnen Tragteile als Stäbe, ihre Verbindungspunkte als Knotenpunkte auf, so führt auch die Gleichung $a + s = 2\,k$ zu demselben Ergebnis. In Fig. 14b ist: $s = 7$; $a = 9$; $k = 8$:

$$a + s = 7 + 9 = 16 = 2\,k = 16;$$

und ähnlich ist in Fig. 15b: $s = 4$; $a = 6$; $k = 5$:

$$a + s = 4 + 6 = 10 = 2\,k = 10\,.$$

Von äußerlich statisch unbestimmten einfachen Balken kommen in Frage:

4. Der **durchgehende oder kontinuierliche Träger auf mehr als zwei Stützen** (ohne Gelenke) (Fig. 16) auf einer Stütze fest, auf

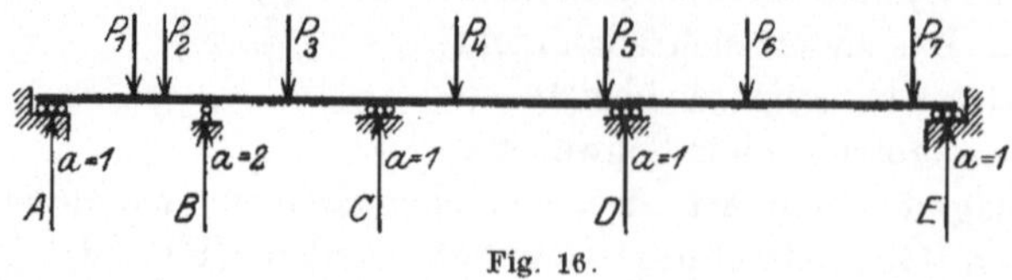

Fig. 16.

allen anderen beweglich gelagert. Da zur Bestimmung der äußeren Auflagerunbekannten nur die 3 allgemeinen Gleichgewichtsbedingungen zur Verfügung stehen, so bedingt eine Anzahl von n Stützen $n + 1$ Auflagerunbekannten und somit eine äußerliche $n + 1 - 3 = n - 2$-fache statische Unbestimmtheit. Ein Träger auf 3 Stützen ist somit einfach, ein solcher auf 5 Stützen $5 - 2 = 3$fach äußerlich statisch unbestimmt.

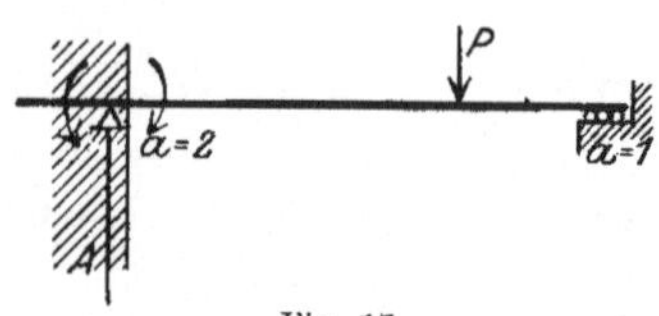

Fig. 17.

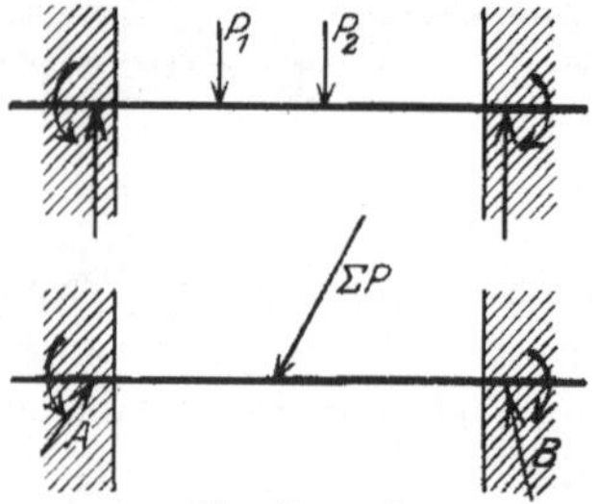

Fig. 18a u. b.

5. Der **Balken einseitig eingespannt, auf der anderen Seite frei gelagert** (Fig. 17). Durch den Hinzutritt des unbekannten Einspannungsmomentes ist eine einfache statische Unbestimmtheit bedingt.

6. Der **beiderseits fest** (wagerecht) **eingespannte Balken** (Fig. 18a b) ist in gleichem Sinne wegen des Hinzutritts der beiden Einspannungsmomente und der beiderseits festen Lagerung bei senkrechter Belastung ein äußerlich zweifach, bei beliebigen schiefen Lasten aber ein dreifach statisch unbestimmter Träger.

In letzterem Falle treten an jedem Auflagerpunkte schiefe Widerstände und verschieden große Einspannungsmomente auf, so daß im ganzen 6 Unbekannte zu bestimmen sind, für die nur 3 Gleichungen zur Verfügung stehen.

Alle vorgenannten 6 Trägersysteme gehören zu den **Balken**, bei denen durch senkrechte Lasten auch stets senkrechte Stützenwiderstände hervorgerufen werden. Sie stehen in dieser Hinsicht im Gegensatze zu einer zweiten großen Gruppe der ebenen Tragsysteme, den **Bögen**, von denen — für die vorliegende Bearbeitung ausreichend — nur das statisch bestimmte Tragwerk, der Dreigelenkbogen mit seinen Abarten, berücksichtigt werden soll (Fig. 19 und 20).

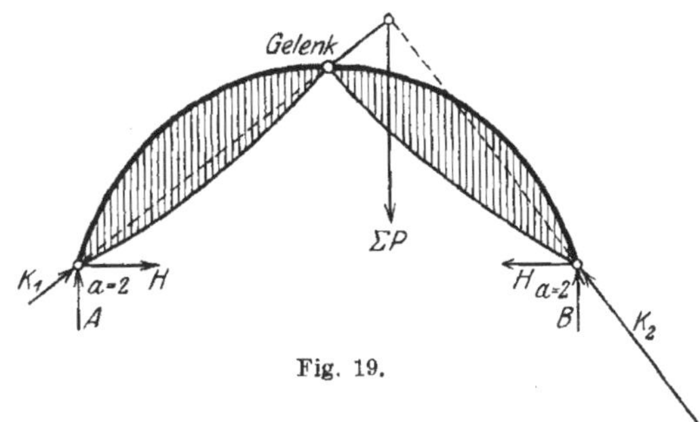

Fig. 19.

7. Der **Dreigelenkbogen** ruht an seinen Enden auf festen Gelenken beiderseits auf und besitzt in der Regel in der Mitte ein Scheitelgelenk, besteht also aus 2 durch letzteres verbundenen Teilen. Wenn auch die beiden Gelenke wegen der hier — auch bei senkrechter Belastung — beiderseits auftretenden schiefen Stützenwiderstände (Kämpferdrücke) 4 Auflagerunbekannte bedingen, so sind diese doch im vorliegenden Falle deshalb bestimmbar, weil die Einschaltung des Mittelgelenkes zu einer vierten Gleichgewichtsbedingung führt. Um ein Drehen eines Trägerteiles um den anderen im Gelenk auszuschalten, muß die Mittelkraft der äußeren Kräfte hier stets durch das Gelenk gehen; in bezug auf dieses darf also kein Drehmoment auftreten. Dem Gelenke entspricht also ein Moment $= 0$.

Hierauf beruht auch die graphische Auffindung der beiden Auflagerkräfte (Kämpferdrücke), wenn alle Lasten in einer Mittelkraft zusammengefaßt sind oder — in der Wirkung dasselbe — eine Einzellast den Dreigelenkbogen beansprucht. Alsdann muß an der unbelasteten Seite (Fig. 19) der Kämpferdruck durch das Mittelgelenk hindurchgehen (damit für dieses $M = 0$ wird), und somit ist nach dem Grundgesetze, daß 3 Kräfte nur im Gleichgewicht sein können, wenn sie sich in einem Punkte schneiden, auch der andere Kämpferdruck in seiner Richtung bestimmt. Alsdann sind aber durch eine einfache Kräftezerlegung beide Stützenkräfte bekannt. Auch hierin gibt sich die äußerliche statische Bestimmtheit des Systems zu erkennen.

Faßt man beide Bogenteile als Scheiben auf, so wird: $s = 2$; $a = 4$; $g_1 = 1$, und somit liefert die Beziehung:

$$a + 2g_1 = 4 + 2 \cdot 1 = 3s = 3 \cdot 2 = 6$$

einen weiteren Beweis dafür, daß der Dreigelenkbogen ein statisch äußerlich bestimmtes System ist. Daß er bei richtiger Ausbildung seines Fachwerkes auch innerlich statisch bestimmt, also überhaupt statisch bestimmt ist, wurde bereits durch das Beispiel auf S. 6 (Fig. 2) erwiesen.

Das Auftreten s c h i e f e r K ä m p f e r d r ü c k e an den Lagergelenken hat hier das Auftreten wagerechter Seitenkräfte zur Folge, die bei senkrechter Belastung immer nach innen gerichtet sind. Da demgemäß der Bogen aktiv nach außen schiebt, kann diese für den Unterbau in manchen Fällen gefährliche Kraft durch ein Zugband aufgenommen werden, mit dem man beide Kämpferpunkte fest verbindet (Fig. 20a). Soll hierbei die

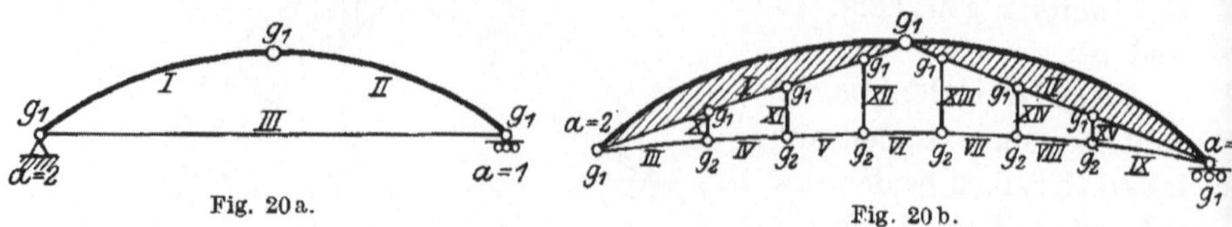

Fig. 20a. Fig. 20b.

statische äußerliche Bestimmtheit des Systems gewahrt werden, so darf nur ein Gelenk fest ausgebildet werden, während das andere — wie bei einem Balkenträger — linear verschieblich zu lagern ist. Damit verbleibt aber der Bogen ein solcher und geht nicht in das System eines einfachen Balkens über, da die Horizontalkraft an den Gelenken nach wie vor vorhanden ist und nur durch das Zugband aufgenommen wird.

Die statische Bestimmtheit folgt (Fig. 20a) aus den Beziehungen: $s = 3$; $a = 3$; $g_1 = 3$; und somit:

$$a + 2\,g_1 = 3 + 2 \cdot 3 = 9 = 3\,s = 9\,.$$

Diese Bestimmtheit ändert sich auch nicht, wenn das Zugband durch eine Anzahl Hängeeisen am Bogen aufgehängt und somit an einer Durchbiegung nach unten verhindert wird (Fig. 20b). Alsdann ist: $s = 15$; $a = 3$; $g_1 = 9$; $g_2 = 6$:

$$a + 2\,g_1 + 4\,g_2 = 3 + 2 \cdot 9 + 4 \cdot 6 = 45 = 3\,s = 3 \cdot 15 = 45\,.$$

2. Kapitel.

Der einfache Balken auf zwei Stützen.

Die grundlegenden statischen Verhältnisse dieses Trägers sind gemeinsam mit dem Nachweise seiner statischen Bestimmtheit bereits auf S. 6—8 behandelt. Es sei hier auf diese Ausführungen besonders verwiesen.

Der Träger sei durch senkrechte Lasten beansprucht, die also senkrechte Widerstände an den Stützen hervorrufen. Wirkt (Fig. 21) auf den einfachen Balken von der Stützweite $= l$ eine Einzellast (P) in den Abständen von a bzw. b von den Auflagersenkrechten und damit von den Stützkräften A bzw. B entfernt ein, so ruft sie eine Durchbiegung des Trägers nach unten — in konkaver Form — hervor. Zur Auffindung der unbekannten Stützenwiderstände A und B dient einmal die Beziehung, daß ihre Summe gleich der äußeren Last $= P$ sein muß:

$$A + B = P$$

und zum anderen eine Momentengleichung, die, um A zu finden, auf den Angriffspunkt von B bezogen wird, da alsdann der Hebelarm von $B = 0$ ist und diese Unbekannte aus der Rechnung selbst herausfällt. In gleicher Weise kann die Unbekannte B durch eine Momentengleichung, bezogen auf den Angriffspunkt von A, gefunden werden:

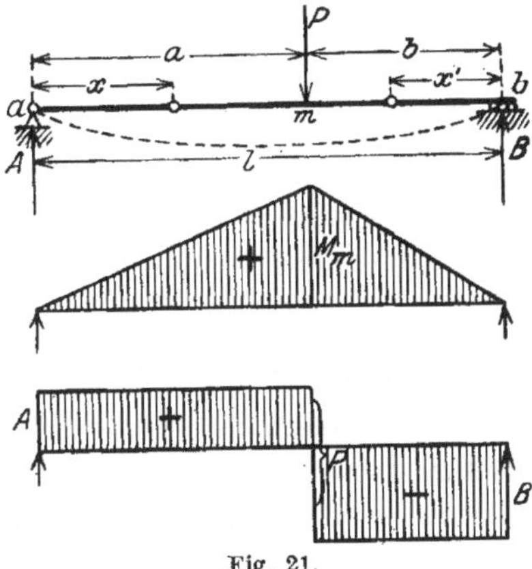

Fig. 21.

$$A \cdot l = P \cdot b\,, \qquad A = \frac{P b}{l}\,,$$

$$B \cdot l = P \cdot a\,, \qquad B = \frac{P a}{l}$$

Zur Kontrolle dient hier:

$$A + B = \frac{P b + P a}{l} = \frac{P(a + b)}{l} = P\,.$$

Bezeichnet man bei Betrachtung des linken Trägerteiles ein Moment als +, welches im Sinne des Uhrzeigers dreht, so wird für den linken Teil das Moment der äußeren Kräfte in bezug auf m:

$$M_m = + A \cdot a = + \frac{P b \cdot a}{l}\,.$$

Betrachtet man in derselben Art den rechten Trägerteil, so wird für ihn:

$$M_m = \frac{P a \cdot b}{l}\,,$$

ein Moment, das, absolut betrachtet, gleich dem von dem linken Trägerteil ausgehenden sein muß und auch tatsächlich ist:

$$\frac{P b \cdot a}{l} = \frac{P a \cdot b}{l}\,,$$

zudem aber mit ihm wegen der einheitlichen Verbiegung des Trägers im Punkte m auch dasselbe Vorzeichen haben muß. Demgemäß muß man bei Betrachtung der rechten Trägerhälfte das Moment als positiv einführen, wenn es im entgegengesetzten Drehsinne des Uhrzeigers dreht. Das gleiche gilt für jede Form der Lasten. Da sie alle, vom Auflager an beginnend, den einfachen Balken konkav nach unten durchbiegen, die diese Verbiegung hervorrufenden Momente aber durchgehend als positiv eingeführt und bezeichnet sind, so kann man auch aussprechen, daß einem positiven Moment eine konkave Durchbiegung entspricht. Im Gegensatz hierzu wird ein Moment als negativ einzuführen sein, wenn es einen Träger nach oben zu konvex verbiegt. Demgemäß werden z. B. (Fig. 22a, b) die Momente beim Kragträger als negativ, bei einem Träger auf mehreren Stützen

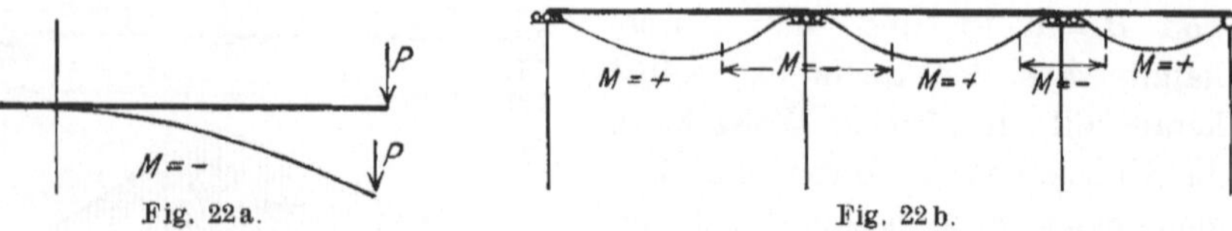

Fig. 22a. Fig. 22b.

in der Nähe der Mittelstützen ebenfalls als negativ, in Trägermitte und nahe den Außenstützen als positiv einzuführen und zu bezeichnen sein. Die Stelle, an der die Übergänge der Momente aus dem positiven Teil in den negativen erfolgen, ergibt sich aus der fortschreitenden Berechnung der Momente bzw. aus der Biegelinie.

Für einen beliebigen Querschnitt (Fig. 21) von a in der Entfernung $= x$ bzw. von b im Abstande von x' ergibt sich:

$$M_x = A \cdot x \quad \text{bzw.} \quad M_{x'} = B \cdot x',$$

d. h. die Momente nehmen geradlinig zu. Für x bzw. $x' = 0$ wird $M = 0$. Das Moment über den Auflagern ist stets $= 0$. Seinen Höchstwert erlangt das Moment im Punkte m, dem Angriffspunkte der Kraft, da bis zu diesem Punkte die nur mit dem Abstande vom Auflager veränderlichen Momente von jeder Seite aus ansteigen.

Neben dem Moment beanspruchen den Träger die Vertikal- oder Querkräfte (quer zu seiner Achse gerichtet), die für den einzelnen Querschnitt je die Mittelkraft der äußeren Kräfte darstellen. Bezeichnet man die Querkraft, die am linken Trägerteile von unten nach oben gerichtet ist, als positiv, so ist im vorliegenden Falle die Querkraft auf der Balkenstrecke a, also zwischen Punkt a und m $= +A$, da auf dieser Strecke keine andere äußere Kraft liegt. Im Punkte m tritt die Wirkung der äußeren Kraft P hinzu, so daß für $Q_m = A - P$ wird, und hiermit die Kraft Q in das Negative übergeht, da $P > A$ ist. Da zu gleicher Zeit, absolut betrachtet, $Q_m = A - P = B$ ist, so muß B im vorliegenden Falle als negativ eingeführt werden, d. h. die an einem rechten Trägerteil angreifende Querkraft ist, wenn sie von unten nach oben gerichtet ist, als negativ einzuführen.

Der Verlauf der Momentenlinie und Querkraftlinie, also auch der von ihnen und einer wagerechten Ausgangslinie umschlossenen Flächen, ist in Fig. 21 dargestellt.

Nach Feststellung dieser allgemeinen Beziehungen und Bezeichnungen seien die möglichen Belastungszustände des einfachen Balkens untersucht.

Die Belastung kann sein eine gleichmäßige und gleichförmige, auf die ganze Länge oder nur Teile von ihr sich erstreckende, oder durch feststehende Einzellasten[1]), endlich durch beide Arten von Lasten gebildet werden.

a) Der Träger ist gleichmäßig auf seine ganze Länge durch eine Last von q (t oder kg) lfd. m belastet. Bei einer Stützweite des Balkens $= l$ ergeben sich aus der Symmetrie der Belastung die beiden Stützenwiderstände:

$$A = B = \frac{q\,l}{2}\,.$$

Für einen beliebigen Querschnittspunkt m (Fig. 23) in Entfernung von x von A wird:

$$M_x = A\,x - q\,x\,\frac{x}{2} = \frac{q\,l}{2}\,x - \frac{q\,x^2}{2} = \frac{q}{2}\,(l\,x - x^2)\,;$$

d. h. die Momente verlaufen nach einer parabolischen Kurve. Für sie ist für:

$$x = 0\,, \qquad M = 0\,,$$

$$x = \frac{l}{2}\,, \quad M_{\frac{l}{2}} = \frac{q}{2}\left(\frac{l\,l}{2} - \frac{l^2}{4}\right) = \frac{q\,l^2}{8}\,.$$

Es steht bei der Symmetrie der Belastung zu erwarten, daß der Größtwert des Momentes entsprechend der größten Trägerdurchbiegung in Balkenmitte eintritt. Das zeigt auch die Rechnung durch Bildung des ersten Differentialquotienten und dessen Setzen $= 0$, also bei Ermittelung der Stelle des analytischen Maximum:

$$\frac{dM}{dx} = \frac{q}{2}\,(l - 2\,x) = 0\,, \quad x = \frac{l}{2}\,.$$

Ebenso einfach ist der Verlauf der Querkraft. Sie ist am Auflager:

$$A = \frac{q\,l}{2}$$

und im Querschnitte m:

$$Q_m = A - q\,x = \frac{q\,l}{2} - q\,x = \frac{q}{2}\,(l - 2\,x)\,.$$

[1]) Auf verschiebliche Einzellasten wird hier nicht eingegangen. Auf ihre Behandlung, soweit es für den Hochbau in seltenen Fällen bedeutungsvoll sein kann, wird bei dem Abrisse über Einflußlinien kurz hingewiesen werden.

Ihr Verlauf richtet sich also nach einer geraden Linie, für die bestimmend ist:

$$x = 0\,, \qquad Q = \frac{q\,l}{2} = A\,,$$

$$x = l\,, \qquad Q = \frac{q}{2}(l - 2\,l) = -\frac{q\,l}{2} = B\,.$$

Der Nullpunkt der Querkraft folgt aus der Beziehung:

$$Q_m = 0 = \frac{q}{2}(l - 2\,x)\,, \qquad x = \frac{l}{2}\,,$$

d. h. die Querkraft hat in Trägermitte ihren Nullpunkt. Ihr Minimum tritt mithin an der Stelle des Maximum des Momentes auf. Das hat auch seine Richtigkeit, da bei der Bildung des letzteren von der Gleichung:

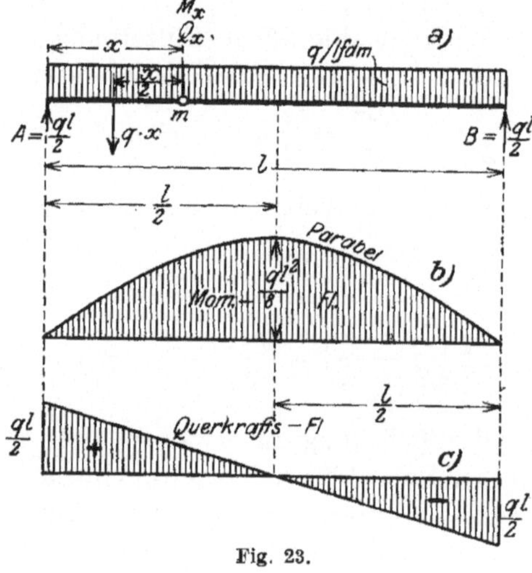

Fig. 23.

$$\frac{dM}{dx} = 0 = \frac{q}{2}(l - 2\,x)$$

ausgegangen wurde und der rechte Teil dieser Gleichung die Querkraft:

$$Q_m = \frac{q}{2}(l - 2\,x)$$

selbst darstellt. Zugleich erkennt man, daß das Moment, abgeleitet nach x, die Querkraft als Ergebnis liefert:

$$\frac{dM}{dx} = Q\,.$$

Der Verlauf der Momenten- und Querkraftslinie ist in Fig. 23 dargestellt.

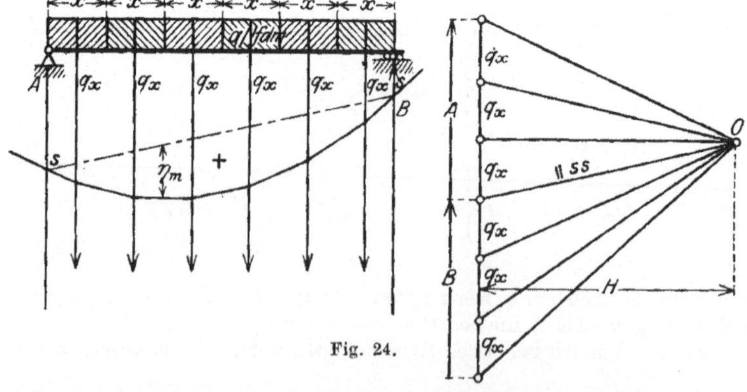

Fig. 24.

Will man im vorliegenden Falle die Momente graphisch finden — was sich im allgemeinen als weniger einfach nicht empfiehlt —, so wird die auf den Balken in bestimmtem Kräftemaßstab aufgetragene Belastungsfläche in einzelne gleiche Teile (x) geteilt, in deren Schwerpunkten die Streckenlasten, als Einzellasten aufgefaßt, angreifen. Zu ihnen wird dann in der bekannten Weise (vgl. Heft I, S. 19) ein Kraft- und Seileck gezeichnet und mit deren Hilfe das Moment an einer beliebigen Stelle m zu $M_m = \eta_m \cdot H$ bestimmt. Hier muß — wegen der Symmetrie der Anordnung — die Schlußlinie des Seilecks $s\,s$ so liegen, daß eine Parallele zu ihr im Krafteck auf dem Kräftezuge 2 gleiche Strecken:

$$A = B = \frac{\sum q\,x}{2}$$

abschneidet (Fig. 24).

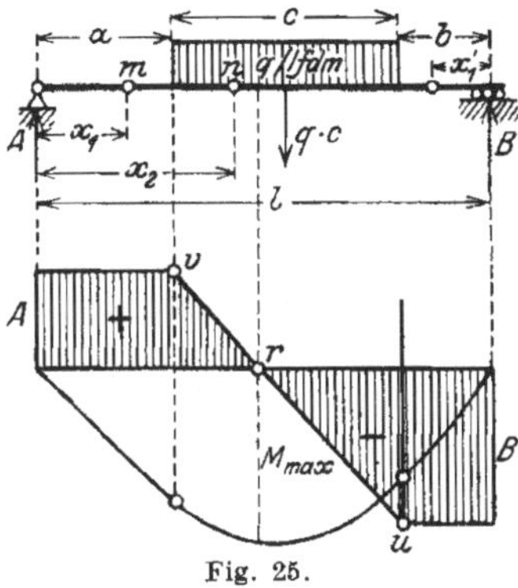

Fig. 25.

Wird (Fig. 25) der Balken nur auf einer Teilstrecke durch eine gleichmäßige Belastung beansprucht, so sind zunächst die Stützenkräfte A und B zu bestimmen, und zwar ausgehend von Momentengleichungen, bezogen auf die Auflagerpunkte. Hierbei ist die auf eine Strecke c einwirkende gleichmäßig verteilte Last als Einzellast $= q\,c$ einzuführen. Demgemäß wird:

$$A \cdot l = q\,c\left(\frac{c}{2} + b\right), \qquad A = \frac{q\,c\left(\frac{c}{2} + b\right)}{l},$$

$$A + B = q\,c\,, \qquad B = q\,c - A\,.$$

Oder:

$$B \cdot l = q\,c\left(\frac{c}{2} + a\right), \qquad B = \frac{q\,c\left(\frac{c}{2} + a\right)}{l}$$ [1]).

Für einen beliebigen Querschnitt m — Abstand $= x_1$ von A —, und zwar noch außerhalb der Laststrecke c, wird:

$$M_x = A \cdot x_1\,,$$

d. h. die Momentenkurve verläuft hier geradlinig.

[1]) Auch hier dient zur Probe:

$$A + B = \frac{q\,c\left(\frac{c}{2} + b\right) + q\,c\left(\frac{c}{2} + a\right)}{l} = \frac{q\,c(c + a + b)}{l} = q\,c\,.$$

Für einen Querschnitt n — Abstand x_2 von A — innerhalb der Laststrecke c wird hingegen:

$$M_{x_2} = A\,x_2 - \frac{q(x_2-a)^2}{2} = \frac{q\,c\left(\frac{c}{2}+b\right)}{l}\,x_2 - \frac{q(x_2-a)^2}{2}\,.$$

Hier verläuft die Momentenlinie nach einer parabolischen Kurve, und zwar bis zum Ende der Laststrecke c, da die vorentwickelte Gleichung für jeden Punkt innerhalb c gilt. Vom Ende der Laststrecke findet bis B wieder ein geradliniger Momentenverlauf statt, da für jeden Querschnitt auf der Strecke b die Beziehung gilt:

$$M = B\cdot x_1'.$$

Hieraus folgt der in Fig. 25 dargestellte Verlauf der Momentenlinie.

Die Querkraft ist auf der Strecke a konstant: $Q = A$, nimmt von da an aber geradlinig ab:

$$Q_n = A - q(x_2-a) = \frac{q\,c\left(\frac{c}{2}+b\right)}{l} - q(x_2-a)\,.$$

Der Nullpunkt der Querkraft folgt aus der Beziehung:

$$\frac{q\,c\left(\frac{c}{2}+b\right)}{l} - q(x_2-a) = 0\,,$$

d. h.

$$c\left(\frac{c}{2}+b\right) = l(x_2-a)$$

$$x_2 = a + \frac{c^2}{2l} + \frac{c\,b}{l}\,,\text{[1]}$$

oder graphisch aus den beiden Stützenkräften A und B und deren Heranziehung zur Auftragung der Querkraftsfläche. Die geradlinige Verbindung der Punkte v und u in Fig. 26 liefert alsdann den Nullpunkt der Querkraft r und damit zugleich auch die Lage von $M_{\max}$ in der Figur[2]).

Ist der Balken (Fig. 26) auf mehreren Laststrecken durch gleichmäßige Belastung beansprucht, so wird man am zweckmäßigsten die Bestimmung der Momente und Querkräfte auf graphischem Wege ausführen, indem man die einzelnen — an und für sich

---

[1]) Wäre $a = b$, so ergibt sich:

$$x_2 = a + \frac{c^2}{2l} + \frac{c\,a}{l} = a + \frac{c\left(a+\frac{c}{2}\right)}{l} = a + \frac{c}{2} = \frac{l}{2}\,.$$

[2]) Auch hier liegt naturgemäß die Beziehung vor:

$$\frac{dM}{dx} = Q\,,\qquad \frac{dM}{dx} = A - \frac{2q}{2}(x_2-a) = A - q(x_2-a) = Q\,.$$

beliebigen — gleichmäßigen Belastungen in Einzelkräfte auflöst und zu ihnen vermittels Kraft- und Seileck das Momentenpolygon zeichnet und in der voranstehend gezeigten Art die Querkraftsfläche konstruiert. Diese wird am zweckmäßigsten in der Art gezeichnet, daß man, vom

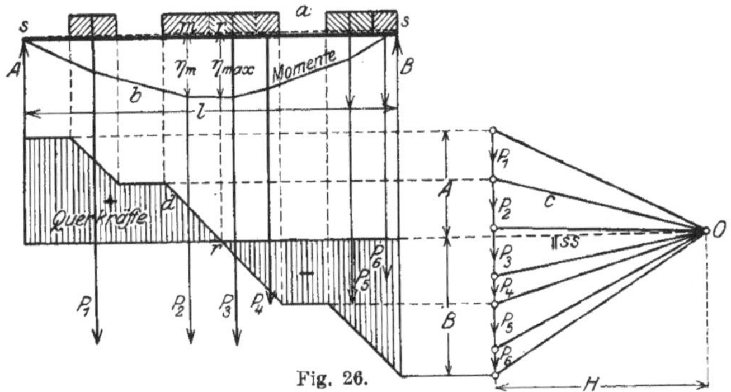

Fig. 26.

Krafteck und dem Einschneiden der Parallelen zur Schlußlinie $s\,s$ in den Kräftezug ausgehend, in der Höhe des letzteren Punktes die Wagerechte zum Auftragen der Querkräfte annimmt; alsdann hat man nur zu beobachten, daß innerhalb einer Belastungsstrecke die Querkraft geradlinig verläuft. Zugleich liefert auch diese Bestimmungsart den Nullpunkt der Querkraft (r) und damit auch die Stelle des Größtmomentes. Es ist:

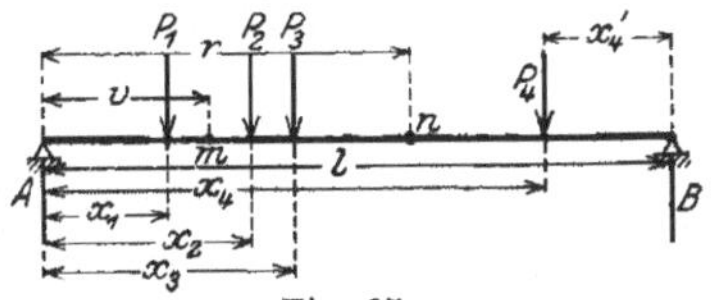

$$M_m = \eta_m \cdot H\,,$$
$$M_{\max} = \eta_{\max} \cdot H\,.$$

Fig. 27.

Wird (Fig. 27) der Träger durch Einzellasten beansprucht, so ergibt zunächst die rechnerische Behandlung die Größen A und B aus der Momentenbeziehung:

$$B\,l - (P_1\,x_1 + P_2\,x_2 + P_3\,x_3 + P_4\,x_4) = 0$$

und der Gleichung:

$$A + B = P_1 + P_2 + P_3 + P_4\,,$$

d. h.:

$$B = \frac{\sum P \cdot x}{l}\,, \qquad A = \frac{\sum P \cdot x}{l} - \sum P\,.$$

Demgemäß wird für beliebige Punkte m bzw. n mit den Abständen v bzw. r vom Auflager A:

$$M_m = A\,v - P_1(v - x_1)\,,$$
$$M_n = A\,r - P_1(r - x_1) - P_2(r - x_2) - P_3(r - x_3)\,,$$
$$Q_m = A - P_1\,,$$
$$Q_n = A - P_1 - P_2 - P_3\,.$$

Die graphische Lösung der gleichen Aufgabe auf bekanntem Wege veranschaulicht für den Angriff dreier Lasten (P_1, P_2, P_3) Fig. 28. Hier wird für Punkt m:

$$M_m = \eta_m \cdot H\,, \qquad Q_m = A - P_1\,,$$

für n:

$$M_n = \eta_n \cdot H\,, \qquad Q_n = A - P_1 - P_2\,.$$

Die graphische Auftragung der Querkraftsfläche, hierbei wiederum vom Krafteck und den durch die Parallele zur Schlußlinie bestimmten Stützenkräften A und B ausgehend, liefert auch hier den Nullpunkt der Querkraft und durch ihn den Wert $\eta_{\max}$ in der Momentenfläche (zusammenfallend mit der Angriffslinie von P_2).

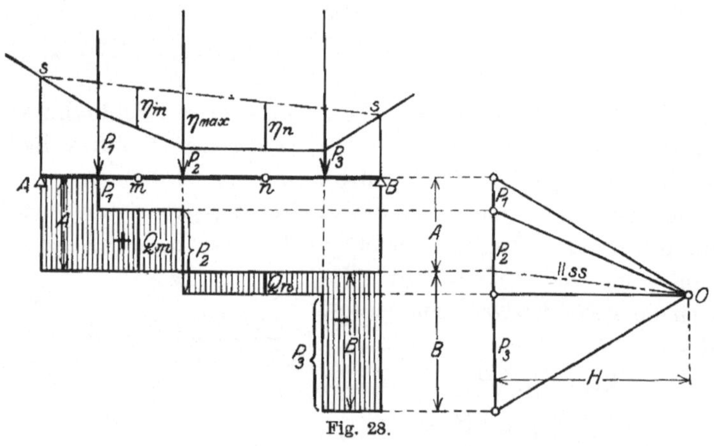

Fig. 28.

Liegt endlich (Fig. 29) eine gleichmäßige Belastung und eine Beanspruchung durch Einzellasten vor, so wird bei graphischer Lösung eine einfache Zusammenfassung der Momente und Querkräfte aus beiden Belastungen zu bewirken sein. Bei Ermittlung der Gesamtmomente wird es sich zum Zwecke der Aufzeichnung einer einheitlichen Momentenfläche hierbei empfehlen, die Pfeilhöhe der Parabelfläche für die gleichmäßige Belastung durch die Polweite H des Kraftecks zur Ermittlung der Momente aus den Einzellasten zu dividieren, also eine Parabel mit der Höhe $\frac{q\,l^2}{8\,H}$ zu zeichnen. Ermittelt man alsdann die Momentenfläche für die Kräfte P_1, P_2, P_3, P_4 in bekannter Weise (Fig. 29d), so können die Ordinaten aus beiden Momentenflächen einfach graphisch addiert werden, und für einen beliebigen Punkt m ergibt sich:

$$M_m = (\eta_m' + \eta_m'')\,H = \eta_m \cdot H\,.$$

In gleicher Weise werden auch, selbstverständlich unter Innehaltung desselben Kräftemaßstabes, die Querkraftsflächen addiert. Als Endergebnis entsteht die in Fig. 29e dargestellte, schräg abgetreppte Fläche, welche zugleich den Nullpunkt der Querkraft — zufällig mit dem Angriffspunkt von P_3 zusammenfallend — und damit in der Gesamtmomentenfläche auch den Größtwert $\eta_{\max}$ liefert.

$$Q_{\max} = \eta_{\max} \cdot H .$$

Die rechnerische, an und für sich nach dem Voranstehenden einfache Behandlung eines Falles gemeinsamer Belastung durch gleich-

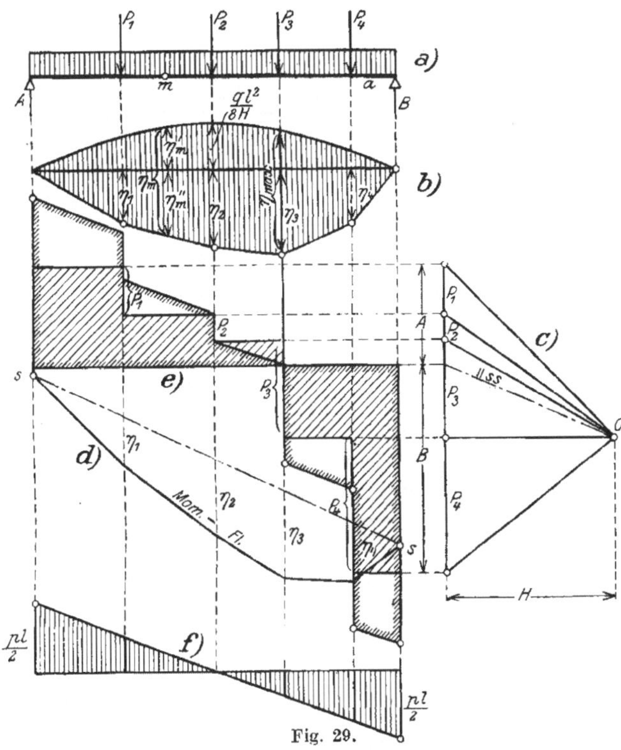

Fig. 29.

mäßige und Einzel-Lasten läßt das nachfolgende **Zahlenbeispiel** erkennen.

Der in Fig. 30a dargestellte Raum von 10 m Tiefe wird durch einen eisernen Unterzug von 8,40 m Stützweite überbaut, an den eiserne Deckenträger im Abstande von je 1,40 m anschließen und eine Belastung (Eigengewicht und Verkehr) von 600 kg/qm übertragen. Zudem trägt der Unterzug eine ungeteilte $^1/_2$ Stein starke Ziegelwand vom Raumgewichte 1,6 und 3,60 m Höhe. Die von ihr ausgeübte gleichmäßig verteilte Last beträgt mithin für 1 lfd. m Unterzug:

$$p = 0,13 \cdot 3,60 \cdot 1600 = \text{rd. } 750 \text{ kg}.$$

Der Unterzug ist zu berechnen und sein Querschnitt zu bestimmen.

Jeder der Längsträger überträgt an der Anschlußstelle an den Unterzug eine Last von:

$$P_1 = P_2 = P_3 = P_4 = P_5 = \frac{2 \cdot 5{,}00}{2} \cdot 1{,}40 \cdot 600 = 4200 \text{ kg} = 4{,}2 \text{ t}.$$

Die über den Auflagerpunkten übertragenen Lasten (je $= 2{,}1$ t) können unberücksichtigt bleiben, da sie von den Auflagerkräften sonst wieder in Abzug gebracht werden müßten.

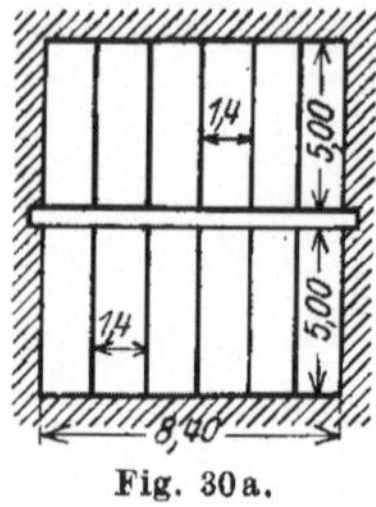

Fig. 30a.

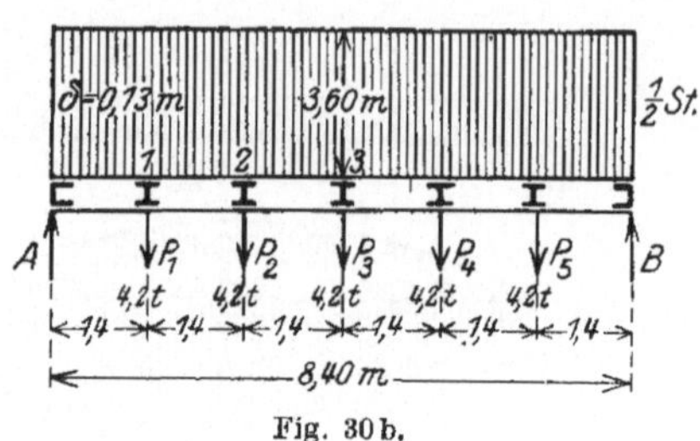

Fig. 30b.

Die Auflagerdrücke sind:

$$A = B = \frac{5 \cdot 4200}{2} = 10\,500 \text{ kg}$$

und demgemäß die Momente:

$$M_1 = 10\,500 \cdot 140 = 1\,470\,000 \text{ kg} \cdot \text{cm},$$
$$M_2 = 10\,500 \cdot 280 - 4200 \cdot 140 = 2\,352\,000 \text{ kg} \cdot \text{cm},$$
$$M_3 = 10\,500 \cdot 4{,}20 - 4200\,(280 + 140) = 2\,646\,000 \text{ kg} \cdot \text{cm} = M_{\max}.$$

Durch die Belastung der Mauer entsteht ein weiteres Moment:

$$M\,p_{\max} = \frac{p\,l^2}{8} = \frac{750 \cdot 8{,}4^2}{8} = 6615 \text{ kg} \cdot \text{m} = 661\,500 \text{ kg} \cdot \text{cm},$$

so daß ein Gesamtgrößtmoment in Balkenmitte auftritt:

$$\sum M_{\max} = 2\,646\,000 + 661\,500 = 3\,307\,500 \text{ kg} \cdot \text{cm}.$$

Bei einer zulässigen Belastung von 1200 kg/qcm wird ein Widerstandsmoment notwendig:

$$W = \frac{3\,307\,500}{1200} = 2757 \text{ cm}^3.$$

Wählt man ein I-Normalprofil Nr. 50 mit $W = 2750$, so wird die zulässige Spannung nur ganz unwesentlich überschritten:

$$\sigma = \frac{3\,307\,500}{2750} = 1203 \text{ kg/qcm}.$$

Die Querkräfte haben den in Fig. 31 dargestellten Verlauf. Durch die Einzellasten ergeben sich Querkräfte:

Feld I: $Q_I = A = +10\,500$ kg.
Feld II: $Q_{II} = A - P_1 = 10\,500 - 4200 = +6300$ kg.
Feld III: $Q_{III} = A - P_1 - P_2 = 6300 - 4200 = +2100$ kg.
Feld IV: $Q_{IV} = A - P_1 - P_2 - P_3 = +2100 - 4200 = -2100$ kg.
Feld V: $Q_V = A - P_1 - P_2 - P_3 - P_4 = -2100 - 4200 = -6300$ kg.
Feld VI: $Q_{VI} = A - P_1 - P_2 - P_3 - P_4 - P_5 = B = -6300 - 4200$
$= -10\,500$ kg.

Durch die aufgesetzte Mauer wird eine Belastung von 750 kg/lfd. m auf den Träger ausgeübt. Demgemäß wird seine Gesamtlast hierdurch $= 750 \cdot 8{,}40 = 6300$ kg und somit $A_p = B_p = 3150$ kg. Aus dem Querkraftsverlauf nach einer Geraden ergibt sich an beliebiger Stelle (x) die Querkraft (Q_x) aus der Gleichung:

$$Q_x : 3150 = \frac{l}{2} - x : \frac{l}{2},$$

so daß sich für die Punkte 1 bzw. 2 und 3 eine Querkraftsordinate errechnet zu:

$$Q_{x_1} : 3150 = 4{,}20 - 1{,}40 : 4{,}20 = 2{,}80 : 4{,}20 = 2 : 3,$$

$$Q_{x_1} = \frac{2}{3} 3150 = 2100 \text{ kg}$$

und ebenso:

$$Q_{x_2} : 3150 = 4{,}20 - 2{,}80 : 4{,}20 = 1 : 3,$$

$$Q_{x_2} = \frac{1}{3} 3150 = 1050 \text{ kg},$$

$$Q_{x_3} : 3150 = 4{,}20 - 420 : 420, \quad Q_{x_3} = 0.$$

Der Gesamtverlauf der Querkraft ist in Fig. 31 zeichnerisch dargestellt.

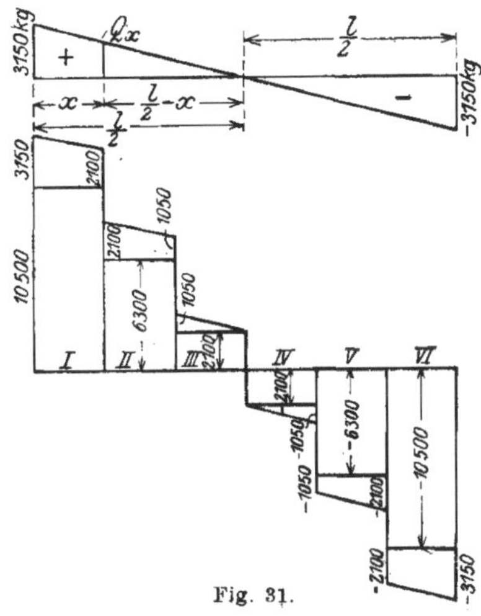

Fig. 31.

Liegt der einfache Balken, wie das bei Treppenwangen die Regel bildet, unter einem Winkel schräg zur Wagerechten gerichtet — Fig. 32 —, ist seine Belastung aber eine senkrechte, so ist sie in 2 Seitenkräfte zu zerlegen, die in der Richtung der Balkenachse verlaufen und senkrecht zu ihr gerichtet sind. Denkt man sich die gleichmäßig verteilte (Eigen- und Verkehrs-) Last in eine Einzellast P in Trägermitte zusammengefaßt, so ergibt die Zerlegung in obigem Sinne einmal die Kraft $P \cos\alpha$, die ein Moment erzeugt von

$$M_{\max} = \frac{P \cos\alpha}{8} l_1 \text{ [1]},$$

und zum andern die in der Trägerachse wirkende Kraft $= P \sin\alpha = p\, l_1 \sin\alpha$, die am unteren Trägerauflagerpunkt zur Übertragung gelangt und für den Balken eine Längskraft ist. Demgemäß wäre die Spannung im Träger nach der Gleichung für zusammengesetzte Festigkeit zu ermitteln:

$$\sigma = -\frac{N}{F} \pm \frac{M}{W}.$$

Da aber in der Regel das erste Glied einen nur geringen Wert erhält,

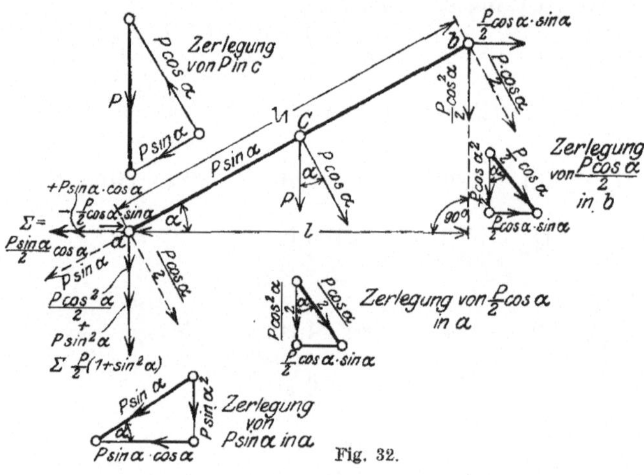

Fig. 32.

kann sein Einfluß für die Beanspruchung des Trägers vernachlässigt werden, so daß dieser nur auf axiale Biegung zu berechnen ist.

Da:

$$l_1 = \frac{l}{\cos\alpha}$$

ist, so wird:

$$M_{\max} = \frac{P \cos\alpha}{8} \frac{l}{\cos\alpha} = \frac{P l}{8} = \frac{p l_1 l}{8};$$

es ist mithin die Größe des Momentes abhängig von der Belastungslänge und von deren wagerechten Projektion.

---

[1]) Das Maximalmoment bei gleichmäßiger Vollbelastung ist:

$$M_{\max} = \frac{p l^2}{8} = \frac{p l l}{8} = \frac{P \cdot l}{8},$$

wenn man die Gesamtbelastung $p\,l$ durch ihre Mittelkraft P ersetzt.

Durch die zur Trägerachse senkrecht wirkende mittelbare Trägerlast $P \cos\alpha$ werden an seinem Auflagerpunkte Kräfte je $= \frac{P \cos\alpha}{2}$ übertragen und entsprechende Stützenwiderstände bedingt. Zerlegt man die obere Kraft und ebenso die beiden am unteren Ende angreifenden Kräfte (Fig. 32) in je 2 Seitenkräfte, die senkrecht und wagerecht verlaufen, so ergeben sich im oberen Punkte b die Kräfte $\frac{P}{2} \cos\alpha \sin\alpha$ im wagerechten und $\frac{P}{2} \cos^2\alpha$ im senkrechten Sinne. Ebenso entstehen unten bei a wagrecht wirkend:

$$\frac{P \sin\alpha \cos\alpha}{2}$$

und senkrecht:

$$\left(\frac{P \cos^2\alpha}{2} + P \sin^2\alpha\right) = \frac{P}{2}(\cos^2\alpha + 2\sin^2\alpha) = \frac{P}{2}(1 + \sin^2\alpha)\,.$$

Diese Kräfte sind die Angriffskräfte für Träger, auf welche unten und oben sich der schräge Balken stützt, also z. B. wichtig als

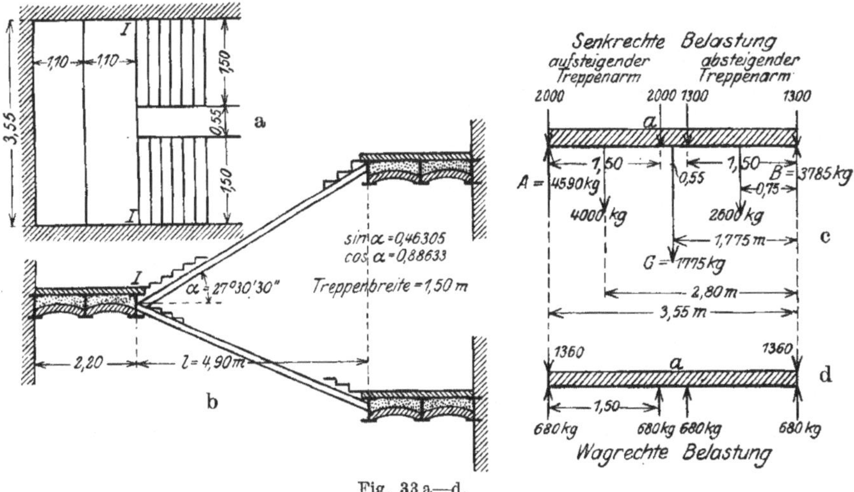

Fig. 33 a—d.

Belastung für Podestträger, zwischen denen ein schräger Wangenträger eingefügt ist. Über die Art der hier einzuschlagenden Rechnung möge das nachfolgende **Zahlenbeispiel** Auskunft geben.

Es handelt sich um einen Podestträger, der durch eine von oben und von unten an ihn anschließende Wange belastet wird (Fig. 33a—d). Das Eigengewicht der massiv ausgebildeten Treppe betrage 400 kg, die

Verkehrslast 500 kg, und zwar bezogen auf das Quadratmeter Grundrißfläche. Auf eine jede Wange entfällt alsdann eine Gesamtbelastung von:

$$P = (400 + 500)\frac{1,50}{2} \cdot 4,90 = 3308 \text{ kg}.$$

Demgemäß wird:

$$M = \frac{P \cdot l}{8} = \frac{3308 \cdot 4,90}{8}$$

und bei Annahme eines I-Trägers Normalprofil Nr. 19 mit $W_x = 185 \text{ cm}^3$ die Spannung σ:

$$\sigma = \frac{M}{W_x} = \frac{3308 \cdot 4,90}{8 \cdot 185} = 1171 \text{ kg/qcm}.$$

Für die Hauptpodestträger (vornliegend) ergeben sich die folgenden Belastungen:

a) Senkrechte Lasten.

α) Durch die Wangen der oberen Treppe:

$$2 \cdot \frac{P}{2}(1 + \sin^2\alpha) = 2 \cdot \frac{3308}{2}(1 + 0,463^2) = 2 \cdot 2008 \text{ kg} = \text{rd. } 2 \cdot 2000 \text{ kg}.$$

β) Durch die Wange der absteigenden Treppe:

$$2\tfrac{1}{2} P \cos^2\alpha = 2\frac{3308}{2} \cdot 0,8863^2 = 2 \cdot 1300 \text{ kg}.$$

γ) Durch die Belastung des Podestes: Auf 1 lfd. m Träger entfällt:

$$g = \frac{1,10}{2}(400 + 500) = \text{rd. } 500 \text{ kg};$$

mithin wird die Gesamteigenlast:

$$G = 500 \cdot 3,55 = 1775 \text{ kg}.$$

Die infolge dieser senkrechten Lasten auftretenden, senkrechten Stützenwiderstände (A und B) ergeben sich (Fig. 32c) aus den Gleichungen:

$$A \cdot 355 = 4000 \cdot 280 + 1775 \cdot 177,5 + 2600 \cdot 75; \quad A = \text{rd. } 4590 \text{ kg},$$

$$B = 4000 + 1775 + 2600 - 4590 = 3785 \text{ kg}.$$

Hieraus ergibt sich das größte, durch die senkrechte Belastung hervorgerufene Biegungsmoment bei „a", d. h. in Trägermitte:

$$M_{av} = (4590 - 2000) \cdot 1,50 - g \cdot \frac{1,50^2}{2} = 2590 \cdot 1,50 - \frac{500 \cdot 1,5^2}{2}$$

$$= 3322,5 \text{ kg} \cdot \text{m} = 332\,250 \text{ kg} \cdot \text{cm}.$$

b) Die wagerechte Belastung, ausgeübt durch den Schub der Treppenwangen. Sie wird aus den vier Kräften gebildet von der Größe:

$$\frac{1}{2} P \sin\alpha \cos\alpha = \frac{1}{2} 3308 \cdot 0{,}4630 \cdot 0{,}8863 = \text{rd. } 680 \text{ kg.}$$

Sieht man der Sicherheit halber von der Gegenwirkung des an den Podestträger anstoßenden Gewölbes ab (oder denkt man sich eine andere Podestkonstruktion ausgeführt, bei der keine Abstützung der einzelnen Podestträger erfolgt ist), so wird der vordere Podestbalken auch die ganze wagerechte Belastung aufnehmen müssen. Demgemäß wird:

$$M_{a_h} = 680 \cdot 150 = 102\,000 \text{ kg} \cdot \text{cm}$$

Die Gesamtspannung des Balkens unter der Belastung in senkrechter und wagerechter Richtung wird somit:

$$\sigma_{\max} = \frac{M_{a_v}}{W_x} + \frac{M_{a_h}}{W_y} .$$

Wählt man versuchsweise ein Differdinger B-Profil Nr. 24 B mit $W_x = 855$, $W_y = 254 \text{ cm}^3$, so wird

$$\sigma_{\max} = \frac{332\,250}{855} + \frac{102\,000}{254} = \text{rd. } 800 \text{ kg/qcm,}$$

eine Beanspruchung, die im Hinblick auf die dynamische Belastung des Podestes durch die Stöße der Verkehrslast als nicht zu gering zu bewerten ist.

3. Kapitel.

Der einfache Kragträger (Konsolträger).

Die allgemeinen statischen Verhältnisse dieser Trägerart sind bereits auf S. 8 behandelt. Die Momente sind hier sämtlich negativ, da der Träger sich nach oben konvex verbiegt. An der Einspannungsstelle ist durch Auflast auf den Kragbalken oder durch Verankerung seines Endes ein Stabilitätsmoment zu erzeugen, das gegenüber dem Einspannungsmoment mehr als das bloße Gleichgewicht herstellt, also ein Ausheben des Trägers über seinem Auflager mit ausreichender Sicherheit verhindert.

Auch hier werden als Belastungszustände verfolgt: Vollkommene Belastung des Trägers durch eine gleichmäßig verteilte Last, Streckenbelastung durch eine solche, Beanspruchung durch Einzellasten und endlich gemeinsam durch solche und gleichmäßige Belastung.

a) Der Kragträger ist auf seiner ganzen Länge gleichmäßig belastet.

Die Belastung betrage q für 1 lfd. m. Die Trägerlänge sei $= l$ (Fig. 34).

Die Momente: Legt man in Entfernung von x vom freien Trägerende einen Schnitt, so liegt innerhalb dieses die Last $p\,x$, wirkend für den Schnitt am Hebelarm $= \frac{x}{2}$. Demgemäß wird:

$$M_x = -\frac{p\,x^2}{2}.$$

Die Momentenfläche folgt somit einer Parabel. Am freien Trägerende wird aus $x = 0$, $M = 0$; für den Querschnitt nahe der Mauer für $x = l$ entsteht ein Moment:

$$M_l = -\frac{p\,l^2}{2}.$$

Das Stabilitätsmoment $G \cdot \lambda$ muß mithin größer sein als $\frac{p\,l^2}{2}$.

$$G\,\lambda = 1{,}5\,\frac{p\,l^2}{2} \text{ bis } 2{,}5\,\frac{p\,l^2}{2}.$$

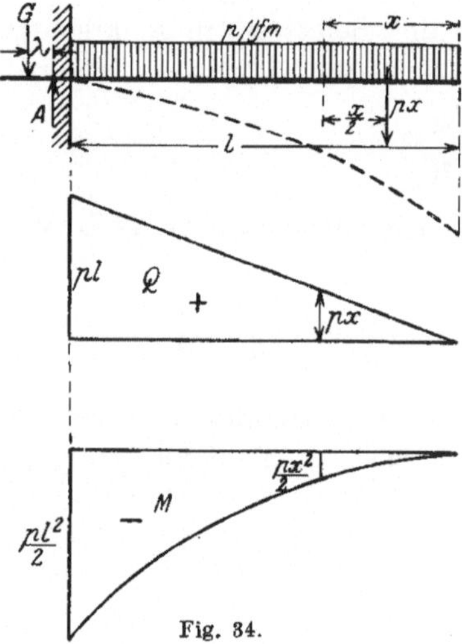

Fig. 34.

Die Querkräfte: Im Schnitte x wirkt als Mittelkraft der Belastung, von seinem freien Ende bis zum Schnitte gerechnet,

$$Q_x = p\,x.$$

Es verläuft mithin die Querkraft nach einer geraden Linie; für $x = 0$ wird $Q = 0$, für $x = l$ ist $Q_l = p\,l = A$ gleich der Druckkraft im Auflager, das hier die gesamte Last aufnehmen muß.

Die Größtwerte von M und Q treten beim Kragträger somit beide am Auflager auf. Der Verlauf der Linien ist in Fig. 34 dargestellt.

b) Der Kragträger wird nur auf einer Strecke durch eine gleichmäßige Last beansprucht (Fig. 35).

Die Laststrecke sei durch die beiden Abstände x_1 und x_2 vom Einspannungspunkt des Balkens bezeichnet. $x_1 - x_2 = \lambda$. Bis zum Beginn der Belastung sind Moment und Querkraft je $= 0$, da hier keine Kräfte vorliegen.

Die Momente: Legt man innerhalb der Strecke λ nach dem freien Trägerende zu einen Schnitt in Entfernung von x, so entsteht für ihn ein:

$$M = -\frac{p\,x^2}{2};$$

diese Funktion bleibt bestehen innerhalb der Laststrecke λ; auf ihr verläuft mithin das Moment nach einer parabolischen Kurve, der am Ende von λ (Abstand $= x_2$) die Ordinate:

$$M = -\frac{p\,\lambda^2}{2}$$

entspricht. Für einen beliebigen Abstand x_3 (Fig. 35) von λ — also für Punkt m' — wird:

$$M_{m'} = -p\,\lambda\left(\frac{\lambda}{2} + x_3\right) = -\frac{p\,\lambda^2}{2} - p\,\lambda\,x_3\,,$$

d. h. hier verläuft, da die rechte Seite der Gleichung eine gerade Linie ist, das Moment anschließend an die Ordinate $-\frac{p\,\lambda^2}{2}$ geradlinig. Für den Einspannungspunkt wird:

$$M_l = -\frac{p\,\lambda^2}{2} - p\,\lambda\,x_2\,.$$

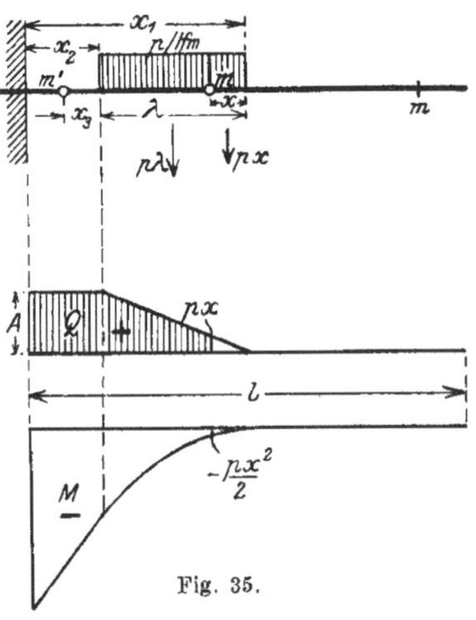

Fig. 35.

Würde $\lambda = l$ sein, d. h. wäre der ganze Kragträger gleichmäßig belastet, so ergibt sich, da hier $x_2 = 0$ wird:

$$M_l = -\frac{p\,l^2}{2}\,,$$

wie vorstehend auch ermittelt.

Die Querkraft verläuft innerhalb der Belastungsstrecke von 0 beginnend geradlinig steigend:

$$Q_x = p\,x\,,$$

bis zum Ende der Belastungsstrecke $Q_\lambda = p\,\lambda$. Von hier aus verbleibt sich, da keine weitere Kraft hinzukommt, unverändert bis zum Auflager:

$$A = p\,\lambda\,.$$

Der Verlauf der M- und Q-Linien ist in Fig. 35 dargestellt.

c) Der Kragbalken wird durch Einzellasten beansprucht (Fig. 36a u. b).

Auf den Träger wirken ein die Lasten P_1, P_2, P_3, P_4, P_5 im Abstande von x_1, x_2, x_3, x_4 und x_5 von der Einspannungsstelle. x_5 ist $= l$, d. h. die letzte Last liegt über dem freien Trägerende.

Die Momente: Für einen beliebigen Querschnitt m im Abstande a von A ergibt sich:

$$M_m = -\left[P_5(x_5 - a) + P_4(x_4 - a) + P_3(x_3 - a)\right]$$

und für die Einspannungsstelle:

$$M_l = -(P_5\,x_5 + P_4\,x_4 + P_3\,x_3 + P_2\,x_2 + P_1\,x_1) = -\sum P \cdot x\,.$$

Es wirken also alle Einzellasten in geradlinig verlaufenden Funktionen auf die Momente ein. Demgemäß kann man auch (vgl. Fig. 36a) die Momentenfläche sehr einfach darstellen, wenn man die Größen $P_5 x_5$, $P_4 x_4$ usw. auf einer Senkrechten durch den Einspannungspunkt aufträgt und die einzelnen Dreiecke zeichnet und zusammenfaßt, welche je dem Einflusse der einzelnen Last entsprechen. Es entsteht alsdann eine vielseitige Begrenzung der Momentenfläche.

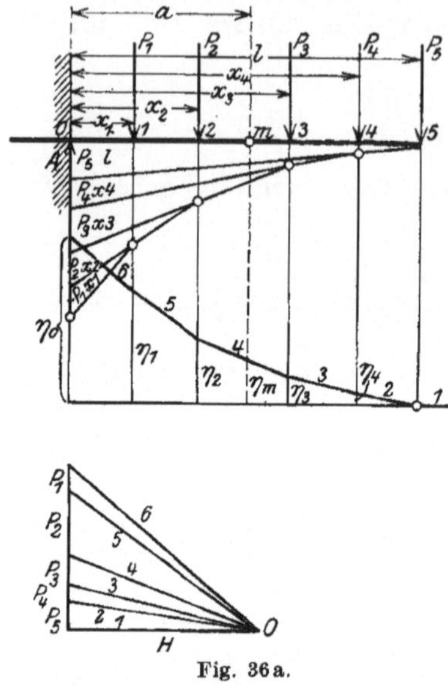

Fig. 36a.

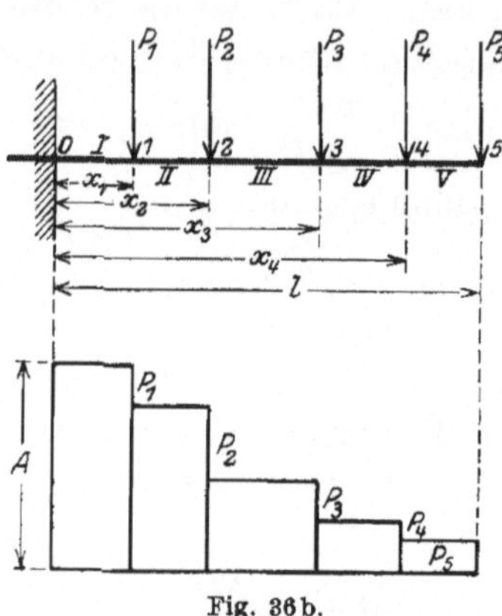

Fig. 36b.

Das gleiche Ergebnis kann man auch erzielen auf graphischem Wege (Fig. 36a). Mit Hilfe des Kraftecks (Polweite $= H$) und des Seilecke bestimmt man die Momente in der bekannten Form:

$$M_m = -H \cdot \eta_m\,; \quad M_5 = 0\,; \quad M_4 = -H\,\eta_4\,;$$
$$M_3 = -H\,\eta_3\,; \quad M_2 = -H\,\eta_2\,; \quad M_1 = -H\,\eta_1\,;$$
$$M_0 = M_{\max} = -H\,\eta_0\,.$$

Soll dieselbe polygonale Linie, wie sie vorstehend analytisch entwickelt und danach aufgetragen wurde, entstehen, so muß hier:

$$\eta_0 = P_5\,x_5 + P_4\,x_4 + P_3\,x_3 + P_2\,x_2 + P_1\,x_1$$

sein, d. h. es muß $H = 1$ gesetzt und selbstverständlich, um von einer Wagerechten aus die Momentenfläche zu zeichnen, der äußerste Kraftstrahl bei P_5 wagerecht gelegt werden.

Die Querkräfte: Die Mittelkräfte addieren sich in einfachster Weise, vom freinen Trägerende anfangend bis zur Einspannungsstelle:

$$Q_{\mathrm{V}} = P_5\,; \qquad Q_{\mathrm{IV}} = P_5 + P_4\,;$$
$$Q_{\mathrm{III}} = P_5 + P_4 + P_3\,; \qquad Q_{\mathrm{II}} = P_5 + P_4 + P_3 + P_2\,;$$
$$Q_{\mathrm{I}} = P_5 + P_4 + P_3 + P_2 + P_1 = \sum P = A\,.$$

Der Verlauf der Querkräfte ist in Fig. 36b dargestellt.

d) Für die Ermittlung des Momentes und der Querkräfte infolge gemeinsamer Belastung durch gleichmäßig verteilte Last und Einzellasten mögen die nachfolgenden Zahlenbeispiele einen Anhalt geben. Zugleich lassen sie auch erkennen, wie die sichere Aufnahme des Einspannungsmomentes an der Einspannungsstelle nachzuweisen ist.

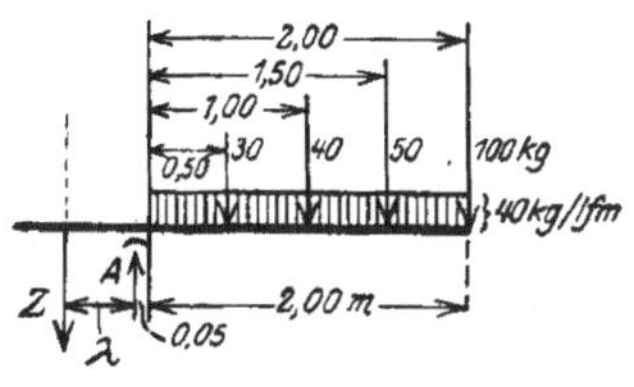

Fig. 37.

1. Für den in Fig. 37 dargestellten Träger wird:

$$Q_{max} = (30 + 40 + 50 + 100 + 2{,}0 \cdot 40)\ \text{kg} = 300\ \text{kg},$$

$$M_l = -\left(\frac{p\, l^2}{2} + \sum P \cdot x\right)$$

$$= -\left(\frac{40 \cdot 2{,}0^2 \cdot 100}{2} + 30 \cdot 50 + 40 \cdot 100 + 50 \cdot 150 + 100 \cdot 200\right)$$

$$= -\left(\frac{40 \cdot 400}{2} + 1500 + 4000 + 7500 + 20\,000\right) = -41\,000\ \text{kg} \cdot \text{cm}.$$

Demgemäß wird:

$$W = \frac{M}{\sigma} = \frac{41\,000}{1000} = 41\ \text{cm}^3;$$

es genügt ein I-Normalprofil. Nr. 11 mit $W_x = 43{,}3\ \text{cm}^3$.

Der Träger möge 5 cm von der Mauerinnenkante entfernt gelagert sein. Bei einer Bruchsteinmauer von 0,50 m Stärke und einem Raumgewicht des Mauerwerks von 2,3 ergibt sich alsdann:

$$\lambda = 50 - \frac{50}{2} - 5 = 20\ \text{cm},$$

$$Z \lambda > M_l > 41\,000\ \text{kg} \cdot \text{cm}$$

$$Z > \frac{41\,000}{20} = 2050\ \text{kg}.$$

Rechnet man mit 1,5facher Sicherheit, so ist ein Mauergewicht anzuschließen von:

$$\frac{2{,}05 \cdot 1{,}5}{2{,}3} = 1{,}335\ \text{cbm} = \text{rd}\ \mathbf{1{,}4\ cbm.}$$

2. Ein Balkonträger (Fig. 38a—c) hat eine Länge (von seinem Auflagerpunkt in der Mauer an gerechnet) = 1,70 m; seine Belastungsfläche ist 1,50 m breit; seine Belastung, gleichmäßig verteilt, wird gebildet durch

Eigengewicht = 200 kg/qm und Verkehrslast = 400 kg/qm. Zudem beansprucht ihn aber an seinem freien Ende noch eine Einzellast von 40 kg/lfd. m Balkon. Der Balken ist zu berechnen und sein Querschnitt

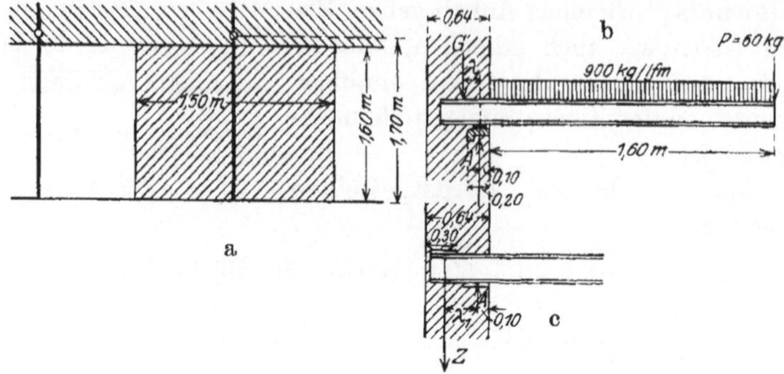

Fig. 38a—c.

zu bestimmen. Da die Trägerentfernung 1,50 m beträgt, so wird die Belastung für 1 lfd. m. durch die gleichmäßige Last:

$$600 \cdot 1{,}5 = 900 \text{ kg};$$

durch die Einzellast:

$$40 \cdot 1{,}5 = 60 \text{ kg}.$$

Demgemäß ergibt sich das Größtmoment zu[1]):

$$M_{\max} = -\frac{p\,l^2}{2} - Pl = -\frac{900 \cdot 1{,}7^2}{2} - 60 \cdot 1{,}70$$

$$= -(1300{,}5 + 102{,}00) \text{ kg} \cdot \text{m} = 1402{,}5 \text{ kg} \cdot \text{m}$$

$$= 140\,250 \text{ kg} \cdot \text{cm}.$$

$$W = \frac{140\,250}{1200} = 117{,}0 \text{ cm}^3.$$

Es reicht ein I-Profil Nr. 16 aus, bei dem gerade $W_x = 117 \text{ cm}^3$ ist.

Ist die Ziegelmauer, in der der Balkenträger eingespannt ist, 64 cm stark, so wird, da der Balken 10 cm von der Mauerinnenkante entfernt gelagert ist:

$$\lambda = 64 - 32 - 10 = 22 \text{ cm}.$$

Demgemäß muß sein:

$$G \cdot 22 > 140\,250 \text{ kg} \cdot \text{cm},$$

$$G > \frac{140\,250}{22} > 6400 \text{ kg}.$$

Bei 1,5facher Sicherheit ist $G = 9600$ kg, d. h. es wären bei einem Raumgewichte des Ziegelmauerwerkes von 1,9 rd. 5,0 cbm als Auflast über dem

[1]) Der größeren Sicherheit wegen ist hier l bis zum Auflager gerechnet = 1,70 m.

Auflager notwendig. Nimmt man den ungünstigsten Fall an, daß auch diese Last mit der Trägerbelastung allein vom Auflager dieses aufgenommen werden muß, so würde dieses eine Belastung erfahren von:

$$\sum P = 1{,}7 \cdot 900 + 60 + 9600 = 1590 + 9600 = 11\,190 \text{ kg}.$$

Läßt man als Pressung für das unter dem Trägerlager in Zementmörtel mit festen Steinen herzustellende Mauerwerk eine Belastung von 14 kg/qcm zu, so wird die notwendige Auflagerfläche:

$$F = \frac{11\,190}{14} \cong 800 \text{ qcm},$$

und demgemäß muß die 20 cm lange Lagerplatte eine Breite von 40 cm erhalten.

Bringt man (Fig. 39c) am äußeren Trägerende eine 30 cm in Trägerrichtung lange Platte an und hängt an sie das Mauerwerk an, so wird:

$$\lambda_1 = 64 - 15 - 10 = 39 \text{ cm}$$

und demgemäß:

$$Z > \frac{140\,250}{39} > \text{rd. } 3600 \text{ kg}.$$

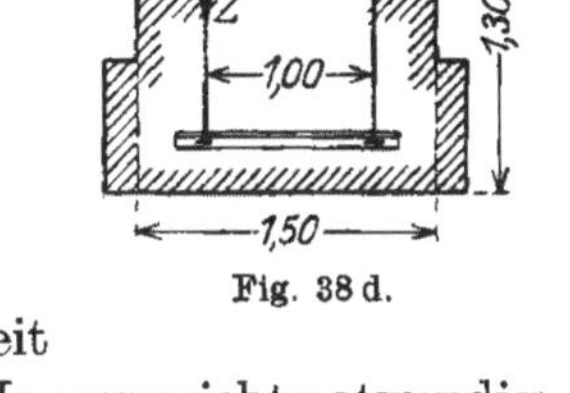

Fig. 38 d.

Demgemäß wäre hier bei 1,5facher Sicherheit wegen des vergrößerten Hebelarmes λ_1 nur ein Mauergewicht notwendig von 5400 kg, d. h. von 2,84 cbm.

Läßt man den Balkenträger als Deckenträger in den Innenraum hereinreichen, so erzeugt das Eigengewicht dieses Trägers als eines Balkens auf 2 Stützen mit überstehendem Ende ein Stabilitätsmoment, das nach der Theorie dieser Trägerart zu bestimmen ist. Wird dieses mit M_s bezeichnet, und ist es kleiner als M_l, so ist die Auflast über dem Träger an seiner Einspannungsstelle angenähert nach der Beziehung zu bestimmen:

$$G \cdot \lambda = 1{,}5\,(M_l - M_s)\,.$$

Auch hier ist also eine nur 1,5fache Sicherheit der Rechnung zugrunde gelegt.

Als einseitig eingespannte Kragbalken sind auch **Säulen** aufzufassen, die an ihrem oberen Ende vollkommen frei, am unteren fest eingespannt oder verankert sind, und durch eine Belastung verbogen werden (Fig. 38d).

Beispiel. In Fig. 38d wirken auf die 400 cm hohe Säule ein: $V = 1336$ kg; $H = 500$ kg. Der Querschnitt der Säule ist ein I-Eisen mit einem $W_x = 214$ cm³ und $F = 33{,}4$ qcm. Die Säule ist so gestellt, daß der Steg des I-Eisens in die Kraftebene fällt. Es wird:

$$M = 500 \cdot 400 = 200\,000 \text{ kg} \cdot \text{cm}$$

und:

$$\sigma = -\frac{V}{F} \pm \frac{M}{W} = -\frac{1336}{33{,}4} \pm \frac{200\,000}{214} = -40 \pm 931,$$

$$\sigma_{\max} = -971 \text{ kg/qcm}.$$

Hier wird das Stabilitätsmoment durch das Gewicht des Fundamentes gebildet. Hat dieses die in Fig. 38d angegebenen Abmessungen und ein Raumgewicht von 2,4, so wird die Sicherheit gegenüber einem Kanten der Säule durch die Beziehungen bedingt

$$1)\quad Z \cdot 100 + 1336 \cdot 50 > 200\,000 \text{ kg} \cdot \text{cm};$$

$$2)\quad Z = \frac{1{,}5 \cdot 1{,}0 \cdot 1{,}3}{2} \cdot 2400 = 2340 \text{ kg},$$

also:

$$2340 \cdot 100 + 1336 \cdot 50 = 234\,000 + 66\,800 = 300\,800 > 200\,000 \text{ kg} \cdot \text{cm}.$$

Demgemäß ist eine rd. 1,5fache Sicherheit vorhanden.

4. Kapitel.

Der Auslegerträger.

Von dem Auslegerträger, über dessen statische Bestimmtheit und Gesamtanordnung bereits auf S. 9 das Wesentlichste gegeben worden ist, seien nur die Formen und Belastungsarten behandelt, die für den Hochbau Bedeutung besitzen. Demgemäß sind nur zu besprechen die Trägerformen mit einem und zwei überstehenden Enden, belastet durch eine gleichmäßige, auf allen Tragwerksteilen liegende Last, bzw. beansprucht durch symmetrisch verteilte Einzellasten. Die Untersuchung der Auslegerträger für eine gleichmäßige Vollbelastung ist im besonderen für die Berechnung durchgehender Gelenkpfetten wertvoll, während die Berechnung für Einzellasten in gleichen Abständen und symmetrischer Lage zu den Stützen für Auslegerunterzüge von Bedeutung ist, auf denen Querträger oder Binder auch außerhalb der Stützen gelagert sind.

a) Der Auslegerträger mit je einem überstehenden Ende und schwebendem Zwischenträger ist in Fig. 39 dargestellt. $A\,B\,C$ bzw. $A'\,B'\,C'$ sind die Ausleger, $C\,C'$ ist der eingehängte, schwebende Balken. Ein jeder der Tragwerksteile ist für sich statisch bestimmt, d. h. durch je ein festes und bewegliches Lager gestützt. Die gleichmäßige Belastung betrage p für 1 lfd. m des Trägers. Die Stützweite

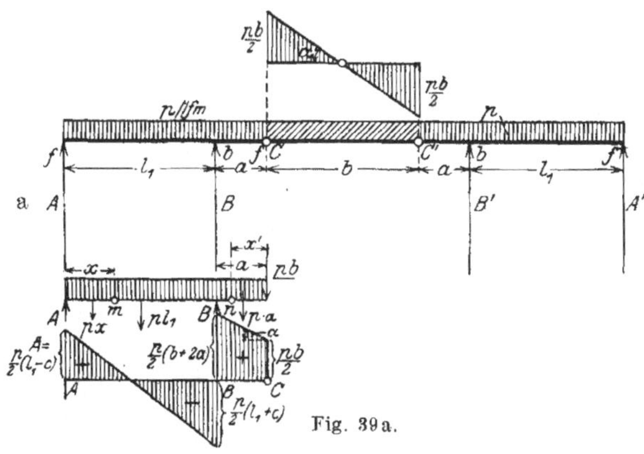

Fig. 39a.

sei $= l_1$ bzw. b, die Länge des Kragarmes je $= a$; die ganze Anordnung sei symmetrisch.

1. Die Querkräfte: Da der eingehängte Träger ein einfacher Balken ist, betragen seine Stützenwiderstände je $\frac{p\,b}{2}$. Der Verlauf der Querkraft ist in Fig. 39a dargestellt. In seinen Auflagergelenken C bzw. C' überträgt der Schwebeträger die Kraft $= \frac{p\,b}{2}$ als Einzellast auf den Endpunkt des Kragarmes.

Die Auflagerkraft A am Ausleger berechnet sich aus der für den Angriffspunkt von B aufgestellten Momentengleichung:

$$A\,l_1 - \frac{p\,l_1^2}{2} + \frac{p\,a^2}{2} + \frac{p\,b\,a}{2} = 0\,,$$

$$A = \frac{p\,l_1}{2} - \frac{p}{2}\left(\frac{a^2 + a\,b}{l_1}\right).$$

Setzt man die Größe — ausschließlich abhängig von der Einteilung des Gesamttragwerkes —

$$\frac{a^2 + a\,b}{l_1} = c\,,$$

so wird:

$$A = \frac{p\,l_1}{2} - \frac{p}{2}\,c = \frac{p}{2}\,(l_1 - c)\,.$$

Demgemäß ist auch B bekannt:

$$A + B = p l_1 + p a + \frac{p b}{2},$$

$$B = p l_1 + p a + \frac{p b}{2} - A = p l_1 + p a + \frac{p b}{2} - \frac{p}{2}(l_1 - c)$$

$$= \frac{p}{2}(l_1 + 2a + b + c).$$

Nach Auffindung der Stützenkräfte sind die Querkräfte bestimmt. In einem Abstande von x von A, d. h. im Punkt m (Fig. 39a) wird:

$$Q_m = A - p x = \frac{p}{2}(l_1 - c - 2x).$$

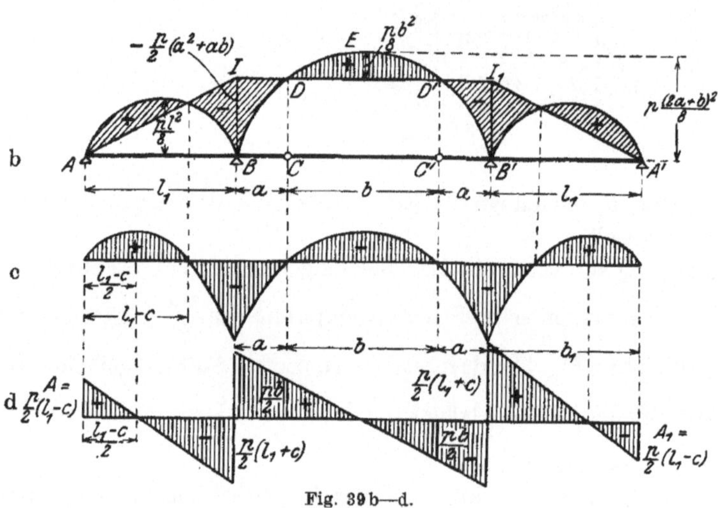

Fig. 39 b—d.

Die Querkraft verläuft nach einer Geraden. Für $x = 0$ ist $Q_m = A$.

$$Q_m \text{ wird } = 0 \text{ für } x = \frac{l_1 - c}{2};$$

für Werte von $x > \dfrac{l_1 - c}{2}$ wird Q negativ.

Für $x = l_1$ wird:

$$Q_{l_1} = \frac{p}{2}(l_1 - c - 2l_1) = -\frac{p}{2}(l_1 + c).$$

Hierdurch ist der Verlauf der Querkraft auf der Strecke $A B$ eindeutig gegeben.

Für den Kragarm ergibt sich für einen beliebigen Schnitt n in Entfernung von x' vom Kragarmende:

$$Q_n = \frac{p\,b}{2} + p\,x',$$

d. h. auch hier verläuft die Querkraft nach einer Geraden.

Für $x' = 0$ ist $Q = \frac{p\,b}{2}$; für $x' = a$, also an der Stütze B, ist:

$$Q_a = \frac{p\,b}{2} + p\,a = \frac{p}{2}(b + 2\,a)\,.$$

Die Querkraft verläuft auf der Strecke B bis B', durchgehend in derselben Geraden, da deren Neigungen überall die gleichen sind und die Ordinaten über C bzw. C' je gleich sind. Für die Strecke a ist:

$$\operatorname{tg}\alpha = \frac{\frac{p}{2}\left(b + 2\,a\right) - \frac{p\,b}{2}}{a} = p$$

und über dem Schwebeträger:

$$\operatorname{tg}\alpha = \frac{p\,b}{2 \cdot \frac{b}{2}} = p\,,$$

wie das ja auch aus der Gleichungsform sich unmittelbar ergibt.

Der Verlauf der Querkraft über den ganzen Träger hinweg ist in Fig. 39d dargestellt.

2. Die Momente: Für den eingehängten Trägerteil $C\,C'$ ist die Momentenfläche eine Parabel mit der Pfeilhöhe: $\frac{p\,b^2}{8}$ (Fig. 39b).

Für Querschnitt m (Fig. 39a) ist:

$$M_m = A\,x - \frac{p\,x^2}{2} = \frac{p}{2}(l_1 - c)\,x - \frac{p\,x^2}{2} = \frac{p}{2}(l_1\,x - x^2) - \frac{p\,c\,x}{2}\,,$$

d. h. die Momentenfläche wird aus dem Unterschied einer Parabelfläche und einer Dreiecksfläche gebildet.

Für die Parabelfläche $\frac{p}{2}(l_1\,x - x^2)$ gilt: für $x = 0$ und $x = l_1$ wird die Funktion $= 0$; für $x = \frac{l_1}{2}$ entsteht der Wert:

$$\frac{p}{2}\left(\frac{l_1^2}{2} - \frac{l_1^2}{4}\right) = \frac{p\,l_1^2}{8}\,,$$

d. h. die Parabel ist wie bei einem einfachen Balken über der Strecke A und B zu konstruieren.

Die Dreiecksfläche hat für $x = 0$ einen Nullpunkt und für $x = l_1$ die Ordinate:

$$-\frac{p\,c\,l_1}{2} = -\frac{p}{2}\,l_1\left(\frac{a^2 + a\,b}{l_1}\right) = -\frac{p}{2}(a^2 + a\,b)\,.$$

Die Momentenfläche hat einen Nullpunkt für:

$$\frac{p}{2}(l_1 - c)\,x - \frac{p\,x^2}{2} = 0\,,$$

$$l_1 - c = x\,,$$

d. h. der Nullpunkt des Momentes liegt doppelt soweit vom Auflager A entfernt wie der Nullpunkt der Querkraft.

Da in der Mitte zwischen A und dem Nullpunkte des Momentes letzteres einen Höchstwert hat, also bei dem Abstande $\frac{l_1 - c}{2}$ von A, so trifft auch hier wieder das Maximum des Momentes mit dem Nullpunkt der Querkraft zusammen, eine Beziehung, die (Fig. 39c u. d) zur gegenseitigen Kontrolle beider Werte und Kurven herangezogen werden kann. Dieses Zusammentreffen läßt sich naturgemäß auch analytisch nachweisen. Es ist:

$$M_m = \frac{p}{2}(l_1\,x - x^2) - \frac{p\,c\,x}{2}\,,$$

$$\frac{d\,M}{d\,x} = \frac{p}{2}(l_1 - 2\,x) - \frac{p\,c}{2} = \frac{p}{2}(l_1 - c - 2\,x)\,,$$

und (vergl. S. 36):

$$Q_m = \frac{p}{2}(l_1 - c - 2\,x)\,.$$

Setzt man also die erste Ableitung zur Bestimmung des Größtwertes von $M = 0$, so bedeutet das, daß zugleich auch die Querkraft $= 0$ gesetzt wird.

Der Verlauf des Momentes auf der Strecke $A\,B$ ist in den Fig. 39b und c dargestellt, die auch zugleich die oben erörterten Beziehungen zur Querkraft wiedergeben.

Für den Kragarm wird (Fig. 39a):

$$M_n = -p\,b\,x' - \frac{p\,x'^2}{2} = -\frac{p}{2}(b\,x' + x'^2)\,;$$

also auch hier verläuft das Moment nach einer Parabel. Für $x' = 0$ ist $M = 0$; für $x' = a$, also über der Stütze B, ist:

$$M_B = -\frac{p}{2}(b\,a + a^2)$$

d. h. gleich dem oben gefundenen Werte des Momentes bei B, ausgehend von der Strecke $A\,B$. Die für die Strecke $B\,C$ bzw. $B'\,C'$ und $C\,C'$

gezeichneten Parabelkurven gehören zu einer einheitlichen Parabel, die für die ganze Strecke $B\,B'$ mit einem Pfeil von:

$$\frac{p\,(a+b+a)^2}{8} = \frac{p\,(2\,a+b)^2}{8}$$

gezeichnet wird, da die Gesamthöhe des Punktes E über $B\,B'$ sich ergibt zu:

$$\frac{p}{2}(a^2+a\,b)+\frac{p\,b^2}{8}=\frac{p}{8}(4\,a^2+4\,a\,b+b^2)=\frac{p\,(2\,a+b)^2}{8}\,.$$

Da den Gelenkpunkten stets ein Momentwert von 0 entspricht, so ergibt sich unter Berücksichtigung der zusammenhängenden Parabeln eine sehr einfache Aufzeichnung der Momentenflächen. Hierzu zeichnet man die Parabeln über der Strecke $A\,B$ und $B'\,A'$ bzw. $B\,B'$ mit dem Pfeile je $\frac{p\,l_1^2}{8}$ bzw. $\frac{p\,(2\,a+b)^2}{8}$ und zieht die durch die Gelenke D und D' bestimmte Schlußlinie ein $A\,J\,D\,D'\,J'\,A'$.

Eine Darstellung der so gewonnenen Momente von einer Wagerechten aus gibt Fig. 39c.

In ähnlicher Weise ist auch die Aufzeichnung des Querkraftverlaufes einfach, wenn man von dem eingehängten Träger und den Ordinaten an dessen Ende $\frac{p\,b}{2}$ ausgeht und in den Seitenöffnungen die Auflagerdrücke A bzw. A' und den Nullpunkt der Querkraft $\left(\frac{l_1-c}{2}\right)$ zur Darstellung der Querkraft heranzieht (Fig. 39d).

b) Der Träger mit zwei überstehenden Enden und schwebendem Zwischenträger (Fig. 40a—c).

Für die Trägerstrecke $B\,B'$, also für den Kragarm- und den eingehängten Träger, bleiben genau dieselben Beziehungen bestehen, wie sie vorstehend für die Querkräfte und Momente ermittelt worden sind. Aus der Symmetrie der Gesamtanordnung folgt zudem, daß der Querkräfte bzw. Momente in A und B bzw. A' und B' unter sich gleich sein müssen. Demgemäß lassen sich nach Aufzeichnung der Momentenparabel (gleich wie beim einfachen Balken) über den Strecken $A\,B$, $B\,B'$, $B'\,A'$ usw. die Momente durch Einzeichnen der durch die Gelenke bestimmten Schlußlinie sehr einfach finden (vgl. Fig. 40b). Der Symmetrie entsprechend ist diese Schlußlinie im vorliegenden Falle wagerecht.

Aus der Symmetrie der Belastung und Trägeranordnung ergibt sich:

$$A=B=\frac{p\,l_1}{2}+p\,a+\frac{p\,b}{2}\,.$$

Da nahe der Stütze B im Trägerteile $B\,B'$ die Querkraft $=\frac{p\,b}{2}+p\,a$ ist, so ist sie mithin für den Teil $A\,B$ nahe $B=\frac{p\,l_1}{2}$, wodurch sich der

Verlauf der Querkraft sehr einfach ergibt, wenn man berücksichtigt, daß im vorliegenden Falle immer zwischen je 2 Stützen die Querkraft einen Nullpunkt hat, entsprechend einem jeweiligen Größtwert des Momentes an derselben Stelle.

Die Momente und Querkräfte im Zusammenhange sind in der Fig. 40 b u. c wiedergegeben. Aus Fig. 40 b erkennt man (ebenso aus Fig. 39b, c), welchen bestimmenden Einfluß die Lage der Gelenke gegenüber den Stützen auf die Größe der Momente besitzt, wie also

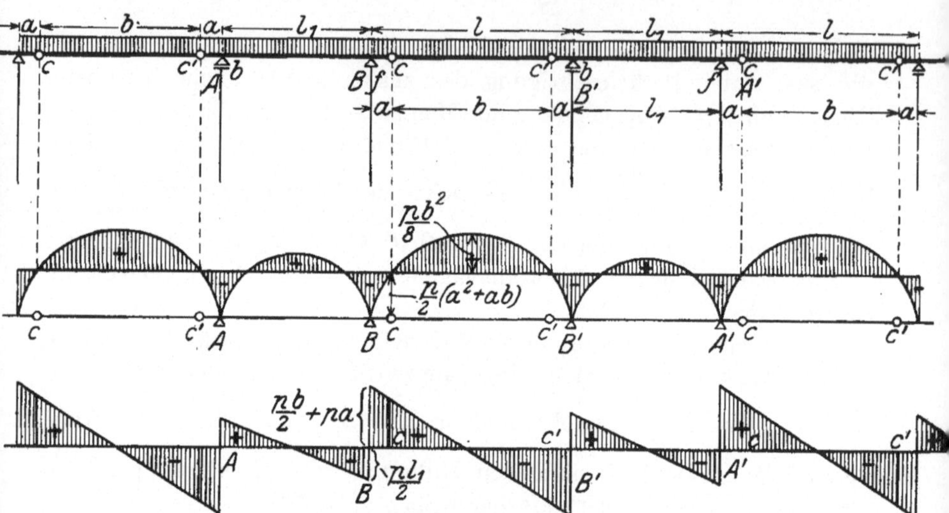

Fig. 40 a—c.

die Abstände a und b diese unmittelbar beeinflussen und wie zugleich eine günstige Lage der Gelenke eine gegenseitige Ausgleichung der positiven und negativen Größtmomente hervorrufen und damit zu einer wirtschaftlich guten Ausnutzung des Trägers führen kann. Sind die Entfernungen der Stützen AB, $A'B'$ usw. stets gleich, ist also $l_1 = 2a + b = l$, so wird bei der vorliegenden Belastung das $+M_{\max}$ über AB auch gleich dem positiven Größtmoment im eingehängten Träger; denn alsdann ergibt sich:

$$+M_{\max} = \frac{p l_1^2}{8} - \frac{p}{2}(a^2 + ab) = \frac{p(2a+b)^2}{8} - \frac{p}{2}(a^2 + ab)$$

$$= \frac{p}{2}\left(a^2 + ab + \frac{b^2}{4} - a^2 - ab\right) = +\frac{pb^2}{8}.$$

Will man, wie das bei Anwendung des Auslegerträgers für Pfetten — bei konstanter Binderentfernung — zur wirtschaftlichen Ausnutzung eines einheitlichen Querschnittes erfordert wird, die Momente über der Stütze und in der Mitte des eingehängten Trägers (absolut betrachtet) gleich machen, so muß die Gleichung erfüllt sein:

$$\frac{p}{2}(a^2 + a\,b) = \frac{p\,b^2}{8}\,.$$

Zudem ist, wenn die konstante Entfernung der Binder, die im vorliegenden Falle die Stützen darstellen $= l_0$ ist (Fig. 41):

$$2\,a + b = l_0;\quad b = l_0 - 2\,a\,.$$

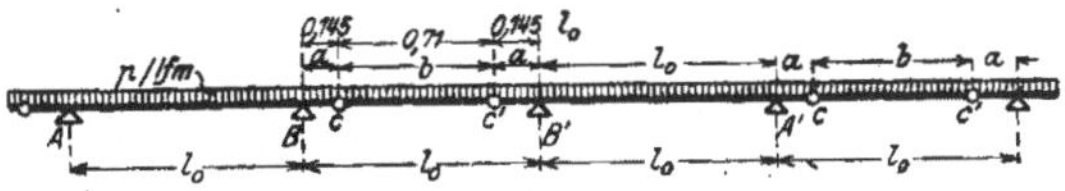

Fig. 41.

Setzt man diesen Wert in die obige Gleichung ein, so wird:

$$\frac{p(l_0 - 2\,a)^2}{8} = \frac{p}{2}[a^2 + a\,(l_0 - 2\,a)]\,,$$

woraus folgt:

$$a = 0{,}145\,l_0$$

und:

$$b = l_0 - 2 \cdot 0{,}145\,l_0 = 0{,}71\,l_0\,.$$

Die Momente erhalten alsdann eine absolute Größe:

$$\frac{p}{2}(a^2 + a\,b) = \frac{p}{2}(0{,}145^2 + 0{,}145 \cdot 0{,}71)\,l_0^2$$

$$= \frac{p}{2}\,l_0^2 \cdot 0{,}125 = \frac{p\,l_0^2}{16}$$

und ebenso:

$$\frac{p\,b^2}{8} = \frac{p \cdot 0{,}71^2\,l_0^2}{8} = \frac{p\,l_0^2}{16}\,.$$

Auch das positive Größtmoment in der Mittelöffnung des Auslegers erhält nach den Ausführungen auf S. 40 denselben Wert, so daß also hier eine allseitig gute wirtschaftliche Ausnutzung eines einheitlichen Pfettenquerschnittes gegeben ist bzw. die Pfette auf ihre ganze Länge einen solchen erhalten kann.

c) Handelt es sich um symmetrisch auf dem selbst symmetrisch gegliederten Tragwerk angreifende Einzellasten (Fig. 42 u. 43), so werden bei den auf S. 34 erwähnten Bauausführungen und bei überall gleicher Stützenentfernung meist zwischen je 2 Stützen je ein oder zwei

Balken bzw. Binder liegen und zudem die Stützen selbst noch durch eine derartige Last beansprucht sein.

Im ersten Fall sind die Gelenke im Abstande von je $\frac{l_0}{4}$ von der Stütze aus zu legen. Alsdann ergibt sich in den gefährlichen

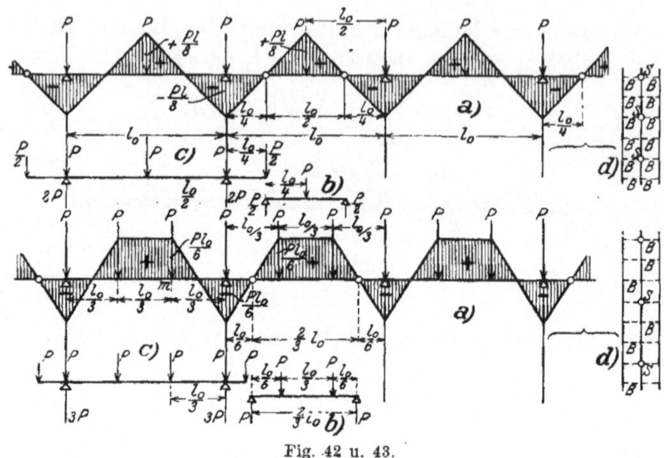

Fig. 42 u. 43.

Trägerquerschnitten bei konstanter Einzellast P ein Moment von je $\frac{Pl_0}{8}$. In der Mitte des eingehängten Trägers entsteht:

$$M = \frac{P}{2} \cdot \frac{l_0}{4} = \frac{P\,l_0}{8}.$$

Über der Stütze A wird:

$$M = -\frac{P}{2}\,\frac{l_0}{4} = -\frac{P\,l_0}{8}.$$

In Auslegermitte endlich ergibt sich:

$$M = +2\,P \cdot \frac{l_0}{2} - \frac{P\,l_0}{2} - \frac{P}{2}\left(\frac{l_0}{2} + \frac{l_0}{4}\right) = +\frac{P\,l_0}{2} - \frac{3}{8}P\,l_0 = +\frac{P\,l_0}{8}$$

(vgl. Fig. 42b u. c, sowie die Momentenfläche in Fig. 42a).

Liegen je 2 Lasten ($= P$) zwischen den Stützen und je eine über ihnen, so sind zur guten Ausnutzung eines einheitlichen Trägerquerschnittes die Gelenke in je $\frac{l_0}{6}$ Entfernung von der Stütze anzuordnen. Alsdann ergibt sich (Fig. 43b) im eingehängten Trägerteile:

$$M = \frac{P \cdot l_0}{6};$$

ebenso wird über der Stütze:

$$M = -\frac{P l_0}{6}$$

und endlich in Punkt m in der Mittelöffnung des Auslegers:

$$M = 3P \cdot \frac{l_0}{3} - \frac{P l_0}{3} - P\left(\frac{l_0}{3} + \frac{l_0}{6}\right) = \frac{2P l_0}{3} - \frac{3P l_0}{6} = +\frac{P l_0}{6}.$$

Die Momentenfläche ist in Fig. 43a dargestellt.

Zu welchen konstruktiven Anwendungen die in Fig. 42 u. 43 zugrunde gelegten Belastungsfälle beispielsweise führen können, lassen die Fig. 42d und 43d erkennen. In ihnen bedeuten S die Stützen, auf denen der nach Art eines Auslegers mit Schwebeträgern konstruierte Unterzug liegt, der in Fig. 42d je eine, in Fig. 43d je 2 Einzellasten zwischen den Säulen aufnimmt, die durch freilagernde Binder, Balken oder dgl. (B in der Figur) gebildet sein können.

Zahlenbeispiele. 1. Eine eiserne Pfette hat eine senkrechte Belastung von 200 kg/lfd. m zu tragen. Die Binderentfernung beträgt 4,50 m. Gesucht wird die zweckmäßige Lage der Gelenke und der Trägerquerschnitt.

Die Gelenke sind bestimmt durch:

$$a = 0{,}145\, l_0 = 0{,}145 \cdot 450 = 65{,}25 \text{ cm}.$$

Demgemäß erhält der eingehängte Träger eine Stützweite von:

$$450 - 2 \cdot 65{,}25 = 319{,}5 \text{ cm} = 0{,}71\, l_0 = 0{,}71 \cdot 450.$$

Das größte Moment an den gefährlichen Querschnittsstellen ist dementsprechend nach $\frac{p l_0^2}{16}$ zu bemessen:

$$M_{\max} = \frac{200 \cdot 450^2}{100 \cdot 16} = 25\,313 \text{ kg} \cdot \text{cm},$$

$$W = \frac{25\,313}{1200} = \text{rd. } 21{,}1 \text{ cm}^3.$$

Es reicht ein I-Normalprofil Nr. 9 mit $W_x = 26{,}0 \text{ cm}^3$ aus.

2. Auf einem Unterzug, der durch Säulen in je 12 m Entfernung unterstützt wird, liegen gemäß Fig. 43d zwischen den Stützen je 2 Balkenbinder mit ihren beweglichen Lagern auf. Ihr Auflagerdruck beträgt je 4,5 t, so daß an jeder Laststelle $2 \cdot 4{,}5 = 9$ t übertragen werden. Bei einer Entfernung der Gelenke von:

$$\frac{l_0}{6} = \frac{12{,}0}{6} = 2{,}0 \text{ m}$$

von den Stützen entfernt, treten Größtbiegungsmomente auf:

$$M_{\max} = \frac{P l_0}{6} = \frac{9 \cdot 12}{6} = 18 \text{ tm} = 1\,800\,000 \text{ kg} \cdot \text{cm}.$$

Demgemäß wird hier ein W erfordert von:

$$\frac{1\,800\,000}{1200} = 1500\ \mathrm{cm}^3$$

und ein I-Normalprofil Nr. $42^1/_2$ mit $W_x = 1740{,}0\ \mathrm{cm}^3$ gebraucht. Bei Verwendung des niedrigeren Profils Nr. 40 mit $W_x = 1461\ \mathrm{cm}^3$ würde sich eine Spannung:

$$\sigma = \frac{1\,800\,000}{1461} = \mathrm{rd.}\ 1230,$$

allerdings nicht erheblich größer als 1200 kg/qcm ergeben.

5. Kapitel.

Die Durchbiegung der einfachen Träger.

Unter der elastischen Linie wird die Kurve verstanden, nach der ein Träger — genauer seine Achse — sich unter der Belastung durchbiegt. Diese Kurve führt demgemäß auch den Namen Biegelinie. Sie kann aus einzelnen Kreisbogen zusammengesetzt gedacht werden, die verschiedene Halbmesser besitzen.

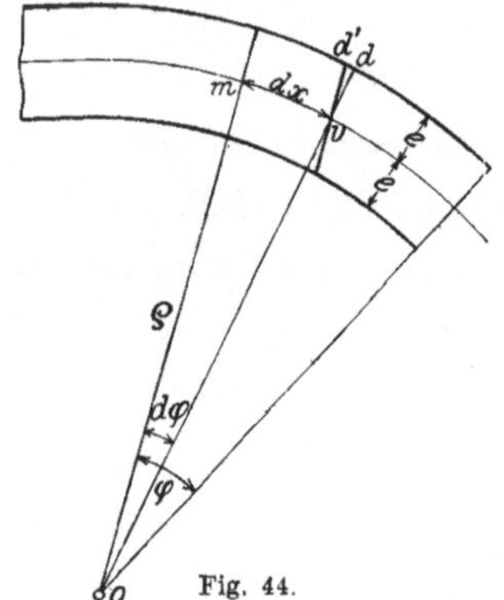

Fig. 44.

Vorausgesetzt werde ein homogenes Material und ein zu den Hauptachsen symmetrischer Querschnitt.

Stellt Fig. 44 einen Teil eines, diesen Voraussetzungen entsprechenden gebogenen Balkens dar, ist dessen Achse also ein Teil der gesuchten Biegelinie, so sind zwei benachbarte Querschnitte — vor der Biegung in der Entfernung $= dx$ — jetzt zueinander geneigt. Ist der auf der Strecke dx sich einstellende Krümmungshalbmesser $= \varrho$, so folgt aus der Ähnlichkeit der beiden Dreiecke $d'dv$ und mvo:

$$dd' : mv = vd : om = e : \varrho\,.$$

Da nach dem Elastizitätsgesetz $dd_1 : mv = \sigma : E$ ist, so ergibt sich aus der Zusammenfassung beider Beziehungen:

$$e : \varrho = \sigma : E\,,$$

und somit wird der Krümmungshalbmesser ϱ:

$$\varrho = \frac{e \cdot E}{\sigma}\,.$$

Da ferner bei axialer Biegung:

$$\sigma = \frac{M}{W} = \frac{M \cdot e}{J}$$

ist, so folgt endlich:

$$\varrho = \frac{e \cdot E J}{M \cdot e} = \frac{E J}{M} .$$

Liegt ein prismatischer Balken mit überall gleichem Querschnitte vor, so folgt aus dem konstanten Werte für J, daß ϱ um so kleiner wird, je größer das Moment ist, daß also z. B. der Balken auf 2 Stützen sich in der Mitte stärker krümmt als nahe seinen Auflagern, und daß der Kragbalken die stärkste Verbiegung nahe seiner Einspannungsstelle erfährt.

Die Größe der Durchbiegung ergibt sich (Fig. 44) im Hinblick darauf, daß dx und $d\varphi$ sehr kleine Größen sind, aus der Beziehung:

$$dx = \varrho\, d\varphi ; \qquad d\varphi = \frac{dx}{\varrho} = \frac{M\, dx}{E J} = \operatorname{tg} d\varphi .$$

$$\varphi = \sum d\varphi = \frac{1}{E J} \sum M\, dx .$$

$\sum M\, dx$ stellt eine Fläche dar, bei der über den einzelnen Werten dx z. B. als Abszisse die M-Werte als Ordinate aufgetragen sind, d. h. $\sum M\, dx$ ist der Inhalt der Momentenfläche des Trägers, die unter seiner jeweiligen Belastung über ihm gezeichnet wird $= F_M$.

Setzt man auch hier wegen der Kleinheit der Winkel: $\varphi = \operatorname{tg} \varphi$, so wird demgemäß:

$$\boldsymbol{\varphi = \operatorname{tg} \varphi = \frac{1}{E J} \sum M\, dx = \frac{1}{E J} F_M = \frac{1}{E J}} \textbf{ (Momentenfläche).}$$

Da nach Fig. 45 $df = x \operatorname{tg} d\varphi$ ist — eine Annäherungsbeziehung, die bei der Kleinheit der Durchbiegung erlaubt ist —, so wird zugleich:

$$df = x \frac{M \cdot dx}{E J}$$

und $\sum d\, f = f$ gleich der gesamten Durchbiegung an bestimmter Stelle:

$$f = \frac{1}{E J} \sum M\, dx \cdot x ,$$

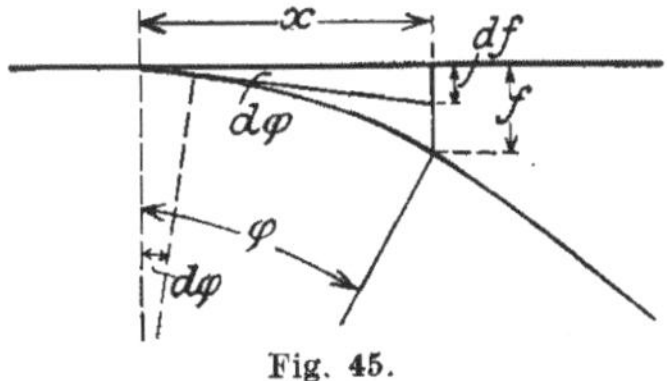

Fig. 45.

d. h. gleich der Summe der statischen Momente aller Flächenteilchen der Momentenfläche, bezogen auf den Punkt, für den die Größe der Durchbiegung (f) zu bestimmen ist.

Bezeichnet man den Abstand des Schwerpunktes des in Frage stehenden Teiles der Momentenfläche von dem Punkte, für den die Durchbiegung gesucht wird, mit x_0, so kann an Stelle von $\sum M\,dx\,x$ auch geschrieben werden $F'_M \cdot x_0$, und somit wird:

$$f = \frac{1}{EJ} F'_M x_0 \,.$$[1]

Diese grundlegende Gleichung läßt noch eine andere Deutung zu. Schreibt man sie in der Form:

$$f \cdot E = \sum \left(\frac{M\,dx}{J}\right) \cdot x = \frac{F_M}{J} x\,,$$

so entspricht dies in der Form der Momentenberechnung auf graphischem Wege:

$$\eta \cdot H = Q \cdot x,$$

worin Q eine Kraft im Abstande von x von dem in Frage gezogenen Punkte darstellt und η die unter x gemessene Seileckordinate zu dem Krafteck mit der Polweite $= H$ ist. Es kann demgemäß die Größe f auch als die Ordinate eines Seilecks dargestellt werden, das zu Kräften $= \frac{M}{J} d\,x$ mit einer Polweite $= E$ gezeichnet wird. (Fig. 46a.)

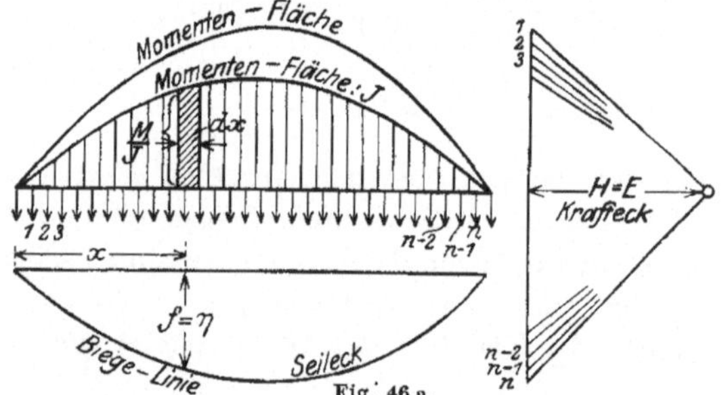

Fig. 46 a.

Naturgemäß kann man auch unter Innehaltung dieser Belastungsfläche das Moment dieser $= f \cdot E$ analytisch für einen bestimmten Querschnitt x in der Form: $\sum (M\,dx) \cdot x$ finden und hieraus f ableiten. Hierbei wird einerseits zu beachten sein, daß der Momentenfläche als Belastungsfläche z. B. eines Balkens naturgemäß auch besondere Stützenwiderstände entsprechen, die als Funktionen der Belastungsfläche erscheinen und bei der Momentenbildung in Berücksichtigung zu ziehen sind, und daß andererseits, wenn E und J konstant sind, deren Inrechnungstellung erst zum Schlusse der Ermittlung erfolgen kann, indem das Endergebnis durch EJ gekürzt wird. Ist hingegen J verschieden groß, so empfiehlt es sich, unmittelbar eine $\frac{M}{J}$-Fläche sich zu schaffen und diese als Belastungsfläche zu verwenden. Liegt z. B. (Fig. 46b) ein Blechbalken vor mit 2 Kopfplatten, also nach der Mitte

[1]) Wird die ganze Momentenfläche benutzt, so tritt an Stelle von F'_M der Wert F_M.

sich vergrößerndem J, so wird eine Umwandlung der Momentenfläche in der dargestellten Art notwendig werden, bei der eine um so größere Herabminderung der Ordinaten stattfindet, je größer J ist.

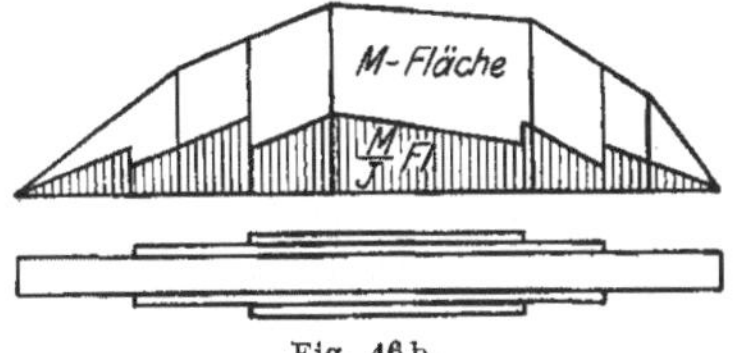

Fig. 46 b.

Die Deutung der Biegelinie als Seileck für die Belastung durch die Momentenfläche rührt von Otto Mohr her; das entsprechende Rechnungsverfahren wird demgemäß als das Mohrsche Verfahren bezeichnet.

Die Durchbiegung des einfachen Kragträgers.

a) An seinem freien Ende wirke eine Einzellast $= P$ (Fig. 47). Die Momentenfläche ist alsdann ein Dreieck von der Höhe $= l$, das am freien Trägerende seine Spitze, an der Einspannungsstelle seine Grundlinie $= P\,l$ hat. Demgemäß liefert die Beziehung:

$$f = \frac{1}{EJ} F_M x_0$$

hier für die Durchbiegung des freien Trägerendes die Gleichung:

$$f = \frac{1}{EJ} \frac{P l l}{2} \frac{2}{3} l = \frac{P l^3}{3 EJ}.$$

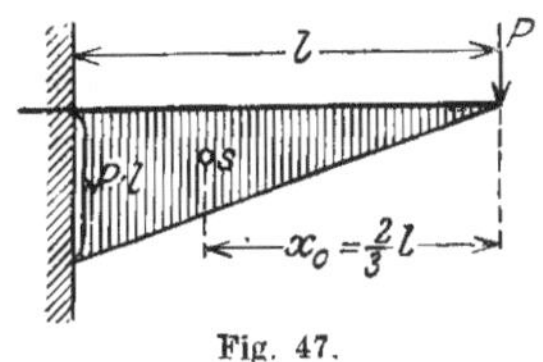

Fig. 47.

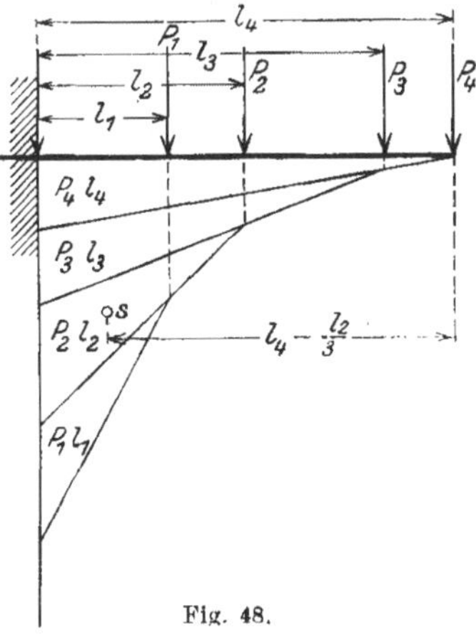

Fig. 48.

Ferner ist:

$$\operatorname{tg}\alpha = \frac{1}{EJ} F_M = \frac{1}{EJ} \frac{P l^2}{2} = \frac{P l^2}{2 EJ}.$$

b) Greifen mehrere Einzellasten an, so ist die Rechnung durchaus entsprechend; nur müssen hier die jeder Last zugehörenden Dreiecke gezeichnet und deren statische Momente in bezug auf den äußersten Trägerpunkt, für den die größte Abbiegung eintritt, gebildet werden. Im Anschlusse an Fig. 48 wird:

$$f = \frac{P_4 l_4^2}{2} \frac{2}{3} l_4 + \frac{P_3 l_3^2}{2}\left(l_4 - \frac{l_3}{3}\right) + \frac{P_2 l_2^2}{2}\left(l_4 - \frac{l_2}{3}\right) + \frac{P_1 l_1^2}{2}\left(l_4 - \frac{l_1}{3}\right).$$

c) Gleichmäßige Vollast von p für 1 lfd. m Träger. Wie auf S. 28 bewiesen wurde, ist die Momentenfläche durch eine Parabel begrenzt (Fig. 49).

Für die Momentenfläche gilt:

$$F_M = \frac{l}{3}\,\frac{p\,l^2}{2} = \frac{p\,l^3}{6}$$

und:

$$x_0 = \tfrac{3}{4}\,l\,.$$

Demgemäß wird:

$$f = \frac{1}{EJ}\,\frac{p\,l^3}{6}\cdot\frac{3}{4}\,l = \frac{p\,l^4}{8\,EJ}\,.$$

Besteht die Belastung sowohl aus Einzellasten als auch aus einer gleichmäßig verteilten Belastung, so addieren sich die Ergebnisse beider Durchbiegungsrechnungen sinngemäß. Hierfür mag das nachfolgende Zahlenbeispiel einen Anhalt bieten:

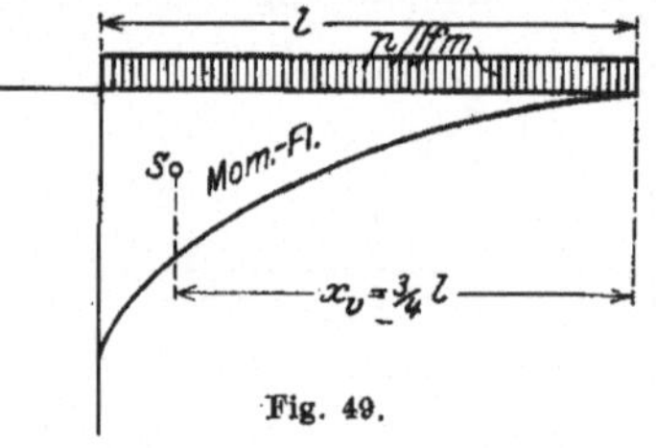

Fig. 49.

Wie groß ist die Durchbiegung eines einseitig auskragenden 2 m langen I-Trägers Nr. 22 an seinem freien Ende, wenn er durch eine Belastung von 800 kg/lfd. m = 8 kg/lfd. cm und am Ende durch eine Einzellast von 500 kg belastet wird. $\sigma = 1000$ kg/qcm; $J_x = 3055$ cm⁴, $E = 2\,150\,000$ kg/qcm [1]).

Durch die gleichmäßig verteilte Belastung wird eine Durchbiegung erzeugt:

$$f_1 = \frac{p\,l^4}{8\,E\,J} = \frac{8\cdot 200^4}{8\cdot 2150000\cdot 3055} = 0{,}24\ \text{cm}$$

und durch die Einzellast am freien Trägerende von:

$$f_2 = \frac{P\,l^3}{3\,E\,J} = \frac{500\cdot 200^3}{3\cdot 215\,000\cdot 3055} = 0{,}20\ \text{cm}.$$

Es steht mithin eine Gesamtdurchbiegung von $f_1 + f_2 = 0{,}44$ cm zu erwarten.

---

[1]. $M_{max} = -\left(500\cdot 200 + \frac{8\cdot 200^2}{2}\right) = 260\,000$ kg · cm,

$W_x = \frac{260\,000}{1000} = 260$ cm³. Gewählt: I Nr. 22 mit

$W_x = 278$ cm³ und $J_x = 3055$ cm⁴.

Die Durchbiegung des einfachen Balkens auf 2 Stützen.

a) Der Balken ist in seiner Mitte durch eine Einzellast (P) beansprucht (Fig. 50).

Die Momentenfläche ist ein Dreieck mit der Spitze unter dem Lastangriffe und einer Höhe an dieser Stelle $= \frac{P\,l}{4}$. Aus der Symmetrie der Belastung $= F_M$ folgen die beiden Stützenwiderstände je $= \frac{F_M}{2}$. Demgemäß ist das Moment für diese Belastung in Trägermitte:

$$F'_M \cdot x_0 = \frac{1}{2} F_M \frac{l}{2} - \frac{1}{2} F_M \frac{l}{6},$$

und da:

$$F_M = \frac{P\,l^2}{8}$$

ist, so wird:

$$\frac{1}{4} F_M l - \frac{1}{12} F_M l = \frac{1}{6} F_M l = \frac{1}{6} \frac{P\,l^2}{8} l = \frac{P\,l^3}{48}$$

und demgemäß nach S. 46 auf Grund des Mohrschen Verfahrens:

$$f = \frac{1}{E\,J} \frac{P\,l^3}{48}$$

b) Liegt eine unsymmetrische Belastung durch eine Einzellast (Abstand a bzw. b von den Auflagern) vor (Fig. 51), so wird das Biegungsmoment am Angriffspunkt der Kraft $= \frac{P\,a\,b}{l}$.

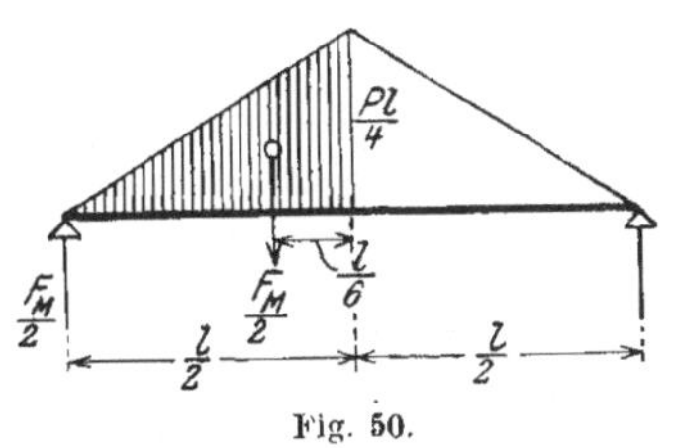

Fig. 50.

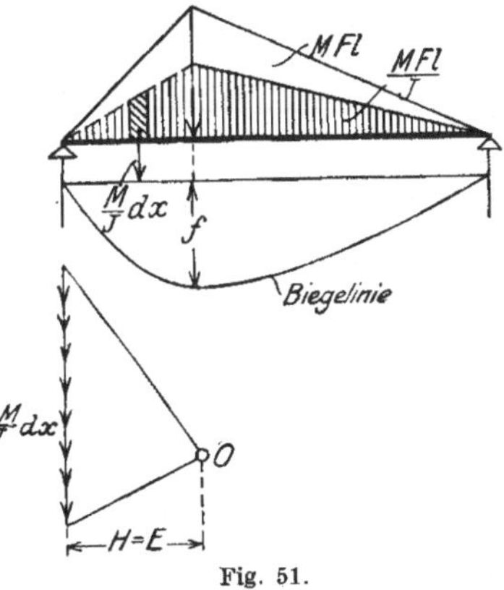

Fig. 51.

Hier ist — wie auch bei mehreren Einzellasten — der graphische Rechnungsweg als der einfachere zu empfehlen. Zu dem Zwecke dividiert man — bei zunächst angenommenem konstanten J — die Momentenordinate $\frac{P\,b\,a}{l}$ durch J, konstruiert hiermit die $\frac{M}{J}$-Fläche, nimmt sie als Belastung an, teilt sie in eine Anzahl Streifen und zeichnet zu diesen mit der Polweite $= E$ ein Kraft- und Seileck. Alsdann ergibt sich unmittelbar die größte Durchbiegung unter P als die zugehörende Seileckordinate $\eta = f$.

$$f = \frac{1}{E} \sum \left(\frac{M\,dx}{J} \right) x = \eta\,.$$

Wird der Träger durch mehrere Einzellasten beansprucht, und entsprechen verschieden starken Querschnitten verschieden große Trägheitsmomente, so ist die Momentenfläche in der bereits in Fig. 46b dargestellten Weise umzuwandeln, sonst aber in genau der gleichen Art wie vorstehend zur Aufzeichnung der Biegelinie und Bestimmung der Durchbiegungsgrößen heranzuziehen.

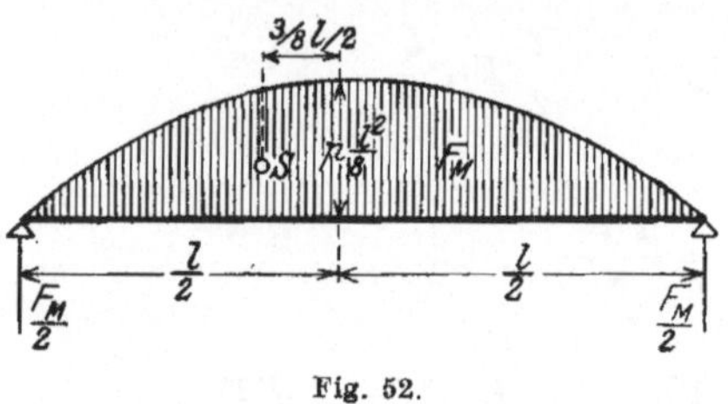

Fig. 52.

c) Der Träger wird durch eine gleichmäßige Vollbelastung beansprucht (Fig. 52).

Nach den Ausführungen auf S. 16 ist die Momentenfläche eine quadratische Parabel mit der Höhe $= \frac{p\,l^2}{8}$ in Trägermitte. Für diese wird das Moment aus der Momentenfläche als Lastfläche für die Trägermitte:

$$\frac{F_M}{2}\,\frac{l}{2} - \frac{1}{2} F_M \cdot \frac{3}{8}\,\frac{l}{2}$$

und für:

$$F_M = \frac{2}{3}\,l\,\frac{p\,l^2}{8} = \frac{p\,l^3}{12}$$

$$f = \frac{1}{E\,J}\left(\frac{1}{4} F_M\,l - \frac{3}{32} F_M\,l\right) = \frac{1}{E\,J}\,\frac{5}{32} F_M\,l$$

$$= \frac{1}{E\,J}\,\frac{5}{32}\,\frac{p\,l^4}{12} = \frac{5}{384}\,\frac{p\,l^4}{E\,J}\,.$$

Bringt man diese Gleichung in die Form:

$$f = \frac{5}{48}\,\frac{p\,l^2\,l^2}{8\,E\,J\,\frac{h}{2}}\,\frac{h}{2}\,,$$

wobei h die Trägerhöhe darstellt, und denkt man daran, daß:

$$\frac{p l^2}{8} = M_{max}; \quad \frac{M_{max}}{\frac{J}{\frac{h}{2}}} = \frac{M_{max}}{W} = \sigma$$

ist, so erscheint f in der Form:

$$f = \frac{5}{48} \frac{\sigma l^2}{E \cdot \frac{h}{2}}$$

bzw. wenn für $\frac{h}{2}$ der mit ihm bei zur Biegeachse symmetrischem Querschnitt zusammenfallende äußerste Faserabstand $= e$ eingeführt wird:

$$f = \frac{5}{48} \frac{\sigma l^2}{E \cdot e},$$

eine Gleichungsform, die im besonderen wertvoll ist, um die Einwirkung der Durchbiegungsgröße bei einem bestimmten Verhältnis von $\frac{l}{e}$ bzw. $\frac{l}{\frac{h}{2}}$ auf die Spannungsgröße, d. h. die zweckmäßige Ausnutzung des Materials im Verhältnisse zur Durchbiegung zu verfolgen.

Zahlenbeispiel: Ein I-Träger von 4,00 m Stützweite wird in der Mitte durch eine Einzellast von 2,0 t und zudem durch eine gleichmäßig verteilte Last von 0,8 t/lfd. m belastet. Sein Querschnitt ist zu bestimmen und die größte Durchbiegung in Trägermitte zu berechnen.

Es ist:

$$M_{max} = \frac{P l}{4} + \frac{p l^2}{8} = \frac{2{,}0 \cdot 4{,}0}{4} + \frac{0{,}8 \cdot 4{,}0^2}{8}$$
$$= 2{,}0 + 1{,}6 = 3{,}6 \text{ tm} = 360\,000 \text{ kg} \cdot \text{cm}.$$

Bei $\sigma = 1000$ kg/qcm wird $W_x = 360$ cm³, und demgemäß ist erforderlich ein I-Normalprofil Nr. 25 mit $W_x = 395$ cm³, da das nächst niedrigere Profil Nr. 24 nur ein $W_x = 354 < 360$ aufweist. Immerhin würde aber bei der nur geringen Abweichung und der verhältnismäßig nicht hohen Spannung von $\sigma = 1000$ kg/qcm auch dieses Profil Verwendung finden können.

Für I Nr. 25 ist $J_x = 4966$ cm⁴. Demgemäß wird f:

$$f = \frac{1}{E J}\left(\frac{P l^3}{48} + \frac{5}{384} p l^4\right)$$
$$= \frac{1}{2\,150\,000 \cdot 4966}\left(\frac{2000 \cdot 400^3}{48} + \frac{5}{384} \cdot 8 \cdot 400^4\right)^{1)},$$

[1]) Da in der obigen Gleichung alle Einheiten in kg und cm eingesetzt sind, ist auch p in kg/lfd. cm einzuführen.

$$f = \frac{1 \cdot 400^3}{2\,150\,000 \cdot 4966 \cdot 48}(2000 + \tfrac{5}{8} \cdot 8 \cdot 400)$$

$$= \frac{1 \cdot 400^3 \cdot 4000}{2\,150\,000 \cdot 4966 \cdot 48} = \text{rd. } 0{,}5 \text{ cm.}$$

6. Kapitel.

Die Grundzüge der Berechnung der für den Hochbau wichtigeren statisch unbestimmten Balkenträger.

1. Der Träger über mehreren Stützen.

a) Der Balken auf 3 Stützen (Fig. 53).

Vorausgesetzt sei eine Lagerung, wie sie auf S. 10 bereits besprochen wurde, d. h. einer der Lagerpunkte ist fest, die beiden anderen sind linear beweglich. Das System ist also einfach statisch unbestimmt. Die Stützweiten seien gleich, $l_1 = l_2 = l$, die Belastung sei durch eine, auf beiden Öffnungen aufgebrachte, gleichmäßige Vollast gebildet von p für 1 lfd. m. Die äußeren Stützenwiderstände seien mit A und B, der mittlere mit C bezeichnet. Betrachtet man (Fig. 53 u. 54) den linken

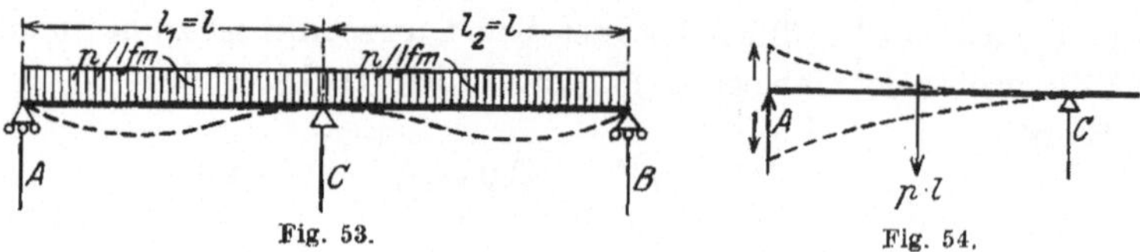

Fig. 53. Fig. 54.

Auflagerpunkt, so wird dieser durch den Stützenwiderstand A nach oben, durch die Belastung innerhalb der ersten Öffnung nach unten verbogen, wobei die Trägerstrecke $C\,A$ als ein in C fest liegender Kragträger wirkt. Da die Durchbiegung von oben und unten bei der unwandelbaren Lage des Lagerpunktes $A = 0$ sein muß, so folgt hieraus die Beziehung:

$$0 = \frac{A\,l^3}{3\,E\,J} - \frac{p\,l^4}{8\,E\,J},$$

abgeleitet aus der auf S. 47 u. 48 entwickelten Durchbiegung eines Kragträgers durch eine Einzellast (A) bzw. eine gleichmäßige Vollast (p).

Demgemäß wird:

$$A = \frac{3}{8}\,p\,l = B$$

und damit:

$$C = 2\,p\,l - 2\,\frac{3}{8}\,p\,l = \frac{10}{8}\,p\,l\,,$$

d. h. auf die Mittelstütze entfällt $\frac{5}{8}$ der Gesamtlast des Tragwerkes $= \frac{5}{8} \cdot 2\,p$.

Nach Bestimmung der Auflagerunbekannten sind auch die am Träger angreifenden Momente und Querkräfte bekannt.

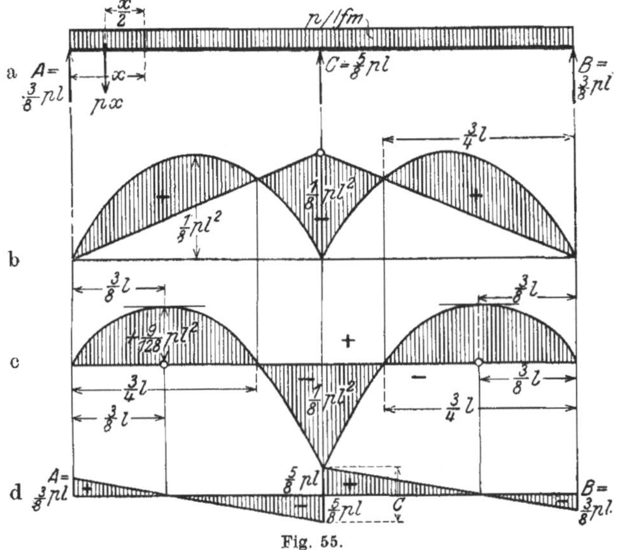

Fig. 55.

Die Momente. Aus Fig. 55 folgt:

$$M_x = A\,x - \frac{p\,x^2}{2} = \frac{3}{8}\,p\,l\,x - \frac{p\,x^2}{2} = \frac{3}{8}\,plx - \frac{p\,x^2}{2}$$

$$= \frac{3}{8}\,p\,l\,x - \frac{p\,x^2}{2} - \frac{1}{8}\,p\,l\,x + \frac{1}{8}\,p\,l\,x = \frac{p}{2}\,x\,(l - x) - \frac{1}{8}\,p\,l\,x\,.$$

Hiermit ist die Gleichung auf eine Form gebracht, in der das erste Glied dem Ausdruck für das Moment eines einfachen gleichmäßig belasteten Balkens auf 2 Stützen entspricht, d. h. durch eine quadratische Parabel erfüllt wird, die in der Mitte den Pfeil $\frac{p\,l^2}{8}$ aufweist. Von der Parabelfläche wird eine Dreiecksfläche in Abzug gebracht, deren geradlinige Begrenzung der Gleichung:

$$-\frac{1}{8}\,p\,l\,x$$

entspricht, die also bei A einem Nullpunkt, über C eine Ordinate von $M_c = -\frac{p l^2}{8}$ aufweist. Hierdurch ist die Momentenfläche (Fig. 55b) bestimmt. Ihr Nullpunkt wird durch die Gleichung gefunden:

$$M_x = 0 = A x - \frac{p x^2}{2};$$

$$x = \frac{2A}{p} = \frac{2 \frac{3}{8} p l}{p} = \frac{3}{4} l.$$

Das Maximum des positiven Momentes ergibt sich aus:

$$\frac{dM}{dx} = 0; \qquad \frac{d}{dx}\left(A x - \frac{p x^2}{2}\right) = 0; \qquad A - p x = 0; \qquad x = \frac{A}{p},$$

d. h. das positive Größtmoment tritt — wie zu erwarten — in der Mitte zwischen dem Lagerpunkt A und dem Nullpunkt der Momentenfläche auf. $M_{\max +}$ hat für $x = \frac{A}{p}$ einen Wert von:

$$M_{\max +} = \frac{A \cdot A}{p} - p \frac{A^2}{2 p^2} = \frac{1}{2} \frac{A^2}{p} = \frac{1}{2} \frac{\left(\frac{3}{8} p l\right)^2}{p} = \frac{9}{128} p l^2.$$

Die Querkräfte. Nach Fig. 55a wird:

$$Q_x = A - p x = \frac{3}{8} p l - p x.$$

Die Querkraft verläuft somit nach einer geraden Linie. Ihr Nullpunkt ergibt sich aus der Gleichung:

$$A - p x = 0; \qquad x = \frac{A}{p} = \frac{3}{8} l,$$

d. h. an der Stelle von $M_{\max +}$ liegt der Nullpunkt der Querkraft. Es wird dies auch dadurch bewiesen, daß die vorstehend gebildete erste Abgeleitete des Momentes nach x

$$\frac{dM}{dx} = A - p x$$

die Gleichung für die Querkraft darstellt.

An der Stütze C hat die Querkraft die Größe:

$$Q_l = \frac{3}{8} p l - p l = -\frac{5}{8} p l.$$

Denselben Betrag liefert für den Stützendruck C auch die rechte Öffnung. Innerhalb dieser verläuft die Querkraft durchaus entsprechend wie in Öffnung $A C$, vgl. Fig. 55d.

Sowohl die Momenten- wie auch die Querkraftsflächen lassen sich in einfachster Weise aufzeichnen, erstere aus den Momentenparabeln für die einfachen Balken AC bzw. CB und dem Momente in C, letztere aus den Auflagerkräften A bzw. B und den in je $\frac{3}{8}l$ von diesen Stützen entfernt liegenden Nullpunkten. Hierbei dienen die weiteren, sowohl für M wie für Q vorstehend gefundenen Werte bzw. Beziehungen als willkommene Zeichnungskontrollen.

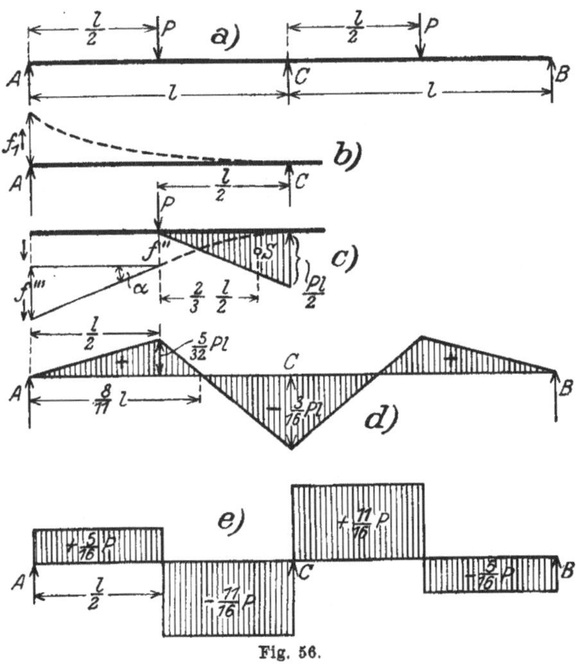

Fig. 56.

Greifen — Fig. 56 — an dem symmetrischen Träger Einzelkräfte je in Feldmitte an, so ergibt sich in ähnlicher Weise wie vorstehend der Stützendruck A aus der $= 0$ gesetzten Durchbiegung des Punktes A infolge der Kraft A nach oben und der Last P in $\frac{l}{2}$ nach unten. Hierbei ist aber darauf zu achten, daß letztere Belastung den gedachten Kragträger CA nur bis Trägermitte nach einer Curve verbiegt, von da an die Trägerachse aber geradlinig verbleibt (Fig. 56).

Bezeichnet man — Fig. 56 b — die gedachte Verbiegung von A nach oben mit f_1, so wird:

$$f_1 = \frac{A l^3}{3EJ}.$$

Ferner berechnet sich für den Angriffspunkt der Kraft P, die Verbiegung nach unten:

$$f'' = \frac{1}{EJ} F_m x_0 = \frac{1}{EJ} \frac{\frac{Pl}{2}\frac{l}{2}}{2} x_0 = \frac{1}{EJ} \frac{Pl^2}{8} \cdot \frac{2}{3} \frac{l}{2},$$

$$f'' = \frac{Pl^3}{24EJ}.$$

Der Neigungswinkel ($\mathrm{tg}\,\alpha$), unter dem diese Abbiegung stattfindet, folgt (vgl. S. 45) aus:

$$\mathrm{tg}\,\alpha = \frac{1}{EJ} F_m = \frac{P\left(\frac{l}{2}\right)^2}{2EJ} = \frac{Pl^2}{8EJ}$$

und somit wird (Fig. 56):

$$f''' = \frac{l}{2} \mathrm{tg}\,\alpha = \frac{Pl^3}{16EJ}.$$

Soll nunmehr keine Verbiegung des Punktes A eintreten, so muß: $f_1 = f'' + f'''$ sein, d. h.:

$$f_1 - (f'' + f''') = 0,$$

$$\frac{Al^3}{3EJ} - \frac{1}{EJ}\left(\frac{Pl^3}{24} + \frac{Pl^3}{16}\right) = 0.$$

Hieraus folgt:

$$\boldsymbol{A = \frac{5}{16} P = B.}$$

und somit:

$$\boldsymbol{C} = 2P - \frac{10}{16} P = \frac{22}{16} P = \frac{11}{8} \boldsymbol{P}.$$

Die Momente — Fig. 56d —. In Öffnung I ist bis zum Angriffspunkt von P:

$$M_x = Ax = \frac{5}{16} P \cdot x,$$

d. h. die am Lagerpunkt A einen Nullpunkt aufweisende Momentenfläche verläuft nach Form eines Dreiecks und erreicht bei $\left(\frac{l}{2}\right)$ ihren positiven Größtwert:

$$\frac{5}{16} P \frac{l}{2} = \frac{5}{32} Pl.$$

Von hier an wird:

$$M_x = Ax - P\left(x - \frac{l}{2}\right) = \frac{5}{16} Px - Px + \frac{Pl}{2} = -\frac{11}{16} Px + \frac{Pl}{2}.$$

Der Nullpunkt bestimmt sich aus:

$$-\frac{11}{16} P x + \frac{P l}{2} = 0 , \qquad x = \frac{16}{22} l = \frac{8}{11} l .$$

Über der Stütze wird:

$$M_C = -\frac{11}{16} P l + \frac{P l}{2} = -\frac{3}{16} P l .$$

Genau entsprechend ist der Verlauf der Momente im zweiten Felde.

Die Querkräfte. Ihr Verlauf ist in Fig. 56e dargestellt und unmittelbar durch Bildung der jeweiligen Mittelkraft gegeben. Die Zeichnung läßt die Beiträge der Querkräfte von links und rechts zur Stützenkraft C erkennen; auch kontrolliert sich der Nullpunkt von Q aus $M_{\max +}$.

b) Für durchgehende Träger über einer beliebigen Zahl von Stützen von verschiedener Entfernung und verschieden großer Vollbelastung über diesen empfiehlt sich der Gebrauch der Clapeyronschen Gleichung, deren Herleitung an dieser Stelle zu weit führen würde, deren Kenntnis aber — als wertvolles Hilfsmittel —

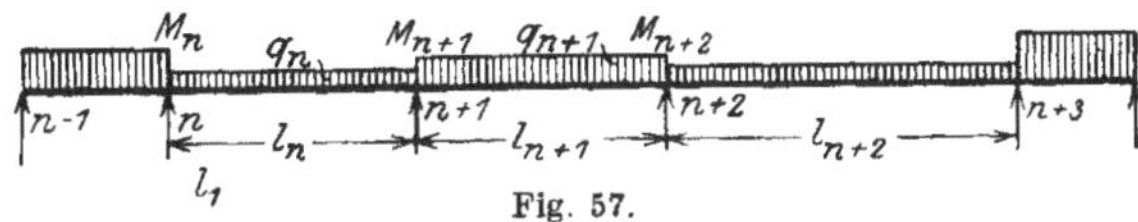

Fig. 57.

auch für den Hochbau erwünscht erscheint. Die Gleichung setzt eine gleichmäßige Vollbelastung ($p_1\, p_2\, p_3$) über den einzelnen Öffnungen $l_1\, l_2\, l_3$ usw. voraus und enthält Werte für drei hintereinander folgende unbekannte Stützenmomente $M_1\, M_2\, M_3$. Sie läßt sich für je zwei zusammenhängende Felder immer wieder aufstellen, liefert also, wenn n Stützen vorhanden sind, $n - 2$ Bestimmungsgleichungen, d. h. ebenso viele als statisch unbestimmte Größen vorhanden sind. Im Hinblicke auf die Bezeichnungen der Fig. 57 lautet die Gleichung bei überall gleich hohen Stützen:

$$M_n l_n + 2 M_{n+1}(l_n + l_{n+1}) + M_{n+2} l_{n+1} = -\frac{1}{4}(q_n l_n^3 + q_{n+1} l_{n+1}^3) .$$

Für einen Träger auf 3 Stützen mit den Feldweiten l_1 und l_2 und den Belastungen auf ihnen $= q_1$ und q_2 wird mithin, da hier $M_n = M_A = 0$, $M_{n+2} = M_c$ und $M_{n+2} = M_B = 0$ ist:

$$2 M_C (l_1 + l_2) = -\frac{1}{4}(q_1 l_1^3 + q_2 l_2^3) ,$$

$$M_C = -\frac{\frac{1}{8}(q_1 l_1^3 + q_2 l_2^3)}{l_1 + l_2} .$$

Ist aber das Mittelmoment bekannt, so sind auch die Stützenwiderstände gegeben. Der einfache Balken $A\,C$ zeitigt bei seiner Belastung durch q_1 die Stützenwiderstände $= \frac{q_1 l}{2}$ je von unten nach oben wirkend in A und C (Fig. 58). Zudem aber wirkt in C noch das Stützenmoment M_C, das hier den Träger wegen der nach oben konvex verlaufenden Abbiegung nach rechts zu drehen sucht. Diesem Moment muß ein Kräftepaar Widerstand leisten, das mit einer Kraft V in A nach unten und in C nach oben wirkt, um im entgegengesetzten Sinne wie M_C zu drehen. Aus dem Gleichgewichtszustand folgt: $V\,l_1 = M_C$, d. h.:

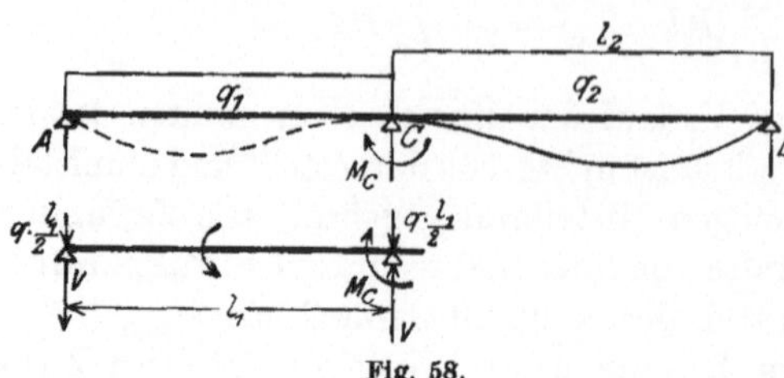

Fig. 58.

$$V = \frac{M_C}{l_1}$$

und damit:

$$A = \frac{q_1 l_1}{2} - \frac{M_C}{l_1}$$

und ebenso:

$$B = \frac{q_2 l_2}{2} - \frac{M_C}{l_2},$$

worin M_C in seiner absoluten Größe einzuführen ist. In gleicher Weise wird:

$$C = \frac{q_1 l_1}{2} + \frac{q_2 l_2}{2} + \frac{M_C}{l_1} + \frac{M_C}{l_2} = \frac{1}{2}(q_1 l_1 + q_2 l_2) + \frac{(l_2 + l_1) M_C}{l_1 \cdot l_2}.$$

Führt man in diese Beziehungen für M_c den vorstehend angegebenen Wert ein, so wird:

$$A = \frac{1}{l_1}\left(\frac{q_1 l_1^2}{2} - \frac{\frac{1}{8}(q_1 l_1^3 + q_2 l_2^3)}{l_1 + l_2}\right),$$

$$B = \frac{1}{l_2}\left(\frac{q_2 l_2^2}{2} - \frac{\frac{1}{8}(q_1 l_1^3 + q_2 l_2^3)}{l_1 + l_2}\right),$$

$$C = \frac{1}{2}(q_1 l_1 + q_2 l_2) + \frac{\frac{1}{8}(q_1 l_1^3 + q_2 l_2^3)}{l_1 \cdot l_2}.$$

Wird $l_1 = l_2$, so ergeben sich die vereinfachten Beziehungen:

$$M_C = -\frac{1}{16} l^2 (q_1 + q_2)\,,$$

$$A = \frac{l}{16}(7 q_1 - q_2)\,,$$

$$B = \frac{l}{16}(7 q_2 - q_1)\,,$$

$$C = \frac{10}{16} l (q_1 + q_2)\,.$$

Aus den Gleichungen erkennt man, für welche Feldbelastung die Größt- und Kleinstwerte der vorstehenden Größen zu erwarten sind. Es ergibt sich, daß sowohl C als auch M_C ihr Maximum bei möglichst großer Vollast beider Felder erhalten, daß aber für A und B eine Verkehrslast — neben der stets vorhandenen Eigenlast — nur bald die eine, bald die andere Öffnung beanspruchen darf, um Größtwerte zu erzeugen.

Wird $q_1 = q_2 = q$, so ergeben sich die auf S. 52–54 bereits gefundenen Werte:

$$M_C = -\frac{1}{8} q l^2\,; \qquad A = B = \frac{3}{8} q l\,; \qquad C = \frac{10}{8} q l\,.$$

Liegt (Fig. 59) ein Träger auf 4 Stützen vor, so sind hier 2 Clapeyronsche Gleichungen aufzustellen.

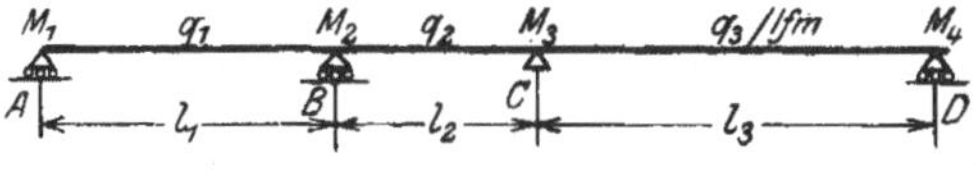

Fig. 59.

$$M_1 l_1 + 2 M_2 (l_1 + l_2) + M_3 l_2 = -\frac{1}{4}(q_1 l_1^3 + q_2 l_2^3)\,,$$

$$M_2 l_2 + 2 M_3 (l_2 + l_3) + M_4 l_3 = -\frac{1}{4}(q_2 l_2^3 + q_3 l_3^3)\,.$$

Da hierin $M_1 = M_4 = 0$ ist, verbleiben mithin nur noch 2 Unbekannte M_2 und M_3, zu deren Bestimmung die Gleichungen ausreichen.

Ein für viele Zwecke des Hochbaus ausreichendes Hilfsmittel zur Berechnung von Momenten und Querkräften von durchgehenden Trägern mit gleichen Feldweiten und gleichmäßig verteilter Belastung (g bzw. p) stellen die **Winklerschen Tabellen** dar. Diese, namentlich für Berechnungen von Verbundkonstruktionen im Hochbau sehr wertvollen Tabellen geben die Momente und Querkräfte getrennt an nach ständigen und verschieblichen (Verkehrs bzw. zufälligen) Lasten, wobei letztere in der jeweilig ungünstigsten Stellung berücksichtigt sind.

Tabellen der Momente und Querkräfte durchgehender Träger[1]).

(Winklersche Zahlen.)

a) 2 Felder (3 Stützen).

$x =$	Querkräfte			$x =$	Momente		
	Einfluß v. g	Einfluß von p			Einfluß v. g	Einfluß von p	
	Q	max. $(+Q)$	max. $(-Q)$		M	max. $(-M)$	max. $(+M)$
		+	—			—	+
0,0 l	$+0{,}375\,gl$	**0,4375** pl	$0{,}0625\,pl$	**0,0** l	**0** $g\,l^2$	**0** $p\,l^2$	**0** $p\,l^2$
0,1	+0,275	0,3437	0,0687	0,1	+0,0325	0,00625	0,03875
0,2	+0,175	0,2624	0,0874	0,2	+0,0550	0,01250	0,06750
0,3	+0,075	0,1932	0,1182	0,3	+0,0675	0,01875	0,08625
0,375	**0**	**0,1491**	**0,1491**	0,4	+0,0700	0,02500	0,09500
0,4	—0,025	0,1359	0,1609	0,5	+0,0625	0,03125	0,09375
0,5	—0,125	0,0898	0,2148	0,6	+0,0450	0,03750	0,08250
0,6	—0,225	0,0544	0,2794	0,7	+0,0175	0,04375	0,06125
0,7	—0,325	0,0287	0,3537	0,75	**0**	**0,04688**	**0,04688**
0,8	—0,425	0,0119	0,4369	0,8	—0,0200	0,05000	0,03000
0,9	—0,525	0,0027	0,5277	0,85	—0,0425	0,05773	0,01523
1	**—0,625**	**0**	**0,6250**	0,9	—0,0675	0,07361	0,00611
				0,95	—0,0950	0,09638	0,00138
				1	**—0,1250**	**0,12500**	**0**

Stützendrücke:

$A = 0{,}3750\,g\,l + 0{,}4375\,p\,l$;

$C = 1{,}25\,(g + p)\,l$.

b) 3 Felder (4 Stützen).

	Querkräfte				Momente		
	Einfluß v. g	Einfluß von p			Einfluß v. g	Einfluß von p	
	Q	max. $(+Q)$	max. $(-Q)$		M	max. $(-M)$	max. $(+M)$
I. Feld		+	—	I. Feld		—	+
0,0 l	$+$**0,4** gl	**0,4500** pl	$0{,}0500\,pl$	0,0 l	$0\,g\,l^2$	$0\,p\,l^2$	$0\,p\,l^2$
0,1	+0,3	0,3560	0,0563	0,1	+0,035	0,005	0,040
0,2	+0,2	0,2752	0,0752	0,2	+0,060	0,010	0,070
0,3	+0,1	0,2065	0,1065	0,3	+0,075	0,015	0,090
0,4	**0**	**0,1496**	**0,1496**	0,4	+0,080	0,020	0,100
0,5	—0,1	0,1042	0,2042	0,5	+0,075	0,025	0,100
0,6	—0,2	0,0694	0,2694	0,6	+0,060	0,030	0,090
0,7	—0,3	0,0443	0,3443	0,7	+0,035	0,035	0,070
0,8	—0,4	0,0280	0,4280	0,7895	+0,00414	0,03948	0,04362
0,9	—0,5	0,0193	0,5191	0,8	**0**	**0,04022**	0,04022
1	—0,6	0,0167	0,6167	0,85	—0,02125	0,04898	0,02773
				0,9	—0,04500	0,06542	0,02042
				0,95	—0,07125	0,08831	0,01706
				1	**—0,10000**	**0,11667**	0,01667

[1]) Es bedeutet:

g Eigengewicht, p Zufällige Last } für 1 lfd. m Träger.

Erläuterungen und weitere Tabellen für ungleiche Stützweiten siehe in Winkler, Theorie der Brücken, I. Heft. 1873.

	Querkräfte				Momente		
	Einfluß v. g	Einfluß von p			Einfluß v. g	Einfluß von p	
	Q	max. $(+Q)$	max. $(-Q)$		M	max. $(-M)$	max. $(+M)$
II. Feld		+	—	II. Feld		—	+
0,0 l	**+0,5** gl	**0,5833** pl	0,0833 pl	**0,0** l	—**0,10000**	**0,11667**	0,01667
0,1	+0,4	0,4870	0,0870	0,05	—0,07625	0,09933	0,01408
0,2	+0,3	0,3991	0,0991	0,1	—0,05500	0,06248	0,00748
0,3	+0,2	0,3210	0,1210	0,15	—0,03625	0,05678	0,02053
0,4	+0,1	0,2537	0,1537	0,2	—0,020	0,050	0,030
0,5	**0**	**0,1979**	**0,1979**	0,2764	**0**	**0,050**	**0,050**
				0,3	+0,005	0,050	0,055
				0,4	+0,020	0,050	0,070
				0,5	+0,025	0,050	0,075

Stützendrücke:

$A = 0{,}40\, g\, l + 0{,}45\, p\, l;$

$B = 1{,}1\, g\, l + 1{,}2\, p\, l.$

Absolutes negatives Maximum:

Eigengewicht: I. Feld, max. $(+M) = +0{,}080\, g\, l^2$ für $x = 0{,}4\, l$;
II. „ „ $(+M) = +0{,}025\, g\, l^2$ für $x = 0{,}5\, l$.

Zufällige Last: I. „ „ $(+M) = +0{,}10125\, p\, l^2$ für $x = 0{,}45\, l$;
II. „ „ $(+M) = +0{,}07500\, p\, l^2$ für $x = 0{,}50\, l$.

c) 4 Felder (5 Stützen).

	Querkräfte				Momente		
	Einfluß v. g	Einfluß von p			Einfluß v. g	Einfluß von p	
	Q	max. $(+Q)$	max. $(-Q)$		M	max. $(-M)$	max. $(+M)$
I. Feld		+	—	I. Feld		—	+
0,0 l	**+0,3929** gl	**0,4464** pl	0,0535 pl	0,0 l	0	0	0
0,1	+0,2929	0,3528	0,0599	0,1	+0,03429 gl^2	0,00536 pl^2	0,03964 pl^2
0,2	+0,1929	0,2717	0,0788	0,2	+0,05857	0,01071	0,06929
0,3	+0,0929	0,2029	0,1101	0,3	+0,07286	0,01607	0,08893
0,3929	**0**	**0,1498**	**0,1498**	0,4	+0,07714	0,02143	0,09857
0,4	—0,0071	0,1461	0,1533	0,5	+0,07143	0,02679	0,09822
0,5	—0,1071	0,1007	0,2079	0,6	+0,05572	0,03214	0,08786
0,6	—0,2071	0,0660	0,2731	0,7	+0,03000	0,03750	0,06750
0,7	—0,3071	0,0410	0,3481	0,7857	**0**	**0,04209**	**0,04209**
0,8	—0,4071	0,0247	0,4319	0,7887	—0,00117	0,04225	0,04108
0,9	—0,5071	0,0160	0,5231	0,8	—0,00571	0,04309	0,03738
1	—**0,6071**	0,0134	0,6205	0,85	—0,02732	0,05216	0,02484
				0,9	—0,05143	0,06772	0,01629
				0,95	—0,07803	0,09197	0,01393
				1,0	—**0,10714**	**0,12054**	0,01340

	Querkräfte				Momente		
	Einfluß v. g	Einfluß von p			Einfluß v. g	Einfluß von p	
	Q	max. $(+Q)$	max. $(-Q)$		M	max. $(-M)$	max. $(+M)$
II. Feld		+	—	II. Feld		—	+
0,0 l	**+0,5357**	**0,6027**	0,0670	**0,0 l**	**—0,10714**	**0,12054**	0,01340
0,1	+0,4357	0,5064	0,0707	0,05	—0,08160	0,09323	0,01163
0,2	+0,3357	0,4187	0,0830	0,1	—0,05857	0,07212	0,01455
0,3	+0,2357	0,3410	0,1153	0,15	—0,03803	0,06340	0,02537
0,4	+0,1357	0,2742	0,1385	0,2	—0,02000	0,05000	0,03000
0,5	+0,0357	0,2190	0,1833	0,2661	**0**	**0,04882**	**0,04882**
0,5357	**0**	**0,2028**	**0,2028**	0,3	+0,00857	0,04821	0,05678
0,6	—0,0643	0,1755	0,2398	0,4	+0,02714	0,04643	0,07357
0,7	—0,1643	0,1435	0,3078	0,5	+0,03572	0,04464	0,08036
0,8	—0,2643	0,1222	0,3865	0,6	+0,03429	0,04286	0,07715
0,9	—0,3643	0,1106	0,4749	0,7	+0,02286	0,04107	0,06393
1	**—0,4643**	0,1071	**0,5714**	0,7896	+0,00416	0,03947	0,04363
				0,8	+0,00143	0,04027	0,04170
				0,8053	**0**	**0,04092**	**0,04992**
				0,85	—0,01303	0,04754	0,03451
				0,9	—0,03000	0,06105	0,03105
				0,95	—0,04947	0,08120	0,03173
				1,0	**—0,07143**	**0,10714**	0,03571

Stützendrücke:

$$\left.\begin{array}{l} A = 0{,}3929\,g\,l + 0{,}4464\,p\,l; \\ B = 1{,}1428\,g\,l + 1{,}2232\,p\,l; \\ C = 0{,}9286\,g\,l + 1{,}1428\,p\,l. \end{array}\right\}$$ A, B, C sind die Stützendrücke vom Trägerende nach der Mitte zu.

Die Anwendung der Winklerschen Tabellen mögen die nachfolgenden Beispiele erläutern.

1. Träger auf 3 Stützen.

Ein kontinuierlicher Träger von 16 m Gesamtlänge sei durch 3 Stützen gestützt, und zwar in der Art, daß zwei gleiche Öffnungen von je 8,00 m Stützweite entstehen. Die Eigengewichtsbelastung betrage 500 kg für 1 lfd. m, die Verkehrslast sei zu dem doppelten Werte bemessen =1 t/lfd. m. Die größten und kleinsten Werte der Querkräfte und Momente sind zu berechnen.

Es ergibt sich:

$$\begin{aligned} g\,l &= 0{,}5 \cdot 8 = 4{,}0\,\text{t}, \\ p\,l &= 1{,}0 \cdot 8 = 8{,}0\,\text{t}, \\ g\,l^2 &= 0{,}5 \cdot 64 = 32\,\text{tm}, \\ p\,l^2 &\doteq 1{,}0 \cdot 64 = 64\,\text{tm}. \end{aligned}$$

Hieraus folgen die Querkräfte und Momente unmittelbar durch Multiplikationen mit den entsprechenden Zahlenwerten der Tabelle auf S. 60. Die Rechnungsergebnisse sind nachfolgend zusammengestellt.

I. Querkräfte.

Abstand des Querschnittes vom Auflager	Querkraft infolge des Eigengewichtes ($g\,l = 4$ t)	Größte positive Querkraft infolge des Verkehrs ($p\,l = 8$ t)	Größte negative Querkraft infolge des Verkehrs ($p\,l = 8$ t)
0,0 l	+0,375 · 4,0 t = **+1,5** t	0,4375 · 8,0 t = **+3,5** t	0,0625 · 8,0 t = —0,5 t
0,1 l	+0,275 · 4,0 t = +1,1 t	0,3475 · 8.0 t = +2,75 t	0,0687 · 8,0 t = —0,55 t
0,2 l	+0,175 · 4,0 t = +0,7 t	0,2624 · 8,0 t = +2,10 t	0,0874 · 8,0 t = —0,70 t
0,3 l	+0,075 · 4,0 t = +0,3 t	0,1932 · 8,0 t = +1,55 t	0,1182 · 8,0 t = —0,95 t
0,375 l	±0,0 · 4,0 t = ±0,0 t	0,1491 · 8,0 t = +1,23 t	0,1491 · 8,0 t = —1,23 t
0,4 l	—0,025 · 4,0 t = —0,1 t	0,1359 · 8,0 t = +1,10 t	0,1609 · 8,0 t = —1,29 t
0,5 l	—0,125 · 4,0 t = —0,5 t	0,0898 · 8,0 t = +0,74 t	0,2148 · 8,0 t = —1,72 t
0,6 l	—0,225 · 4,0 t = —0,9 t	0,0544 · 8,0 t = +0,44 t	0,2794 · 8,0 t = —2,25 t
0,7 l	—0,325 · 4,0 t = —1,3 t	0,0287 · 8,0 t = +0,23 t	0,3537 · 8,0 t = —2,86 t
0,8 l	—0,425 · 4,0 t = —1,7 t	0,0119 · 8,0 t = +0,09 t	0,4369 · 8,0 t = —3,50 t
0,9 l	—0,525 · 4,0 t = —2,10 t	0,0027 · 8,0 t = +0,02 t	0,5277 · 8,0 t = —4,22 t
1,0 l	—0,625 · 4,0 t = **—2,50** t	0,00 · 8,0 t = +0,00 t	0,6250 · 8,0 t = **—5,00** t

Es ergibt sich die größte positive Querkraft = dem Auflagerdrucke an den Außenstützen zu 1,5 + 3,5 = +5,0 t, während die mittlere Stütze einen Druck bei Vollbelastung der beiderseitigen Öffnungen von (2,5 + 5,0) · 2 = 15 t erleidet[1]).

II. Momente (Tabelle siehe Seite 64).

Aus der Zusammenfassung der Momente folgt, daß ein negatives Moment von dem Querschnitte 0,5 l an zu erwarten steht, während bis dahin die positiven Momente stets überwiegen, sich aber auch von dort aus weiter bis zum Querschnitt „0,8 l" erstrecken können. Das größte positive Moment tritt bei 0,4 l, das größte negative über der Mittelstütze ein ($M_+ = +8{,}32$ tm, $M_- = -12{,}0$ tm). Rechnet man mit Hilfe der aus der Clapeyronschen Gleichung auf S. 59 gefundenen Ergebnisse, so wird:

$$A = \frac{l}{16}(7\,q_1 - q_2)\,; \quad q_1 = (0{,}5 + 1{,}0) = g + p = 1{,}5 \text{ t lfd. m.};$$

$$q_2 = g = 0{,}5 \text{ t}.$$

$$A = \frac{8}{16}(7 \cdot 1{,}5 - 0{,}5) = \frac{80}{16} = 5 \text{ t} = B\,.$$

---

[1]) Dieselben Ergebnisse liefern naturgemäß auch die bei Tabelle auf S. 60 angegebenen Gleichungen:

$$A = 0{,}375 \cdot g\,l + 0{,}4375 \cdot p\,l = 0{,}375 \cdot 4 + 0{,}4375 \cdot 8 = 5{,}0 \text{ t}.$$

$$C = 1{,}25\,(g + p)\,l = 1{,}25 \cdot (0{,}5 + 1{,}0) \cdot 8 = 15 \text{ t}.$$

Momente.

Abstand des Querschnittes vom Auflager	Momente infolge des Eigengewichtes $g l^2 = 32 t \cdot m$	Größte positive Momente infolge der Verkehrslast $p l^2 = 64 t \cdot m$	Größte negative Momente infolge der Verkehrslast $p l^2 = 64 t \cdot m$	Größtes positives Moment	Größtes negatives oder kleinstes positives Moment
0,0 l	+0,00 · 32 $t \cdot m$ = +0,00 tm	0,00 · 64 tm = +0,00 tm	0,00 · 64 tm = —0,00 tm	±0,00 tm	±0,00 $t \cdot m$
0,1 l	+0,0325 · 32 = +1,04	0,03875 · 64 = +2,48	0,00625 · 64 = —0,427	+3,52	+0,62
0,2 l	+0,0550 · 32 = +1,76	0,06750 · 64 = +4,32	0,01250 · 64 = —0,80	+6,08	+0,96
0,3 l	+0,0675 · 32 = +2,16	0,08625 · 64 = +5,52	0,01875 · 64 = —1,2	+7,68	+0,96
0,4 l	+0,0700 · 32 = +2,24	0,09500 · 64 = +6,08	0,02500 · 64 = —1,6	+8,32	+0,64
0,5 l	+0,0625 · 32 = +2,00	0,09375 · 64 = +6,00	0,03125 · 64 = —2,0	+8,00	±0,00
0,6 l	+0,0450 · 32 = +1,44	0,08250 · 64 = +5,30	0,03750 · 64 = —2,4	+6,74	—0,96
0,7 l	+0,0175 · 32 = +0,56	0,06125 · 64 = +3,92	0,04375 · 64 = —2,8	+4,42	—2,24
0,75 l	+0,00 · 32 = +0,00	0,04688 · 64 = +3,00	0,04688 · 64 = —3,0	+3,00	—3,00
0,80 l	—0,0200 · 32 = —0,64	0,03000 · 64 = +1,92	0,05000 · 64 = —3,2	+1,28	—3,84
0,85 l	—0,0425 · 32 = —1,36	0,01523 · 64 = +0,97	0,05773 · 64 = —3,7	Das	—5,06
0,90 l	—0,0675 · 32 = —2,16	0,00611 · 64 = +0,39	0,07361 · 64 = —4,7	Moment	—6,86
0,95 l	—0,0950 · 32 = —3,04	0,00138 · 64 = +0,09	0,09638 · 64 = —6,17	ist stets	—9,21
1,00 l	—0,1250 · 32 = —4,00	0,00 · 64 = +0,00	0,12500 · 64 = —8,00	negativ	—12,00

$$C = \frac{10}{16}\, l (q_1 + q_2)\;; \quad q_1 = q_2 = g + p = 1{,}5 \text{ t lfd. m.}$$

$$C = \frac{10}{16}\, l \cdot 3 = \frac{10 \cdot 8 \cdot 3}{16} = 15 \text{ t.}$$

$$M_C = -\frac{1}{16}\, l^2 (q_1 + q_2) = -\frac{1}{16}\, 8^2 \cdot 3 = -12 \text{ tm.}$$

2. Träger auf 5 Stützen. Bezeichnet man wiederum mit g die stetige, mit p die verschiebliche Belastung für je 1 lfd. m Träger, so ergibt sich aus der Tabelle (vgl. auch Fig. 60):

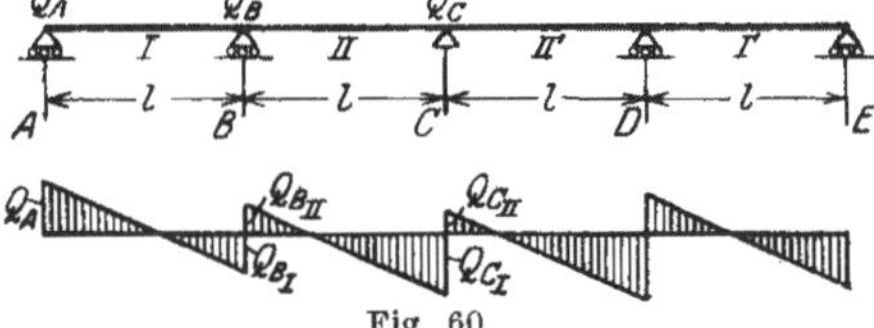

Fig. 60.

a) Querkräfte. Einwirkung von:

	g	p
Feld I	$Q_{A_g} = +0{,}3929\, g\, l$	$Q_{A_p} = \begin{cases} +0{,}4464\, p\, l \\ -0{,}0535\, p\, l \end{cases}$
	Nullpunkt bei: $0{,}393\, l$	
	$Q_{B_g} = -0{,}6071\, g\, l$	$Q_{B_p} = \begin{cases} +0{,}0134\, p\, l \\ -0{,}6205\, p\, l \end{cases}$
Feld II	$Q_{B_g} = +0{,}5357\, g\, l$	$Q_{B_p} = \begin{cases} +0{,}6027\, p\, l \\ -0{,}0670\, p\, l \end{cases}$
	Nullpunkt bei: $0{,}5357\, l$	
	$Q_{C_g} = -0{,}4643\, g\, l$	$Q_{C_p} = \begin{cases} +0{,}1071\, p\, l \\ -0{,}5714\, p\, l\,. \end{cases}$

Hieraus folgen die größten Stützendrücke:

bei A: $\mathbf{A = 0{,}3929\, g\, l + 0{,}4464\, p\, l}$,

„ B: $B = (0{,}6071 + 0{,}5357)\, g\, l + (0{,}6205 + 0{,}6027)\, p\, l$,

$\mathbf{= 1{,}1428\, g\, l + 1{,}2232\, p\, l}$,

„ C: $C = 2 \cdot 0{,}4643\, g\, l + 2 \cdot 0{,}5714\, p\, l$,

$\mathbf{= 0{,}9286\, g\, l + 1{,}1428\, p\, l}$.

Da die Querkraft geradlinig in den einzelnen Trägerfeldern verläuft, ist ihre Aufzeichnung auf Grund der vorstehenden Ergebnisse gegeben.

b) Die Momente.

	g	p
Feld I	$M_{\max_{g+}} = +0{,}07714\, g\, l^2$ bei $x = 0{,}393\, l$.	$M_{\max_{p+}} = +0{,}09822\, p\, l^2$ bei $x = 0{,}393\, l$.
	$M_{\max_{g-}} = -0{,}10714\, g\, l^2$ bei $x = l$ (Stütze B).	$M_{\max_{p-}} = -0{,}12054\, p\, l^2$ bei $x = l$ (Stütze B).

Feld II

$$M_{\max_{g+}} = +0{,}03572\, g\, l^2 \quad \text{bei } x = 0{,}5\, l. \qquad M_{\max_{p+}} = +0{,}08036\, p\, l^2 \quad \text{bei } x = 0{,}5\, l.$$

$$M_{\max_{g-}} = -0{,}10714\, g\, l^2 \quad \text{bei } x = 0\,(\text{Stütze } B). \qquad M_{\max_{p-}} = -0{,}12054\, p\, l^2 \quad \text{bei } x = 0\,(\text{Stütze } B).$$

$$M = -0{,}07143\, g\, l^2\,(\text{Stütze } C). \qquad M = -0{,}10714\, p\, l^2\,(\text{Stütze } C).$$

Hieraus ergeben sich durch Zusammenfassung die größten Momente[1]:

in Feld I: $M_{\max_+} = +\,(0{,}07714\, g\, l^2 + 0{,}0987\, p\, l^2)$;

über Stütze B: $M_{\max_-} = -\,(0{,}10714\, g\, l^2 + 0{,}12054\, p\, l^2)$;

in Feld: II. $M_{\max_+} = +\,(0{,}03572\, g\, l^2 + 0{,}08036\, p\, l^2)$;

über Stütze C: $M_{\max_-} = -\,(0{,}07143\, g\, l^2 + 0{,}10714\, p\, l^2)$.

3. Auf einem Träger, über 3 Stützen hinweggeführt mit gleichen Feldweiten von je 4,00 m, ruhen in Öffnungsmitte je Einzellasten von 2,0 t. Die hierdurch bedingten Auflagerkräfte und größten positiven und negativen Momente sind zu bestimmen. Nach den Ausführungen auf S. 56 ergibt sich:

$$A = B = \frac{5}{16} P = \frac{5 \cdot 2}{16} = \frac{5}{8}\,\text{t} = 0{,}625\,\text{t}.$$

$$C = \frac{11}{8} P = \frac{22}{8}\,\text{t} = \frac{11}{4}\,\text{t} = 2{,}75\,\text{t}.$$

Zur Rechnungskontrolle dient:

$$A + C + B = 2\,P = 4\,\text{t};\ 0{,}625 + 2{,}75 + 0{,}625 = 1{,}25 + 2{,}75 = 4\,\text{t}.$$

Ferner wird:

$$M_C = -\frac{3}{16} P\, l = -\frac{3 \cdot 2}{16} \cdot 4\,\text{tm} = -1{,}5\,\text{tm}.$$

Das größte positive Moment tritt auf in Öffnungsmitte und beträgt:

$$\frac{5}{32} P\, l = \frac{10}{32} \cdot 4 = \frac{5}{4}\,\text{tm} = 1{,}25\,\text{tm}.$$

Der Nullpunkt des Momentes liegt bei:

$$x = \frac{8}{11}\, l = \frac{8 \cdot 4}{11} = \frac{32}{11}\,\text{m},$$

d. h. rd. 2,90 m vom Auflager A entfernt.

4. Ein Träger auf 3 Stützen hat eine Öffnung von 3,0 m, eine von 5,00 m. Die Belastung beträgt für die erste Öffnung $g_1 = 0{,}4$, für die

[1] Die obigen Ergebnisse für $M_{\max_+}$ sind nur Annäherungswerte, da die Abstände x in der Tabelle in der Regel um je $0{,}10\, l$ zunehmen und vielfach gerade innerhalb dieser Zwischenräume der Wert von $M_{\max_+}$ auftritt. Die genauen Werte unterscheiden sich aber nur unwesentlich von den der Tabelle entnommenen Zusammenstellungen.

zweite $g_2 = 0,6$ t/lfd. m. Über beide Öffnungen kann sich eine verschiebliche Belastung mit $p = 1,0$ t erstrecken. Demgemäß ist (vgl. die Gleichungen auf S. 57—58) $q_1 = g_1 + p = 1,4$; $q_2 = 1,6$ t/lfd. m. Will man die größten Auflagerdrücke finden, um nach ihrer Ermittlung alsdann für jeden beliebigen Querschnitt Momente und Querkräfte aufzustellen, so sind die Gleichungen anzuwenden:

$$M_C = -\frac{\frac{1}{8}(q_1 l_1^3 + q_2 l_2^3)}{l_1 + l_2} = \frac{\frac{1}{8}(1,4 \cdot 3^2 + 1,6 \cdot 5^3)}{8} = \text{rd. } 3,70 \text{ mt.}$$

$$A = \frac{q_1 l_1}{2} - \frac{M_C}{l_1} = \frac{1,4 \cdot 3,0}{2} - \frac{3,70}{3,0} = 0,867 \text{ t},$$

$$B = \frac{q_2 l_2}{2} - \frac{M_C}{l_2} = \frac{1,6 \cdot 5,0}{2} - \frac{3,70}{5,0} = 3,26 \text{ t},$$

$$C = \frac{1}{2}(q_1 l_1 + q_2 l_2) + \frac{M_C}{l_1} + \frac{M_C}{l_2} = \frac{1}{2}(1,4 \cdot 3 + 1,6 \cdot 5) + 1,233 + 0,74$$
$$= 6,84 \text{ t}.$$

2. Der an einem Ende frei beweglich aufliegende, am anderen Ende fest eingespannte Träger (Fig. 61).

Die in selteneren Fällen bei Hochbauten vorkommende Trägerform kann als die Hälfte eines symmetrischen Trägers auf 3 Stützen aufgefaßt werden, der an seiner Mittelstütze festgehalten ist, auf den Endauflagern aber frei aufruht.

Demgemäß gelten dieselben Gesetze wie für die Hälfte des Trägers über 3 Stützen. Für gleichmäßig verteilte Vollast wird also:

$$A = \frac{3}{8} p l; \quad B = \frac{5}{8} p l;$$
$$A + B = p l;$$
$$M_B = -\frac{p l^2}{8};$$
$$M_{\max +} = +\frac{9}{128} p l^2.$$

Für die Belastung durch eine Einzellast (P) in Trägermitte folgt:

$$A = \frac{5}{16} P; \; B = \frac{11}{16} P; \; A + B = P.$$

$$M_B = -\frac{3}{16} Pl; \; M_{\max +} = +\frac{5}{32} Pl.$$

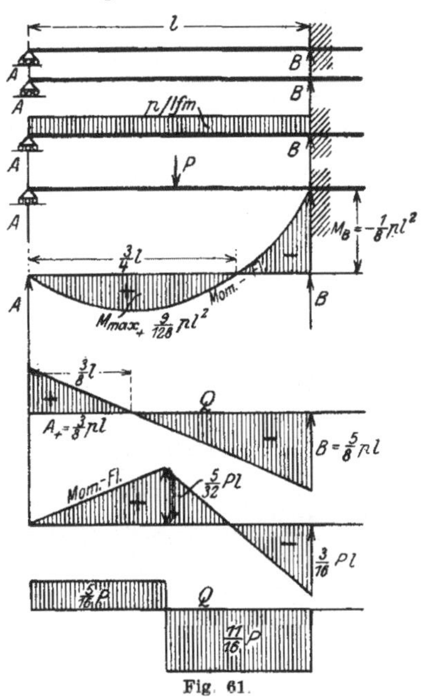

Fig. 61.

3. Der beiderseits fest eingespannte Balken (Fig. 62 u. 63).

Für eine beliebige Belastung ist, wie auf S. 10 bereits hervorgehoben wurde, der Träger ein 3fach äußerlich statisch unbestimmtes Tragwerk. Im Hinblick auf die Bedürfnisse der Hochbaukonstruktionen soll hier der Träger nur unter symmetrischer Belastung, und zwar unter gleichmäßiger Vollast (p lfd. m) und unter einer in seiner Mitte wirkenden Einzellast (P) behandelt werden.

a) Die Belastung ist eine gleichmäßig über ihn sich erstreckende Vollast (Fig. 62).

Der Träger biegt sich an den Einspannungsstellen konvex nach oben, in der Mitte konkav nach unten durch (Fig. 61b); seine Formänderung ist somit nahe den Einspannungsstellen die eines Kragträgers, in der Mitte die eines einfachen Balkens. Denkt man sich entsprechend diesem Verlaufe der Durchbiegung den Träger aus derartigen Tragelementen zusammengesetzt, so entsteht die in Fig. 61c dargestellte Trägerform, bei der der mittlere $2\,x_0$ weit gespannte einfache Balken auf die gedachten Kragarme eine Last von je $p x_0$ überleitet und von diesen entsprechende Stützendrücke erleidet Unter diesen Annahmen ist der Gang der Rechnung der, daß man an einer dieser Stellen, z. B. bei e (Fig. 62c), den Träger zerschnitten denkt, die Durchbiegungen beider so entstandenen Teile bestimmt und sie, da sie einem einheitlichen Tragwerke angehören, unter sich gleich setzt. Hierdurch erhält man eine Bestimmungsgleichung zur Auffindung des Wertes $2\,x_0$ (Fig. 61c), der die Lage des Überganges von der konvexen in die konkave Verbiegung, d. h. auch zugleich den Übergang der negativen in die positiven Momente festlegt. Ist $2\,x_0$ gefunden, so sind aber auch die Momente und Querkräfte für die Strecken $A\,d$, $d\,e$ und $e\,B$ bestimmbar.

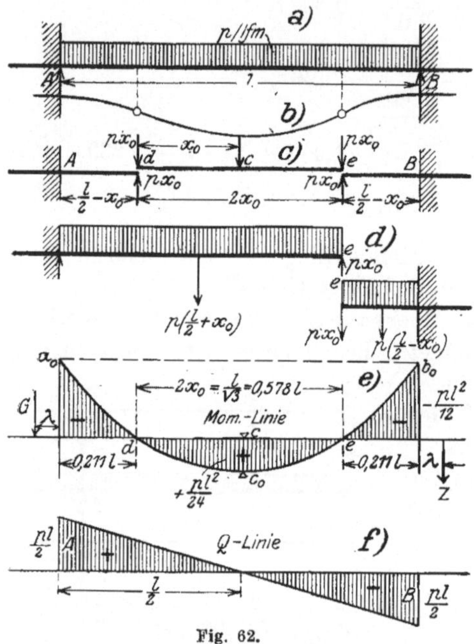

Fig. 62.

Die äußeren Kräfte, die in dem Falle, daß man den Träger in e erschneidet, an seinen Teilen anzubringen sind, sind in Fig. 62d dargestellt. Unter ihrer Einwirkung ergibt sich die Durchbiegung von e für den (längeren) linken, jetzt einen Kragträger von der Stützweite $=\left(\frac{l}{2}+x_0\right)$ darstellenden Teil, der durch eine gleichmäßige Last in seiner Mitte $=p\left(\frac{l}{2}+x_0\right)$ nach unten, durch eine Einzellast $p\,x_0$ am Trägerende nach oben verbogen wird, folgendermaßen:

$$f=\frac{p\left(\frac{l}{2}+x_0\right)^4}{8\,E\,J}-\frac{p\,x_0\left(\frac{l}{2}+x_0\right)^3}{3\,E\,J}.$$

In ähnlicher Weise wirken auf den rechten Trägerteil die gleichmäßig verteilte Last $=p\left(\frac{l}{2}-x_0\right)$ und die am Trägerende angreifende Einzellast $p x_0$ verbiegend ein, und zwar in gleichem Sinne nach unten:

$$f_1=\frac{p\left(\frac{l}{2}-x_0\right)^4}{8\,E\,J}+\frac{p\,x_0\left(\frac{l}{2}-x_0\right)^3}{3\,E\,J}.$$

Setzt man beide Werte einander gleich und entwickelt aus ihnen den Wert der Unbekannten x_0, so ergibt sich:

$$x_0=\frac{l}{2\sqrt{3}}.$$

Das Trägermittelstück hat mithin eine Stützweite $=2\,x_0=\frac{l}{\sqrt{3}}$ und somit ist, da es sich wie ein einfacher Balken auf 2 Stützen verhält, sein Mittelmoment:

$$M_C=+\frac{p(2\,x_0)^2}{8}=+\frac{p\,l^2}{3\cdot 8}=\frac{p\,l^2}{24}.$$

Für das Moment bei B — und der Symmetrie halber ebenso bei A — ergibt sich für den hier vorliegenden Kragträger:

$$\begin{aligned}M_B&=-\left[p\,x_0\left(\frac{l}{2}-x_0\right)+\frac{p\left(\frac{l}{2}-x_0\right)^2}{2}\right]\\&=-\left[p\frac{l}{2\sqrt{3}}\left(\frac{l}{2}-\frac{l}{2\sqrt{3}}\right)+\frac{p}{2}\left(\frac{l}{2}-\frac{l}{2\sqrt{3}}\right)^2\right]\\&=-\left[\frac{p}{2}\left(\frac{l}{2}-\frac{l}{2\sqrt{3}}\right)\left(\frac{l}{\sqrt{3}}+\frac{l}{2}-\frac{l}{2\sqrt{3}}\right)\right]\\&=-\frac{p}{2}\left(\frac{l}{2}-\frac{l}{2\sqrt{3}}\right)\left(\frac{l}{2}+\frac{l}{2\sqrt{3}}\right)\\&=-\frac{p}{2}\left(\frac{l^2}{4}-\frac{l^2}{4\cdot 3}\right)=-\frac{p\,l^2}{12}=M_A.\end{aligned}$$

Vergleicht man mit der in Fig. 62e dargestellten Momentenkurve den Momentenverlauf für einen gleich weit gespannten, auch mit p lfd. m gleichmäßig vollbelasteten einfachen Balken $A\,B$, so stellt $a_0\,c_0\,b_0$ dessen Momentenfläche, gezeichnet über $a_0\,b_0$ dar. Man erkennt mithin, daß die Einspannung des Balkens für den Träger von wirtschaftlichen Vorteilen begleitet ist.

$$M_{\max} = \frac{p\,l^2}{12} \text{ gegen } \frac{p\,l^2}{8}$$

Selbstverständlich ist aber bei der Einspannung auch zu erweisen, daß dem Einspannungsmoment über den Auflagern auch ein Stabilitätsmoment mit ausreichender Sicherheit gegenübersteht (vgl. auch S. 27). Ein solches würde z. B. im vorliegenden Falle durch die Wirkung von $G\,\lambda$ bzw. $Z\,\lambda$ zu bilden sein:

$$G\,\lambda > 2{,}0\,\frac{p\,l^2}{12}\,.$$

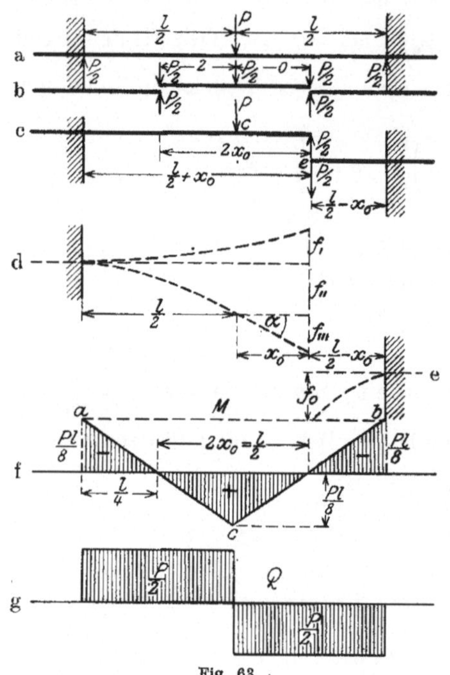

Fig. 63.

Der Verlauf der Querkräfte ist der nämliche wie beim einfachen Balken. Aus der Symmetrie der Belastung folgt:

$$A = B = \frac{p\,l}{2}$$

und hieraus die Darstellung der Querkraft in Fig. 62f.

b) Wird der beiderseits fest eingespannte Träger durch eine Einzellast in Balkenmitte beansprucht, so ergibt sich bei der gleichen Anschauung wie unter a nach Zerschneiden des Trägers im Punkt e die für seine beiden Teile entstehende Belastung in Fig. 63c.

Für den linken Teil setzt sich die Durchbiegung für Punkt e alsdann zusammen aus der Durchbiegung des Trägermittelpunktes (c) infolge von P nach unten $= f''$, der weiteren geradlinigen Abweichung von hier an entsprechend $x_0 \operatorname{tg} \alpha = f'''$ und endlich der Aufwärtsverbiegung durch die Einzellast $\frac{P}{2}$ am Trägerende $= f'$.

Demgemäß wird für diesen Teil:

$$f = -f' + f'' + f''' = -\frac{\frac{1}{2} P \left(\frac{l}{2} + x_0\right)^3}{3 E J} + \frac{P \left(\frac{l}{2}\right)^3}{3 E J} + x_0 \operatorname{tg} \alpha \,;$$

und da:

$$\operatorname{tg} \alpha = \frac{P \left(\frac{l}{2}\right)^2}{2 E J}$$

ist, so wird:

$$f = -\frac{\frac{1}{2} P \left(\frac{l}{2} + x_0\right)^3}{3 E J} + \frac{P \left(\frac{l}{2}\right)^3}{3 E J} + x_0 \frac{P \left(\frac{l}{2}\right)^2}{2 E J} \,.$$

Auf den rechten Trägerteil — einen Kragträger mit der Stützweite $= \left(\frac{l}{2} - x_0\right)$ — wirkt nur die Last $\frac{P}{2}$ nach unten verbiegend ein, so daß seine Durchbiegung wird:

$$f_0 = \frac{\frac{1}{2} P \left(\frac{l}{2} - x_0\right)^3}{3 E J} \,.$$

Aus der Gleichsetzung beider Durchbiegungen folgt die Bestimmungsgleichung für die Unbekannte x_0:

$$\frac{\frac{1}{2} \left(\frac{l}{2} - x_0\right)^3}{3} = -\frac{\frac{1}{2} \left(\frac{l}{2} + x_0\right)^3}{3} + \frac{\left(\frac{l}{2}\right)^3}{3} + x_0 \frac{\left(\frac{l}{2}\right)^2}{2} \,,$$

woraus nach Auflösung sich:

$$x_0 = \frac{l}{4}$$

ergibt.

Demgemäß ist das Mittelmoment in dem Trägerstück $2 x = \frac{l}{2}$:

$$M_c = \frac{P}{2} \frac{l}{4} = \frac{P l}{8}$$

und ebenso an der Einspannungsstelle:

$$M_A = M_B = -\frac{P}{2} \frac{l}{4} = -\frac{P l}{8} \,.$$

Hiermit ist auch die Gesamtmomentenlinie bestimmt (vgl. Fig. 63f).

Vergleicht man auch hier die Momentengröße mit dem Größtmoment für einen einfachen, statisch bestimmt gelagerten Balken $A B$, so ergibt sich ebenfalls eine Verringerung der Momente, und zwar auf die Hälfte: $M = \pm \frac{P\,l}{8}$ gegenüber $M = + \frac{P\,l}{4}$ beim einfachen Balken.

Auch hier sind die Querkräfte sofort bestimmt, da $A = B = \frac{P}{2}$ (vgl. Fig. 63g).

c) Für einen einseitigen Angriff der Einzellast P im Abstande von a bzw. b von den Einspannungsstellen (Fig. 64) seien unter der Voraussetzung $a < b$ nachstehend nur die Rechnungsergebnisse mitgeteilt.

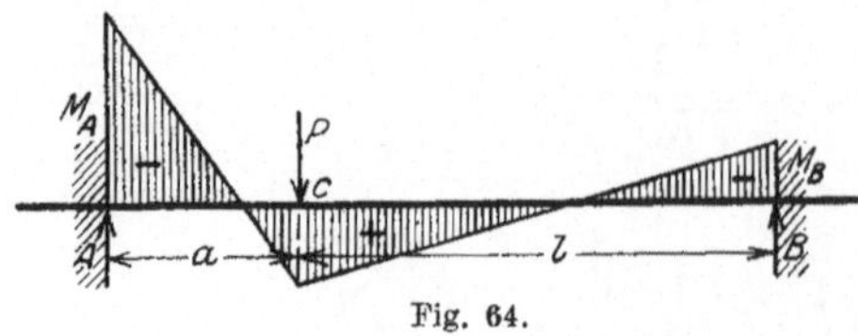

Fig. 64.

$$A = \frac{P\,b^2\,(3\,a + b)}{l^3},$$

$$B = \frac{P\,a^2\,(a + 3\,b)}{l^3},$$

$$M_A = -\frac{P\,a\,b^2}{l^2},$$

$$M_B = -\frac{P\,b\,a^2}{l^2}.$$

Die beiden Einspannungsmomente stehen also im Verhältnis:

$$\frac{M_A}{M_B} = \frac{b}{a},$$

eines ist also aus dem anderen abzuleiten. Für ein Moment im Abstande von x von A ergibt sich:

$$M_x = -M_A + A\,x.$$

Für den Angriffspunkt der Kraft wird:

$$M_c = -M_A + A \cdot a = -\frac{P\,a\,b^2}{l^2} + \frac{P\,b^2\,(3\,a + b)}{l^3}\,a$$
$$= + \frac{P\,a\,b^2}{l^2}\left(\frac{3\,a + b}{l} - 1\right).$$

Sind mehrere Lasten vorhanden, so sind ihre Wirkungen auf die Einspannungsmomente getrennt zu bilden und zu addieren, die Zwischenmomente aber sinngemäß aus den Auflagerkräften und ersteren zu bilden.

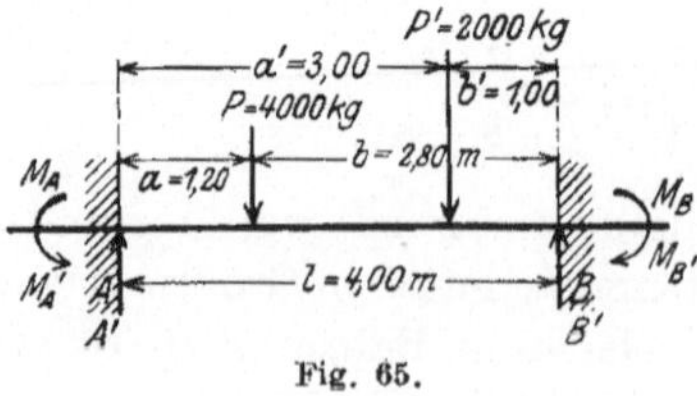

Fig. 65.

Zahlenbeispiel. Es sei (vgl. Fig. 65) ein beiderseits eingespannter Träger von 4,00 m Stützweite durch zwei Einzellasten beansprucht (P und P'). Gegeben ist: $a = 1{,}20$ m; $b = 2{,}80$ m; $P = 4000$ kg; $a_1 = 3{,}00$ m; $b_1 = 1{,}00$ m; $P' = 2000$ kg[1]).

Es ergibt sich bei Anwendung der vorstehend mitgeteilten Gleichungen:

$$A = \frac{P\,b^2\,(3\,a + b)}{l^3} = \frac{4000 \cdot 280^2\,(3 \cdot 120 + 280)}{400^3} = 3136 \text{ kg}.$$

$$A' = \frac{P'\,b'^2\,(3\,a' + b')}{l^3} = \frac{2000 \cdot 100^2\,(3 \cdot 300 + 100)}{400^3} = 313 \text{ kg}.$$

Somit wird:

$$\sum A = 3136 + 313 = \text{rd. } 3450 \text{ kg},$$

$$\sum B = P + P' - \sum A = 6000 - 3450 = 2550 \text{ kg},$$

$$M_A = \frac{P\,b^2\,a}{l^2} = \frac{4000 \cdot 280^2 \cdot 120}{400^2} = \text{rd } 235\,200 \text{ kg} \cdot \text{cm},$$

$$M_{A'} = \frac{P'\,b'^2\,a'}{l^2} = \frac{2000 \cdot 100^2 \cdot 300}{400^2} = \text{rd. } 37\,500 \text{ kg} \cdot \text{cm},$$

$$\sum M_A = 235\,200 + 37\,500 = 272\,700 \text{ kg} \cdot \text{cm},$$

$$M_B = \frac{P\,a^2\,b}{l^2} = \frac{4000 \cdot 120^2 \cdot 280}{400^2} = 100\,800 \text{ kg} \cdot \text{cm},$$

$$M_{B'} = \frac{P'\,a'^2\,b'}{l^2} = \frac{2000 \cdot 300^2 \cdot 100}{400^2} = 112\,500 \text{ kg} \cdot \text{cm}.$$

Naturgemäß hätte man auch bilden können:

$$M_B = M_A \cdot \frac{a}{b} = 235\,200 \cdot \frac{120}{280} = 100\,800 \text{ kg} \cdot \text{cm},$$

$$M_{B'} = M_{A'} \cdot \frac{a'}{b'} = 37\,500 \cdot \frac{300}{100} = 112\,500 \text{ kg} \cdot \text{cm},$$

$$\sum M_B = 100\,800 + 112\,500 = 213\,300 \text{ kg} \cdot \text{cm}.$$

Zu untersuchen ist dann noch, ob die Momente unter den Einzellasten kleiner oder größer werden als an den Einspannungsstellen.

Unter P wird:

$$M = -\sum M_A + \sum A \cdot a = -272\,700 + 3450 \cdot 120 = +141\,300 \text{ kg} \cdot \text{cm}.$$

und ebenso unter P':

$$M' = -\sum M_B + \sum B \cdot b' = -213\,300 + 2550 \cdot 100 = +41\,700 \text{ kg} \cdot \text{cm}.$$

Das größte auftretende Moment ist somit:

$$\sum M_A = -272\,700 \text{ kg} \cdot \text{cm}.$$

[1]) In der nachfolgenden Rechnung bedeutet der Index stets, daß es sich um Größen handelt, die mit P' in Verbindung stehen.

Läßt man $\sigma = 1000$ kg/qcm zu, so wird:

$$W_x = \frac{272000}{1000} = 272 \text{ cm}^3,$$

und hieraus ergibt sich als erforderlich ein I-Normalprofil Nr. 22 mit $W_x = 278$ cm³.

7. Kapitel.

Der Dreigelenkbogen.

Der — wie auf S. 11 bewiesen — statisch bestimmte Dreigelenkbogen wird an seinen Auflager- (Kämpfer-) Punkten durch feste Gelenke unterstützt und besitzt zwischen ihnen ein weiteres, in der Regel im Scheitel des Bogens gelegenes Gelenk. Demgemäß besteht der Dreigelenkbogen aus zwei in seinem Mittelgelenke vereinigten Teilen, die bei symmetrischer Anordnung des Tragwerkes unter sich gleich sind.

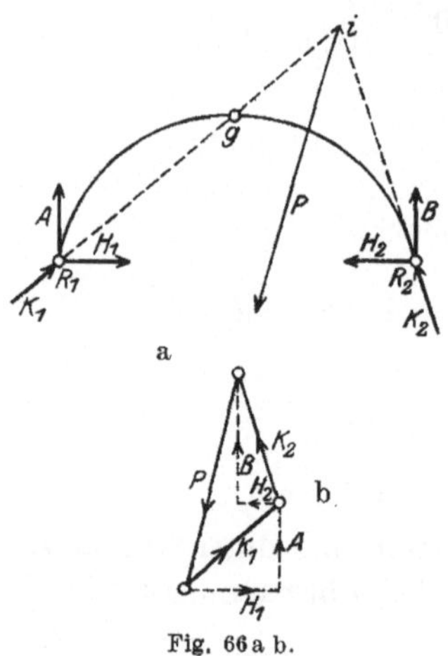

Fig. 66 a b.

Wird (Fig. 66a, b) der Dreigelenkbogen durch eine beliebig gerichtete Einzellast beansprucht, so muß auf der unbelasteten Bogenhälfte der Kämpferdruck K_1 durch das Mittelgelenk gehen, da sonst für dieses ein Moment verbliebe[1]), somit im Gelenk eine Bogenhälfte um die andere sich drehen würde und also ein Gleichgewichtszustand nicht erreichbar wäre. Da drei Kräfte nur im Gleichgewicht sein können, wenn sie sich in einem Punkte schneiden, so ist auch der Kämpferdruck auf der belasteten Seite (K_2) in seiner Richtung eindeutig bestimmt.

Ein Kraftdreieck (Fig. 66b) liefert demgemäß aus P die beiden unbekannten Kämpferdrücke K_1 und K_2. Diese werden im allgemeinen verschieden groß und verschieden gerichtet sein, so daß sie in je zwei Seitenkräfte A und H_1 bzw. B und H_2 senkrecht und wagerecht zerlegt werden können, die auch unter sich verschiedene Größe haben. Ist je-

[1]) Da auf der unbelasteten Bogenhälfte nur der Kämpferdruck K_1 auftritt, so könnte einem etwaigen Moment, hervorgerufen durch K_1, von keiner anderen Kraft und deren Moment Gleichgewicht gehalten werden.

doch die, eine Bogenhälfte beanspruchende Kraft senkrecht gerichtet (Fig. 67a, b), so sind die horizontalen Seitenkräfte der Kämpferdrücke je einander gleich (und zudem stets nach innen gerichtet). In jedem der beiden dargestellten Fälle übt der Bogen einen schief gerichteten Schub nach außen auf seine Widerlager aus, dem auch schräge Kämpferdrücke nach innen entsprechen. Eine der Kämpferkräfte — und zwar auf der Lastseite — kann nur alsdann senkrecht gerichtet sein (Fig. 68a, b), wenn der besondere Fall vorliegt, daß der Schnittpunkt i der Kämpferkraft am unbelasteten Bogenteil mit der äußeren Kraft zufällig auf der Senkrechten durch das in Frage stehende Auflagergelenk liegt. In diesem Sonderfall ist also an letzterem keine Horizontalkraft vorhanden.

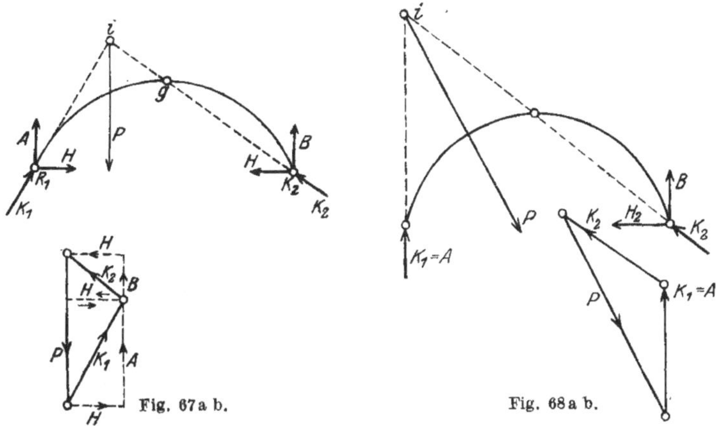

Fig. 67a b. Fig. 68a b.

Endlich kann es auch vorkommen, daß Punkt i (Fig. 68) über die Auflagersenkrechte hinaus nach außen fällt und alsdann hier der Kämpferdruck, also auch seine wagrechte Seitenkraft nach außen gerichtet ist.

Wird der Dreigelenkbogen durch beliebige Kräfte auf seinen beiden Seiten belastet, so sind für jede Bogenhälfte die Mittelkräfte der Lasten zu bilden und für sie nacheinander, gemäß Fig. 66, die Teilkämpferdrücke aufzusuchen, die alsdann zu den Gesamtwiderständen zusammenzusetzen sind. Den an und für sich einfachen Gang der Rechnung, die zweckmäßig auf graphischem Wege durchgeführt wird, läßt Fig. 69a, b erkennen. Hier wird die linke Bogenhälfte durch die drei Einzellasten — beliebig gerichtet — P_1, P_2, P_3, die rechte durch P_4, P_5 beansprucht. Mit Hilfe je eines Kraftecks (Pol O_1 bzw. O_2, Fig. 69b) sind mit Hilfe der zugehörenden Seilecke die Mittelkräfte für die linke bzw. rechte Bogenhälfte R_1 bzw. R_2 bestimmt. Wirkt nur R_1 auf den Bogen ein, so entstehen die Teilkräfte S_1 und S_2 am linken bzw. rechten Kämpfer; wirkt nur R_2, so sind in gleicher Weise die Teilwiderstände S_4 und S_3

ermittelt. Nach Auffindung ihrer Richtung sind sie aus dem Kräfteplan in Fig. 69 b in den Dreiecken $r\,u\,x$ und $u\,w\,y$ eindeutig bestimmt. Um endlich die Teilkräfte S_4 und S_1 links, S_2 und S_3 rechts zusammenzufassen je zu einer Mittelkraft, wird die Figur $x\,u\,y$ (in Fig. 69 b) zum

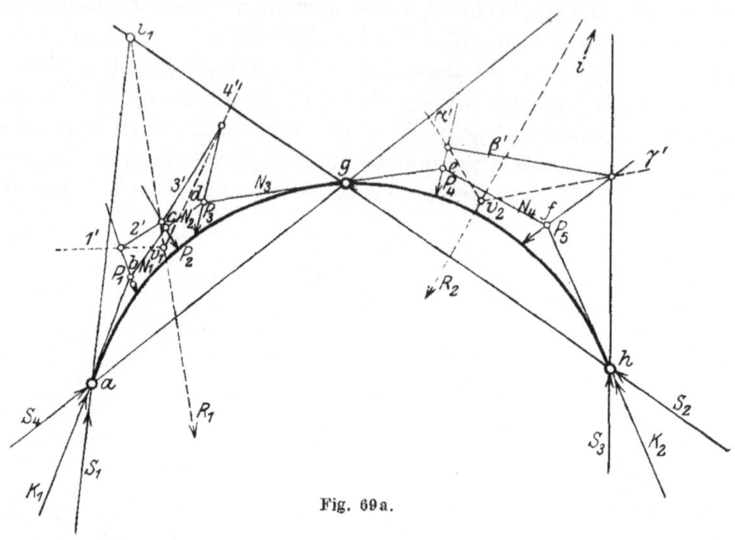

Fig. 69 a.

Parallelogramm vervollständigt, $u\,x\,O\,y$, mit dessen Hilfe sich alsdann ohne weiteres die Kämpferdrücke K_1 bzw. K_2 ergeben ($O\,r$ bzw. $O\,w$ in Fig. 69 b). Zieht man von dem so gewonnenen Punkte O aus, als dem Pole eines Kraftecks, die Kraftstrahlen nach den Endpunkten der Kräfte, d. h. neben K_1 und K_2 die Strahlen N_1, N_2, N_3 und N_4, so stellt ein jeder dieser Strahlen die Mittelkraft aller oberhalb von ihm liegenden Kräfte dar; so ist N_2 z. B. die Mittelkraft der Kräfte K_1, P_1 und P_2, N_4 der Kräfte K_1, P_1, P_2, P_3, P_4 oder auch der Kräfte K_2 und P_5. Zeichnet man nun mit Hilfe dieses Kraftecks ein Seileck in den Bogen hinein, das durch die Kämpferpunkte geht, dessen äußerste Strahlen also K_1 und K_2 sind, so entsteht hier ein Linienzug, der die Lage der jeweiligen Mittelkraft zum Bogen bestimmt und demgemäß als Mittelkraftlinie oder Mittelkraftpolygon bezeichnet wird. Da die Mittelkraft aller äußeren Kräfte in Bogenmitte, damit hier das Moment $= 0$ wird, durch das Scheitelgelenk g hindurch gehen, und zudem der letzte Strahl mit K_2 zusammenfallen muß, so sind hierin für die Richtigkeit der Zeichnung wertvolle Kon-

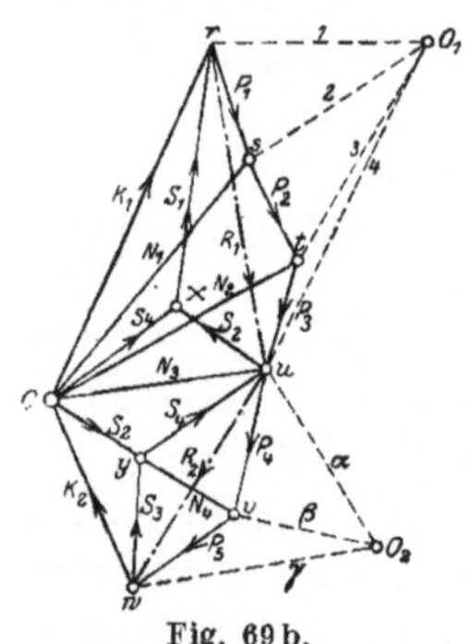

Fig. 69 b.

trollen gegeben. In Fig. 69a ist die Mittelkraftlinie der Linienzug: *a b c d g e f h*.

Die Mittelkraftlinie ist ein wertvolles Hilfsmittel sowohl zur Bestimmung der Spannungen in einem Bogenträger mit zusammenhängendem Querschnitte als auch zur Ermittlung der Spannkräfte in einem Bogenfachwerk. Im ersteren Falle (Fig. 70) wird die für einen bestimmten Querschnitt in Frage kommende Mittelkraft N, d. h. also die betreffende Seite des Mittelkraftseilecks, zerlegt in zwei Kräfte, parallel und senkrecht zur Tangente (Tg) an die Bogenachse an der Querschnittsstelle. Die senkrechte Seitenkraft (in Fig. 70 $= Q$) löst im Querschnitt Schubspannungen aus, die in der Regel für die Spannungsermittlung aus der Biegung ohne Bedeutung sind und unberücksichtigt bleiben können. Dagegen ist Q (bei genieteten Konstruktionen) für die Entfernung der Niete maßgebend. Die parallel zur Achse gerichtete Seitenkraft (N_0) belastet den Querschnitt normal (durch N_0) und auf Biegung (durch $M = N_0 \cdot y$) und bestimmt somit die hier auftretenden zusammengesetzten Spannungen.

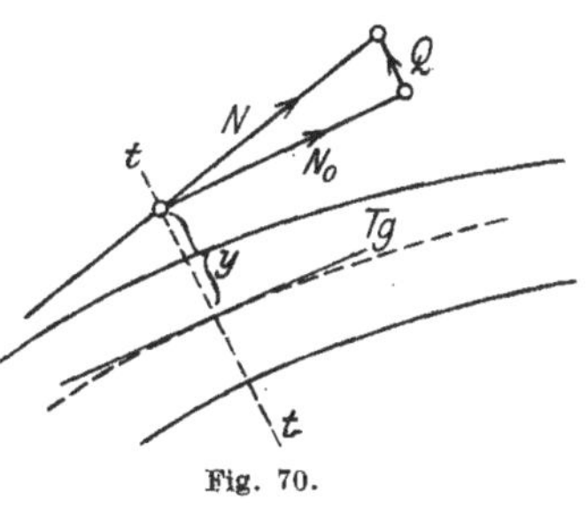

Fig. 70.

In ähnlicher Weise gestattet auch die Mittelkraftlinie bei einem Dreigelenk-Bogenfachwerk die Bestimmung der einzelnen Stabkräfte,

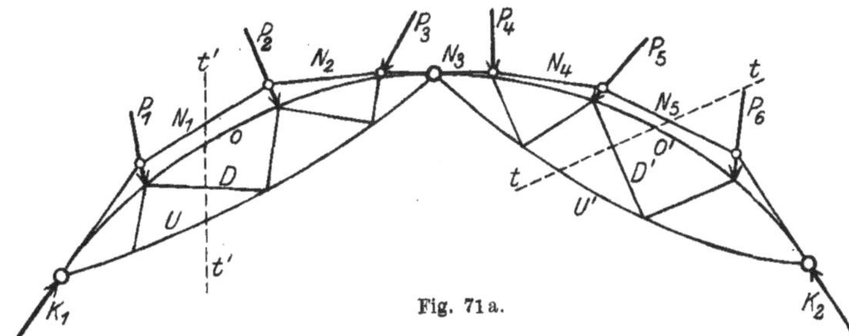

Fig. 71a.

und zwar — unter Umständen besonders vorteilhaft — an beliebiger Stelle, ohne daß es notwendig wird, die voranliegenden Stabkräfte zu kennen. Da in der Graphostatik die Grundaufgabe gelöst wurde, eine nach Lage, Richtung und Größe gegebene Kraft in drei Kräfte zu zerlegen, die sich nicht in einem Punkte schneiden, so ist es auch möglich, nach Legen entsprechender Schnitte durch das Fachwerk (z. B. $t' t'$ in Fig. 71a) aus den einzelnen Seiten der Mittelkraftlinie für den Schnitt $t' t'$ immer je 3 Fachwerksspannkräfte zu bestimmen. Der normale

Gang der graphischen Kräftezusammensetzung ist in Fig. 71 b und c dargestellt[1]) (vgl. Teil I, S. 14).

Da diese Zusammenfassung der Kräfte wegen oft sehr spitzer Schnitte der einzelnen Kräfte Ungenauigkeiten im Gefolge haben kann, ist unter

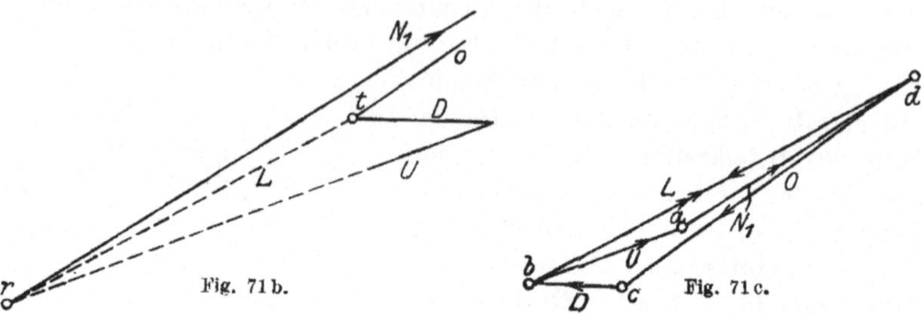

Fig. 71 b. Fig. 71 c.

Umständen die in Fig. 72 a, b dargestellte graphische Methode vorzuziehen. Hier sind von einem beliebigen Punkte der Seite des Mittelkraftecks, also von der Kraft N aus, 2 Hilfskräfte (T und V) nach den Punkten m und n gezogen, in denen sich je zwei der drei zu bestimmenden Kräfte schneiden. Der Gang der Rechnung ist der, daß zunächst aus N die beiden Hilfskräfte T und V abgeleitet (Fig. 72 b, △ $d\,a\,f$) und alsdann letztere

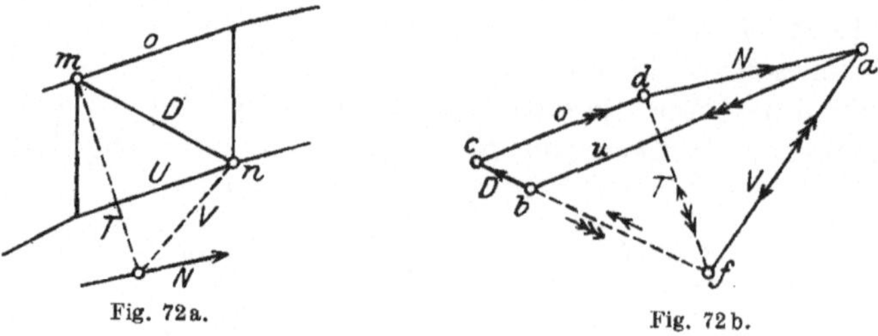

Fig. 72 a. Fig. 72 b.

je in die gesuchten Kräfte zerlegt werden. Hierbei wird eine Kraft (D in Fig. 71) doppelt befahren, wobei sich ein Teil von ihr heraushebt. Es verbleibt auch hier endlich das Culmannsche Viereck $a\,b\,c\,d$ mit „durchgehender Pfeilrichtung".

Wird bei einem Dreigelenkbogen durch eine die Kämpferpunkte verbindende Zugstange der Horizontalschub aufgenommen, so muß, wie schon auf S. 12 hervorgehoben wurde, eines der Lager beweg-

[1]) Hierbei ist für den linken Schnitt $t'\,t'$ — Fig. 71 b — zunächst N_1 mit U zum Schnitt gebracht und durch diesen Schnittpunkt (r) und den Schnittpunkt der beiden anderen Kräfte (O und D, also t) die Culmannsche Hilfslinie L gelegt. Die Kräfte sind dann zunächst, von N_1 ausgehend, im Punkte r, dann in t zusammengesetzt (Fig. 71 c). Bei richtiger Zusammenfassung muß der Pfeil im Schlußeck $a\,b\,c\,d$ gleichgerichtet durchlaufen. In gleicher Weise sind in dem Schnitte rechts und N_1 die Kräfte O', D', U' abzuleiten.

lich — linear verschiebbar — gestützt werden. Hierbei wird die Zugstange entweder auf ihre ganze Länge wagerecht geführt oder in der Mitte angehoben, in der Regel zudem auch noch mit besonderen Hängestangen am Bogen aufgehängt (vgl. Fig. 72—74).

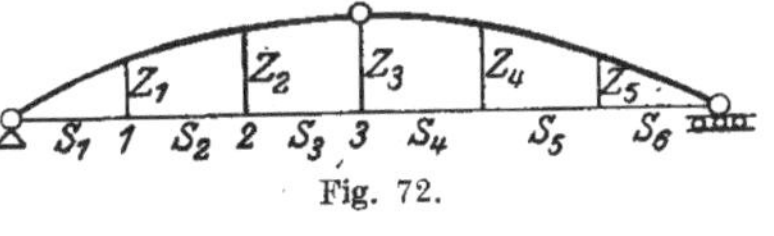

Fig. 72.

Während bei wagerechter Zugstange (S_1, S_2, S_3, S_4, S_5, S_6) und senkrechten Hängeeisen (z_1, z_2, z_3, z_4, z_5) letztere durch das System nicht gespannt werden (wie die Betrachtung des Gleichgewichtes an einem der Punkte 1, 2 usw. ergibt) und somit hier alle S-Werte konstant sind, treten bei angehobener

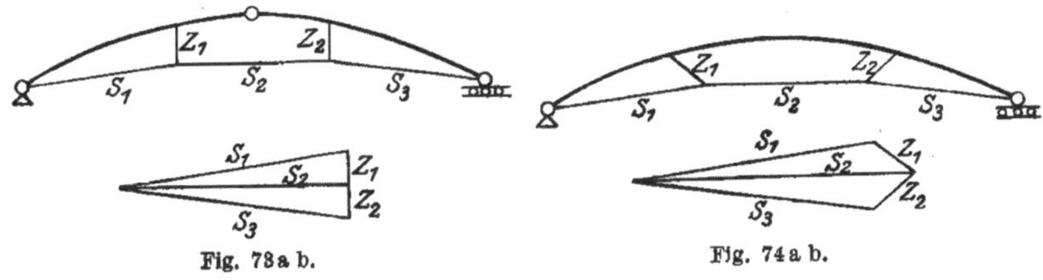

Fig. 73 a b.

Fig. 74 a b.

Zugstange auch in den Hängeeisen Systemsspannkräfte auf (vgl. Fig. 73b und 74b). Aus den hier gezeichneten Kräfteplänen ergibt sich, daß alle die in ihnen vorkommenden Spannkräfte bekannt sind, wenn nur eine Spannkraft von ihnen gefunden ist. Demgemäß wird die statische

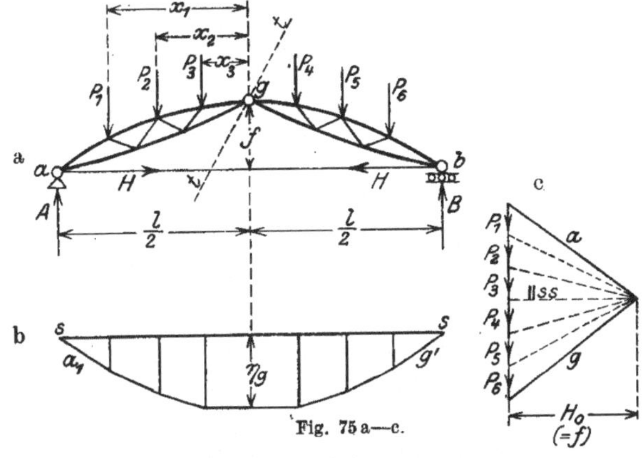

Fig. 75 a—c.

Berechnung dieser Tragsysteme auch die Auffindung in der Regel eines S-Wertes zu ihrem Endziel haben.

Für ausschließlich senkrechte Belastung und durch sie bedingte senkrechte Stützwiderstände A und B (Fig. 75) lege man, um die Größe H, d. h. den Horizontalschub, der von der Zugstange aufgenommen wird also deren Spannkraft bildet, zu finden, einen Schnitt tt durch das Scheitelgelenk des Bogens g. Da für dieses das Moment $= 0$ sein muß, so ergibt die Aufstellung der Momentenbeziehung links vom Schnitte die Beziehung:

$$M = 0 = H \cdot f + P_3 x_3 + P_2 x_2 + P_1 x_1 - A \frac{l}{2},$$

$$H = \frac{A \frac{l}{2} - (P_1 x_1 + P_2 x_2 + P_3 x_3)}{f} = \frac{M_{0g}}{f},$$

worin M_{0g} das Moment eines einfachen Balkens ab für den Punkt g darstellt. Da ein solches Moment in bekannter Weise (vgl. S. 20) graphisch gefunden werden kann, (durch ein Kraft- und Seileck), so kann ausgedrückt werden (Fig. 75b und c):

$$M_{0g} = H_0 \cdot \eta_g,$$

und somit wird:

$$H = \frac{H_0 \eta_g}{f}.$$

Wird $H_0 = f$ gewählt, so wird $\boldsymbol{H = \eta_g}$.

Dieselbe Lösung findet sinngemäß Anwendung, wenn der Bogenträger durch eine gleichmäßige Vollast von p für 1 lfd. m beansprucht wird. Hier ist:

$$M_{0g} = \frac{p l^2}{8}$$

und somit:

$$\boldsymbol{H = \frac{p l^2}{8f}}.$$

Wirken **schiefe Lasten,** z. B. Windlasten, auf den Bogen ein, so sind zunächst die Stützenwiderstände wie beim einfachen Balken zu finden, am einfachsten auf graphischem Wege. Hierbei ist wiederum zu berücksichtigen, daß das linear (wagerecht) verschiebliche Lager nur zu seiner Bahn senkrecht gerichtete Kräfte übertragen kann und daß drei Kräfte nur im Gleichgewicht sein können, wenn sie sich in einem Punkte schneiden.

Liegt die Mittelkraft der schiefen Kräfte (W_l in Fig. 76) auf der Seite des festen Gelenkpunktes, so wird auch hier ein Schnitt tt durch das Mittelgelenk gelegt und der Gleichgewichtszustand der Kräfte rechts vom Schnitte, also auf der unbelasteten Bogenhälfte bestimmt. Hier wirken 3 Kräfte, der Druck im Scheitelgelenk, die Spannkraft in der (in Fig. 76) angehobenen Zugstange und der Auflagerdruck K_2; aus der Bedingung, daß sie sich in einem Punkte (i in Fig. 76a) schneiden müssen, ergibt sich die Richtung des Gelenkdruckes und somit aus K_2 nach Fig. 76b auch die Größe von S_2. S_2 ist eine Zugkraft. Rechnerisch ermittelt sich S_2 aus der Momentengleichung für g:

$$M_g = 0 = S_2 f_1 - K_2 \frac{l}{2};$$

$$S_2 = + \frac{K_2 \frac{l}{2}}{f}.$$

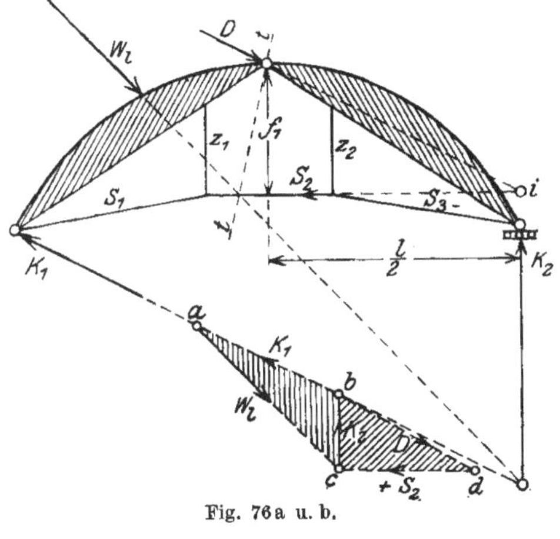

Fig. 76a u. b.

Ganz entsprechend wird auch vorgegangen, wenn die schiefe Last an der Seite des beweglichen Lagers angreift; nur wird hier die Gleichgewichtslage links vom Schnitte t t (durch das Mittelgelenk) verfolgt. In Fig. 77a ist die Zugstange nicht angehoben, demgemäß muß hier der Gelenkdruck D durch k gehen. Das Kraftdreieck $k\,a\,b$ be-

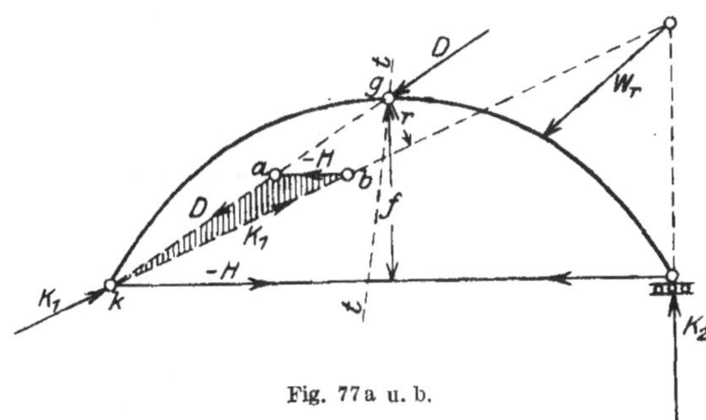

Fig. 77a u. b.

stimmt H und läßt erkennen, daß H im vorliegenden Falle ein Druck ist. Dasselbe Ergebnis liefert auch eine Momentengleichung für g:

$$M_g = 0 = -K_1 r - H f,$$

$$H = -\frac{K_1 r}{f}.$$

Nur in Fällen, in denen K_1 oberhalb des Gelenkes liegt (Fig. 78), wird H eine Zugkraft, wie die graphische Lösung oder die Momentenbeziehung:

$$M_g = 0 = K_1 r - H f; \qquad H = + \frac{K_1 r}{f}$$

erkennen lassen. Unter Umständen ist also Vorsicht geboten; wenn durch senkrechte kleinste Belastung keine Zugkraft $+H_{\min}$ erzielt wird, die $>H$ aus der Windlast ist, so würde eine Druckkraft in der Zugstange übrigbleiben, die diese in den meisten Fällen nicht zu übertragen vermag. Adererseits ergibt die Rechnung, daß ein von seiten des beweglichen Lagers kommender Wind unter Umständen eine Entlastung der Zugstange herbeiführen kann und somit bei Ermittlung von deren stärkster Beanspruchung nicht in Rechnung gestellt werden darf.

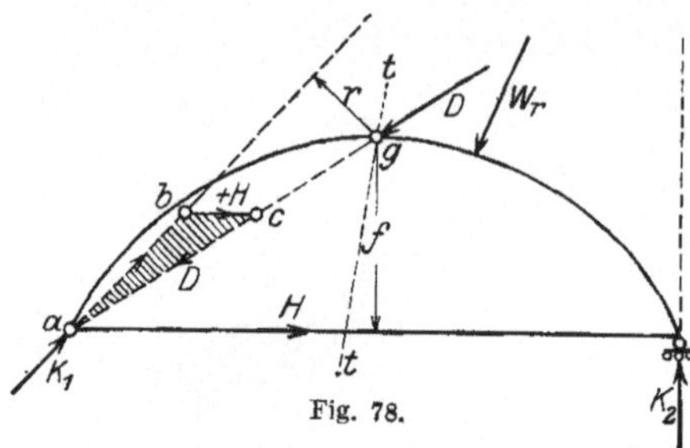

Fig. 78.

Fügt man dem Dreigelenkbogen ein weiteres Gelenk hinzu, so wird das entstehende Tragwerk (Fig. 79) statisch unbestimmt. Nur für den Fall vollkommener Symmetrie in Form und Belastung ist diese Bogenform — der **Viergelenkbogen** — statisch bestimmt, da alsdann die Mittelkraft (R) 2 Kämpferdrücke hervorruft, die durch die beiden Gelenke jeder Bogenhälfte gehen und sich mit R in einem Punkte i schneiden.

Wirkt eine Last unsymmetrisch auf den Bogen ein (z. B. R' in Fig. 79), so wird konstruktiv dafür Sorge getragen, daß das Gelenk an der unbelasteten Seite (b) sich ausschaltet, d. h. sich schließt und somit ein — allerdings unsymmetrischer — Dreigelenkbogen für einen derartigen Belastungsfall übrigbleibt ($a\,c\,d$ in Fig. 79), der nach dessen Theorie zu behandeln ist. Der patentgeschützte Viergelenkbogen eignet sich in symmetrischer Form besonders für große Spannweiten von Hallenbindern. Da bei solchen die Wirkung der senkrechten Lasten (Eigengewicht und Vollschnee) die der anderen Lasten (Wind) sehr erheblich übersteigt, so liegt in der Anordnung der vier Gelenke, die bei symmetrischer senkrechter Last wirksam bleiben, gegenüber einem Dreigelenkträger insofern ein wirtschaftlicher Vorteil, als bei Viergelenkbögen die Mittelkraftlinie, durch die vier Gelenke hindurchgehend, von der Bogenachse viel weniger stark abweichen kann, als bei nur einem Scheitelgelenk. Dieser Gewinn wird verhältnismäßig um so höher sein, je größer die Stützweite des Bogens ist, je mehr also namentlich die Eigengewichtslasten dessen Spannungen bestimmen.

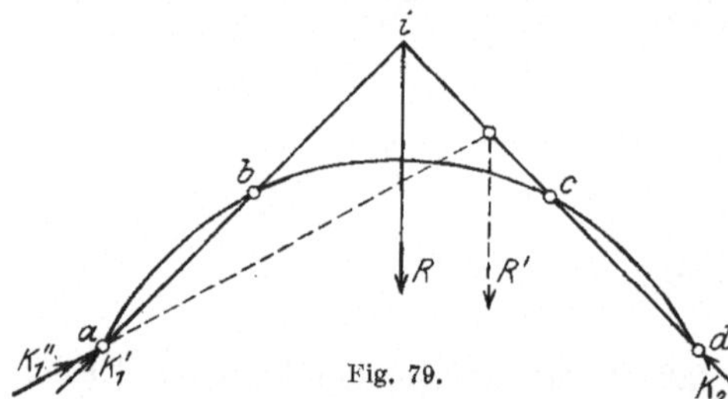

Fig. 79.

8. Kapitel.

Die allgemeinen Verfahren zur Bestimmung der Spannkräfte in Fachwerken.

Als allgemeine, für die Spannkraftsbestimmung von Fachwerken für den Hochbau in Frage kommende Verfahren sind drei zu nennen:

1. Das Rittersche Schnittverfahren, beruhend auf der Aufstellung geeigneter Momentengleichungen.

2. Das Culmannsche Verfahren, aufgebaut auf der Lösung der Grundaufgabe, eine gegebene Kraft in drei mit ihr im Gleichgewichtszustande befindliche Kräfte zu zerlegen, die sich nicht in einem Punkte schneiden, und

3. das Aufzeichnen zusammenhängender Kräftepläne, nach dem Vorgange von Kremona Kremonasche Kräftepläne genannt.

1. Das Rittersche Schnittverfahren.

Der Grundzug des Verfahrens beruht darauf, daß man (Fig. 80) einen Schnitt tt durch das Fachwerk legt, welcher 3 Stäbe – aber auch nur 3 Stäbe – schneidet, welche sich nicht in einem Punkte treffen. Alsdann betrachtet man den Gleichgewichtszustand der Kräfte auf der einen oder anderen Seite des Schnittes, hierbei die geschnittenen 3 Stabkräfte gewissermaßen als äußere Kräfte behandelnd, welche mit nach außen, d. h. nach dem Schnitte zu gerichteten Richtungspfeilen an den Knotenpunkten des Fachwerkes angreifen[1]). Stellt man alsdann für den Schnittpunkt je zweier dieser geschnittenen Stäbe eine Momentengleichung auf, so fallen diese beiden unbekannten Stabkräfte, da für den Momentendrehpunkt ihre Hebelarme je $= 0$ werden, aus der Rechnung aus, und es verbleibt in der Gleichung nur die dritte Stabkraft als einzige unbekannte und demgemäß ohne weiteres bestimmbare Einzelkraft. Dadurch, daß man dieses Verfahren für jeden der drei geschnittenen Stäbe wiederholt, werden alle drei Unbekannten nacheinander bestimmt. Hierbei ist es naturgemäß notwendig, von dem jeweiligen Momentendrehpunkte aus die Hebelarme für die Aufstellung der Momentengleichungen zu bestimmen; dies kann auf rechnerischem Wege, bei genügend großem Maßstabe der Zeichnung des Fachwerkes aber auch mit durchaus genügender Genauigkeit durch einfaches Abgreifen erfolgen.

Man erkennt, daß das Verfahren nur anwendbar ist, wenn die drei Stäbe sich nicht in einem Punkte schneiden, da nur alsdann die Auf-

[1]) Man denke sich also z. B. Seile an den geschnittenen Stäben angespannt, welche sie nach Durchschneiden in ihrer Lage erhalten.

stellung der drei Momentengleichungen, die je eine Unbekannte enthalten, ermöglicht ist. Ebenso können nur zwei der drei Unbekannten alsdann bestimmt werden, wenn zwei von den geschnittenen Stäben einander parallel sind, da alsdann einer der drei Momentenschnittpunkte in die Unendlichkeit fällt.

Durch den in Fig. 80 gelegten Schnitt $t\,t$ werden die drei Stäbe O, D und U getroffen. Um O zu finden, ist die Momentengleichung auf Punkt c, den Schnittpunkt von U und D aufzustellen, ebenso kommt für U der Schnittpunkt von O und D, für D der von O und U (a in Fig. 80) in Frage. Unter Berücksichtigung der in der Figur eingeschriebenen Hebelarme und des jeweiligen Drehsinnes der Kräfte ergibt sich:

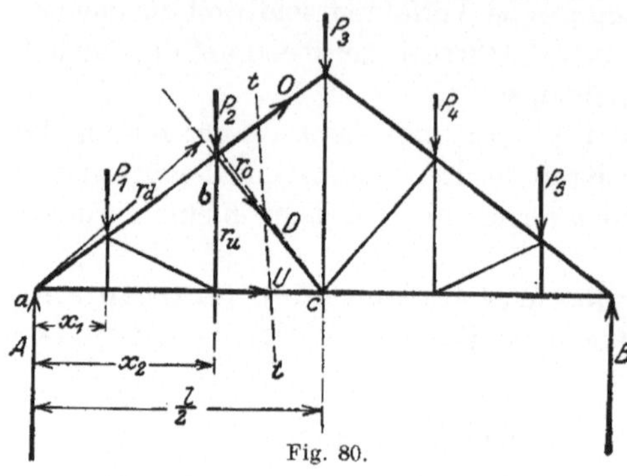
Fig. 80.

1. Für O:

$$M_c = +O \cdot r_o - P_2\left(\frac{l}{2} - x_2\right) - P_1\left(\frac{l}{2} - x_1\right) + A\,\frac{l}{2} = 0$$

$$O = -\frac{A\,\frac{l}{2} + P_2\left(\frac{l}{2} - x_2\right) + P_1\left(\frac{l}{2} - x_1\right)}{r_o}\,.$$

2. Für U:

$$M_b = -U\,r_u - P_1(x_2 - x_1) + A\,x_2 = 0\,.$$

$$U = +\frac{A\,x_2 - P_1(x_2 - x_1)}{r_u}\,.$$

3. Für D:

$$M_a = +D \cdot r_d + P_1 x_1 + P_2 x_2 = 0\,.$$

$$D = -\frac{P_1 x_1 + P_2 x_2}{r_d}\,.$$

Man erkennt, daß O und D Druckkräfte sind, U eine Zugkraft ist.

In gleicher Weise ergeben sich für den Schnitt $t\,t$ in Fig. 81 zur Bestimmung der hier getroffenen Stabkräfte O, D und U die folgenden Gleichungen, wenn man die Momentenbeziehungen für den rechts vom Schnitte liegenden Fachwerksteil aufstellt:

1. $M_w = +O r_o - P_4(\lambda - x_2') - P_5(\lambda - x_1') + B\lambda = 0$.

$$O = -\frac{B\lambda - P_4(\lambda - x_2') - P_5(\lambda - x_1')}{r_o}.$$

2. $M_v = -U r_u - P_4\left(\frac{l}{2} - x_2'\right) - P_5\left(\frac{l}{2} - x_1'\right) + B\frac{l}{2} = 0$.

$$U = +\frac{B\frac{l}{2} - P_4\left(\frac{l}{2} - x_2'\right) - P_5\left(\frac{l}{2} - x_1'\right)}{r_u}.$$

3. $M_i = -D r_d + P_4(x_2' + i) + P_5(x_1' + i) - B \cdot i = 0$.

$$D = -\frac{B \cdot i - P_4(x_2' + i) - P_5(x_1' + i)}{r_d}$$

Hierbei liegt der Schnittpunkt von O und U_i, für den die Momentengleichung zur Bestimmung von D aufzustellen ist, außerhalb des Tragwerkes. Im gleichen Sinne wäre auf der linken Trägerseite und zur Bestimmung von D_0 im zweiten Trägerfelde i_2 der Momentenpunkt und r_d der zugehörende Hebelarm.

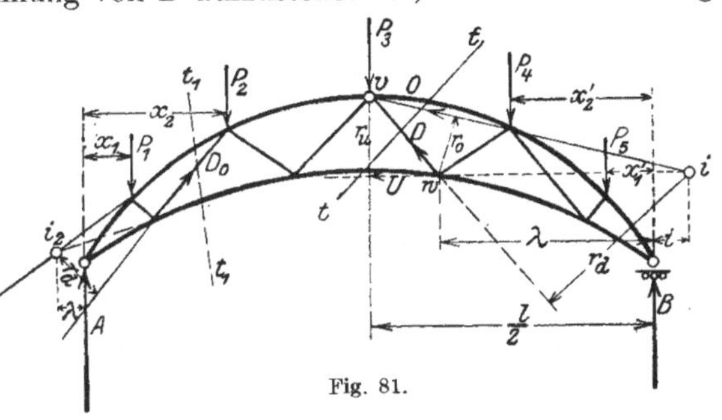

Fig. 81.

Bei dem in Fig. 82 dargestellten, durch fallende und steigende Diagonalen ausgefachten Parallelträger sind mit Hilfe des Ritterschen Verfahrens nur die Gurtstäbe O und U zu bestimmen. Für die Diagonalen lassen sich hier aus dem oben angeführten Grunde, weil die Schnittpunkte der O- und U-Stäbe im Unendlichen liegen, keine Ritter'schen Momentenbeziehungen aufstellen.

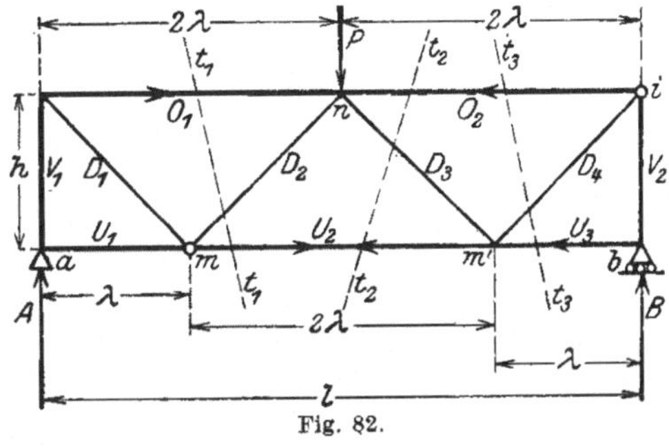

Fig. 82.

Der Schnitt $t_1 t_1$ liefert bei Betrachtung des linken Trägerteiles die Stäbe O_1 und U_2 aus den Gleichungen:

$$O_1 h + A\lambda = 0\,; \qquad O_1 = -\frac{A\lambda}{h}\,;$$

$$-U_2 h + A\,2\lambda = 0\,; \qquad U_2 = +\frac{A\,2\lambda}{h}\,.$$

Ebenso wird für Schnitt $t_2\,t_2$ bei Betrachtung des rechten Trägerteiles:

$$-U_2 h + B\cdot 2\lambda = 0\,; \qquad U_2 = +\frac{B\,2\lambda}{h}\,.$$

(Da bei der Symmetrie von Träger und Belastung $A = B$ ist, stimmen beide Ergebnisse von U_2, wie notwendig, überein.) Ebenso ist:

$$+O_2 h + B\lambda = 0\,; \qquad O_2 = -\frac{B\lambda}{h} = O_1\,.$$

Für Schnitt $t_3\,t_3$ folgt für U_3 und für i als zugehörenden Momentendrehpunkt:

$$-U_3 h + B\cdot O = 0; \quad U_3 = 0.$$

Betrachtet man die Ausdrücke: $A\lambda$ bzw. $A\,2\lambda$ und $B\lambda$ in den obigen Gleichungen, so stellen sie für die betreffenden Drehpunkte (m, n, m') den Ausdruck für das Moment des einfachen Balkens $a\,b$ dar.

$$O_1 = -\frac{M_m}{h}\,; \qquad U_2 = +\frac{M_n}{h}\,; \qquad O_2 = -\frac{M_{m'}}{h}\,.$$

Es lassen sich mithin bei einem Parallelträger auf zwei Stützen die Gurtkräfte als Funktionen der Momente des einfachen Balkens für die ihnen jeweils gegenüberliegenden Gurtpunkte bestimmen. Hierbei ist — entsprechend der Rechnung und den Spannungen des auf Biegung belasteten einfachen Balkens — der Obergurt stets gedrückt, der Untergurt stets gezogen.

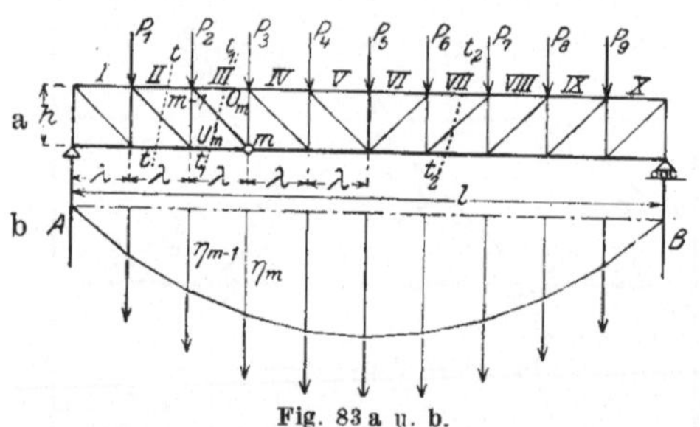

Fig. 83 a u. b.

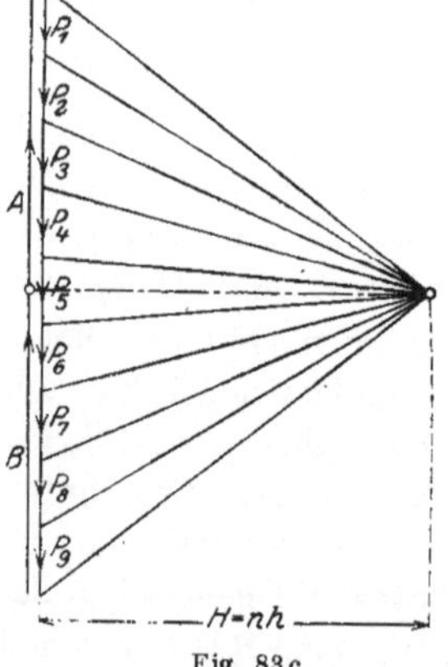

Fig. 83 c.

Wendet man diese Beziehung auf die in Fig. 83 und 84 dargestellten Parallelträger an, die einmal mit nach der Mitte zu fallenden, das andere Mal mit nach dort zu steigenden Diagonalen und mit Vertikalen versehen sind, so folgen die Gurtkräfte in einfachster Weise aus den zur Darstellung gebrachten Momentenflächen.

Für den Obergurtstab O_m in Fig. 83a ist der gegenüberliegende Untergurtpunkt m als Drehpunkt nach Ritter und somit als Momentenpunkt maßgebend:

$$O_m = -\frac{M_m}{h} = -\frac{\eta_m H}{h},$$

während für den Untergurtstab U_m in demselben Schnitte der Punkt $m - 1$ im Obergurt und somit ein Moment M_{m-1} in Frage zu ziehen sind:

$$U_m = +\frac{M_{m-1}}{h} = +\frac{\eta_{m-1} H}{h}.$$

Wählt man den beliebigen Polabstand $H = n \cdot h$, so wird:

$$O_m = -\frac{\eta_m n \cdot h}{h} = -n\,\eta_m,$$

$$U_m = +\frac{\eta_{m-1} n \cdot h}{h} = +n\,\eta_{m-1}.$$

Hierbei ist die Momentenfläche für die gleichmäßig verteilten, gleich großen Einzellasten im Trägerobergurt ($P_1 = P_2 = P_3$ usw.) in bekannter Weise durch ein Kraft- und Seileck gefunden.

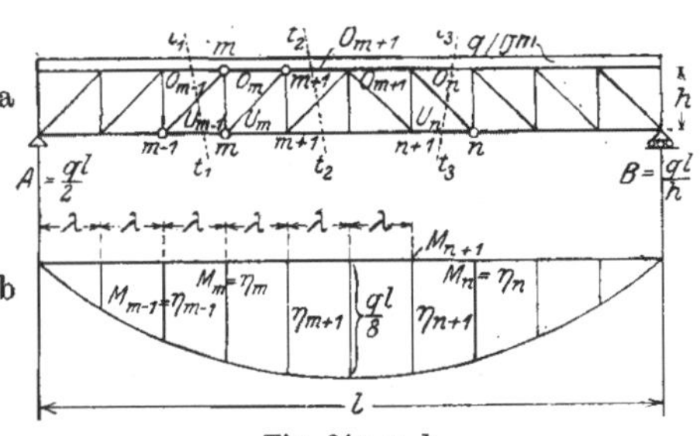

Fig. 84a u. b.

Liegt eine gleichmäßige Belastung $= q$ lfd. m auf dem Träger vor, so ist die Momentenfläche eine einfache Parabel mit der Pfeilhöhe $= \frac{q l^2}{8}$ in der Mitte, und die einzelnen Ordinaten dieser Fläche stellen unmittelbar die Momente in den darüber liegenden Trägerpunkten dar. Hier ist demgemäß (Fig. 84):

$$O_{m-1} = -\frac{\eta_{m-1}}{h}; \qquad U_{m-1} = +\frac{\eta_m}{h};$$

$$O_m = -\frac{\eta_m}{h}; \qquad U_m = +\frac{\eta_{m+1}}{h};$$

$$O_n = -\frac{\eta_n}{h}; \qquad U_n = +\frac{\eta_{n+1}}{h}.$$

Zeichnet man die Momentenfläche nicht mit dem Pfeile $\frac{q\,l^2}{8}$, sondern mit $\frac{q\,l^2}{8\,h}$, dividiert man also von vornherein alle Ordinaten dieser durch h, so stellen sie unmittelbar die Gurtkräfte dar:

$$O_{m-1} = -\eta_{m-1}\,; \qquad U_{m-1} = +\eta_m\,;$$
$$O_m = -\eta_m\,; \qquad U_m = +\eta_{m+1}\,;$$
$$O_n = -\eta_n\,; \qquad U_n = +\eta_{n+1}\,.$$

Bei Vergleichung der Rechnungsergebnisse aus beiden Trägerformen zeigt sich, daß bei nach der Mitte zu fallenden Diagonalen (Fig. 83) dem im senkrechten Schnitte liegenden Untergurtstab gegenüber dem Obergurtstab das um einen Feldpunkt zurückliegende Moment entspricht, während bei steigenden Schrägstreben (Fig. 84) das entgegengesetzte vorliegt; hier ist für das „U" im Ritter-Schnitte das um einen Feldpunkt herausgerückte Moment gegenüber dem zugehörenden O zu berücksichtigen.

2. Das Culmannsche Verfahren.

Die bereits in Teil I auf Seite 14 behandelte Aufgabe, eine Kraft (A) in drei der Richtung nach gegebenen Kräfte (P_1, P_2, P_3) zu zerlegen, die sich nicht in einem Punkte schneiden, sei in Fig. 85a, b nochmals gelöst. Zur Bestimmung der drei Unbekannten werden je zwei Kräfte zum Schnitte gebracht, A und P_3 bzw. P_1 und P_2 und durch ihre Schnittpunkte eine Hilfskraft L gezogen. Der Gang der Rechnung ist der, daß aus der gegebenen Kraft A zunächst die Kräfte P_3 und L bestimmt und dann aus L die beiden anderen Unbekannten P_1 und P_2 gewonnen werden. Das entsprechende Krafteck ist in Fig. 85b dargestellt; in ihm wird die Hilfskraft L mit entgegengesetzten Pfeilen bei Aufzeichnung der beiden Kraftdreiecke befahren.

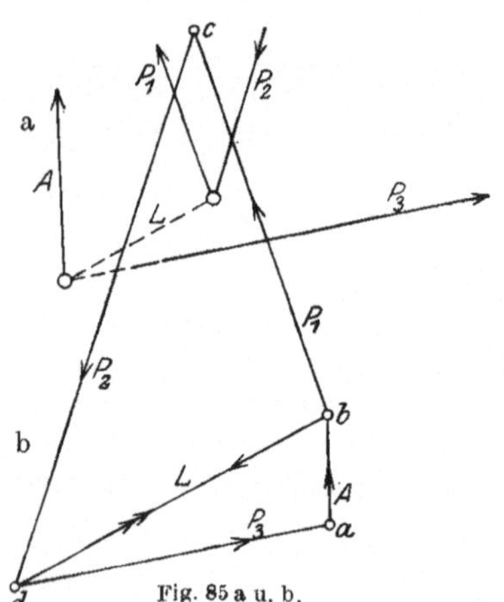

Fig. 85 a u. b.

Da die gegebene Kraft mit den drei gesuchten Kräften im Gleichgewicht stehen soll, so müssen die Richtungspfeile aller Kräfte im Kraftviereck stetig in demselben Sinne durchlaufen. Hierin liegt zugleich eine Kontrolle für die Richtigkeit der zeichnerischen Lösung; zudem bestimmen sich hierdurch auch die Richtungen, d. h. die Vorzeichen der Kräfte.

Das auf Lösung dieser Aufgabe beruhende Culmannsche Verfahren ist im besonderen alsdann zur Bestimmung von Fachwerksstabkräften am Platze, wenn die Mittelkraft der äußeren Kräfte gegeben oder leicht auffindbar ist bzw. von vornherein nur eine Kraft für die Zerlegung in Frage kommt.

Um bei dem in Fig. 86a dargestellten, einseitig (links) durch Schnee belasteten Binder die U-Kraft in Untergurtmitte nach Culmann zu

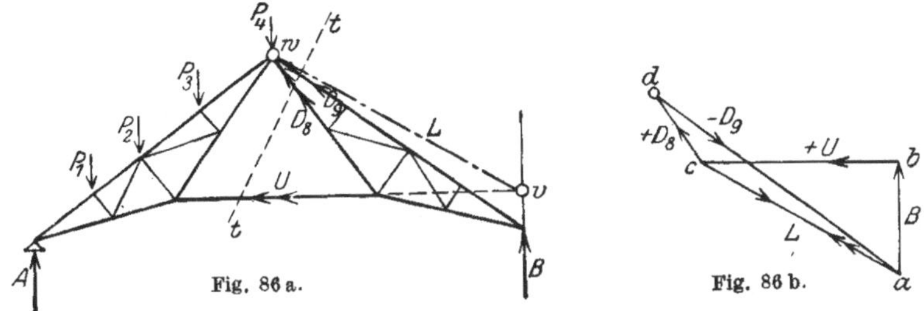

Fig. 86 a. Fig. 86 b.

bestimmen, legt man einen Schnitt $t\,t$ durch U derart, daß er neben U nur noch zwei Stabkräfte trifft, die mit U nicht in demselben Punkte sich schneiden (D_8 und D_9 in Fig. 86a). Betrachtet man die rechte Trägerhälfte, so greift an ihr nur noch die Lagerkraft B als einzige äußere Kraft an, mit der also D_8, D_9 und U im Gleichgewicht sein müssen. Wird demgemäß U bis zum Schnitt mit der Richtung B verlängert (v), so ist die Culmannsche Hilfskraft L gegeben, als Verbindungslinie der Punkte w und v. Eine einfache Zusammensetzung der Kräfte aus dem bekannten B liefert in Fig. 86b das Kraftviereck $a\,b\,c\,d\,a$ mit stetig durchlaufenden Richtungspfeilen; L hebt sich fort.

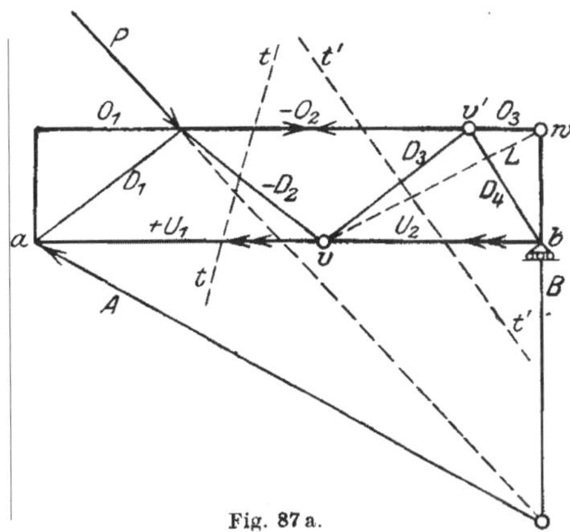

Fig. 87 a.

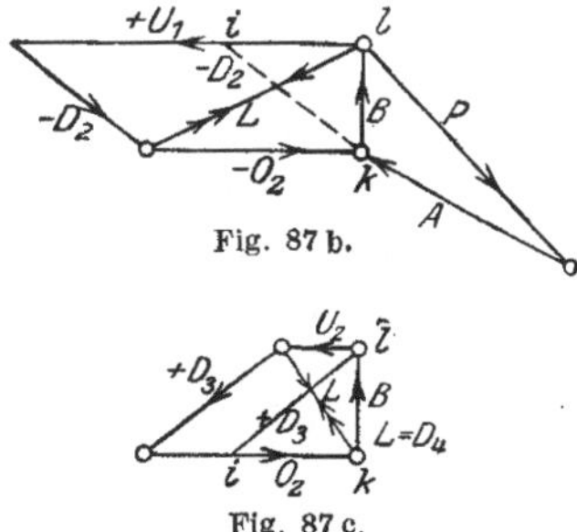

Fig. 87 b. Fig. 87 c.

Wendet man die gleiche Konstruktion auf den in Fig. 87a dargestellten, durch eine schiefe Kraft P belasteten Parallelträger auf zwei Stützen an, um die Spannkräfte D_2 bzw. D_3 nach Culmann zu finden, so legt man die Schnitte $t\,t$ bzw. $t'\,t'$ und konstruiert die ihnen entsprechenden Kraftecke Fig. 87b und c mit Hilfe der ohne weiteres bestimmbaren Auflagerkraft B, die zugleich die Querkraft für beide Schnitte darstellt. Zieht man (Fig. 87b) eine Parallele zu D_2 durch Punkt k, so entsteht ein Dreieck $k\,l\,i$, in dem $l\,i = D_2$ ist, das somit unmittelbar aus der Querkraft abgeleitet werden kann. Das gleiche zeigt sich für D_3 in Fig. 87c.

Wird ein Parallelträger durch eine Anzahl Lasten beansprucht, die sowohl rechts als auch links von dem betrachteten Schnitte liegen, so ist für das in Frage kommende Trägerfeld zunächst die Querkraft zu bestimmen. Betrachtet man in Fig. 88a, um die Diagonale D_3 zu fin-

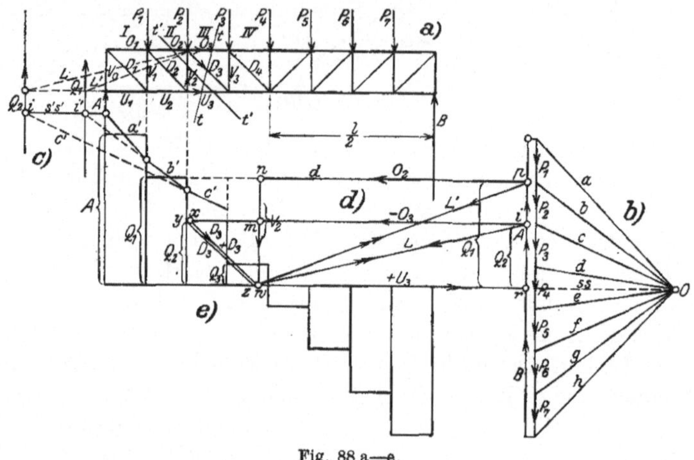

Fig. 88 a—e.

den, den Schnitt $t\,t$, so ist die Querkraft Q_2 in dem zugehörenden Felde $A - P_1 - P_2$. Ihr Angriffspunkt (i) wird vermittelst des Kraft- und Seilecks in Fig. 88b u. c gefunden; hierbei sind die zu benutzenden Strahlen: $s\,s$, a, b und c.

Das zugehörende Culmannsche Viereck ($r\,i\,x\,w$) ist unmittelbar im Anschlusse an Fig. 88b entworfen. Die Culmannsche Hilfslinie ist L in Fig. 88a, bestimmt durch die Schnittpunkte von Q und U_3 bzw. O_3 und D_3. Es zeigt sich auch hier (durch das Dreieck $m\,w\,x$), daß D_3 unmittelbar aus der Querkraft Q_2 durch deren Zerlegung nach der Gurt- bzw. Diagonalrichtung zu bestimmen ist. Will man in gleicher Weise eine Vertikale, z. B. V_2, bestimmen, so ist auch hier zunächst ein Schnitt durch das Fachwerk zu legen, der neben V_2 nur noch zwei mit ihm nicht in einem Punkte zusammentreffende Stabkräfte trifft (s. Schnitt $t'\,t'$ in Fig. 88a). Alsdann ist die in Frage stehende Querkraft $Q_1 = A - P_1$ und ihr Angriffspunkt (i') aus den Seilstrahlen

$s\,s$, a und b abzuleiten. Jetzt ist auch die Culmannsche Hilfskraft (L') bekannt und mit ihrer Hilfe aus der Größe von Q_1 das Culmann-Viereck $r\,p\,n\,w$ abzuleiten. Es ergibt sich, daß $V_2 = Q_1$ ist, d. h. die Spannkraft der Vertikalen ist unmittelbar gleich der Querkraft im Schnittfelde. Die Vorzeichen der Kräfte liefert das Culmann-Viereck selbst; bei D_3 ist der Pfeil der Stabkraft nach außen, d. h., da man den linken Trägerteil betrachtet, hier nach unten anzubringen. Da aus dem Culmann-Viereck eine gleiche Pfeilrichtung der Stabkraft sich ergibt, also die Stabkraft von dem betrachteten Knotenpunkt ab gerichtet ist, so ist D_3 eine Zugkraft. Durch gleichartige Überlegungen ergibt sich, daß V_2 eine Druckbeanspruchung erhält. Auch hier ist der Träger-

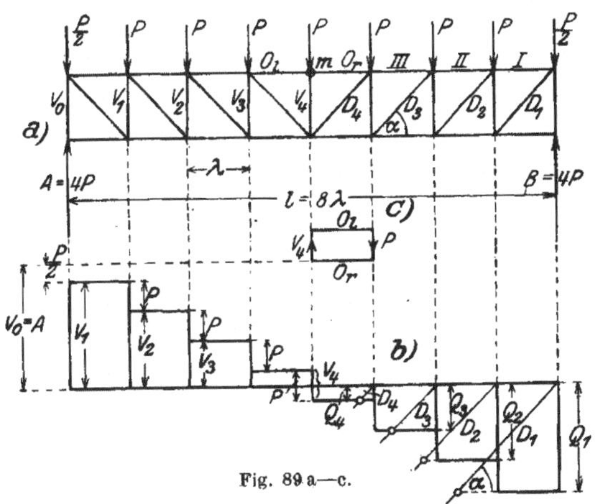

Fig. 89a—c.

teil links vom Schnitt betrachtet, und somit der nach außen gerichtete Stabkraftpfeil von unten nach oben weisend. Da das Culmannsche Viereck die entgegengesetzte Richtung für V_2 ergibt, dessen Kraftrichtung also nach dem Anschlußknotenpunkt zu gerichtet ist, so ist V_2 eine Druckkraft.

Diesen Gesichtspunkten folgend, sind für den Parallelträger mit nach der Mitte zu fallenden Diagonalen in Fig. 89a—c die Spannkräfte aller Diagonalen und Vertikalen bestimmt, erstere aus einfacher Zerlegung der zugehörenden Querkraft, während letztere gleich der Querkraft selbst sind. Es ergibt sich: $V_0 = -A$; $V_1 = -Q_1$; $V_2 = -Q_2$; $V_3 = -Q_3$. Wie ein einfacher Kräfteplan für Punkte m erkennen läßt (Fig. 89c), ist V_4 stets gleich der Last in seinem Knotenpunkte:

$$V_4 = -P.$$

Bezeichnet man die Neigungswinkel der Diagonalen zur Wagerechten mit α, so ergibt sich aus den Zerlegungsfiguren (rechts in Fig. 89b):

$$D_1 = + \frac{Q_1}{\sin\alpha}; \qquad D_2 = + \frac{Q_2}{\sin\alpha};$$

$$D_3 = + \frac{Q_3}{\sin\alpha}; \qquad D_4 = + \frac{Q_4}{\sin\alpha}.$$

Besitzt der Parallelträger nach der Mitte zu steigende Diagonalen, so liefert die Berechnung nach Culmann (Fig. 90 a, b, c) das Ergebnis, daß die Diagonalen gedrückt, die Vertikalen gezogen sind.

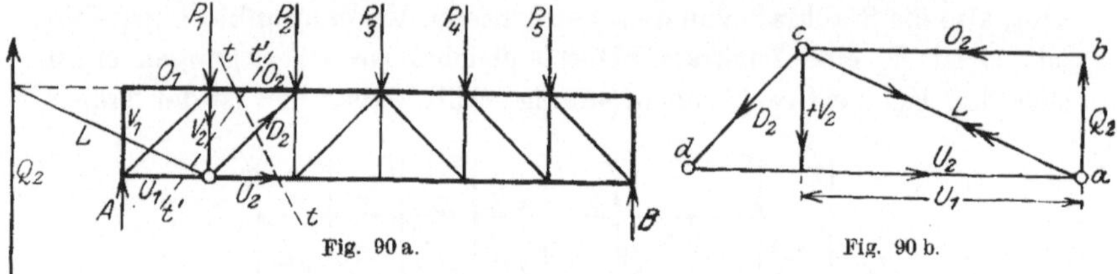

Fig. 90 a. Fig. 90 b.

In Fig. 90 sind die Schnitte $t\,t$ und $t'\,t'$ so gelegt, daß dieselbe Querkraft $A - P_1 = Q_2$ zu ihnen gehört und demgemäß auch dieselbe Culmannsche Hilfslinie L für sie beide herangezogen werden kann.

Die Bestimmung der Vertikalen und Diagonalen für einen gleichmäßig und voll belasteten Parallelträger mit steigenden Schrägstäben

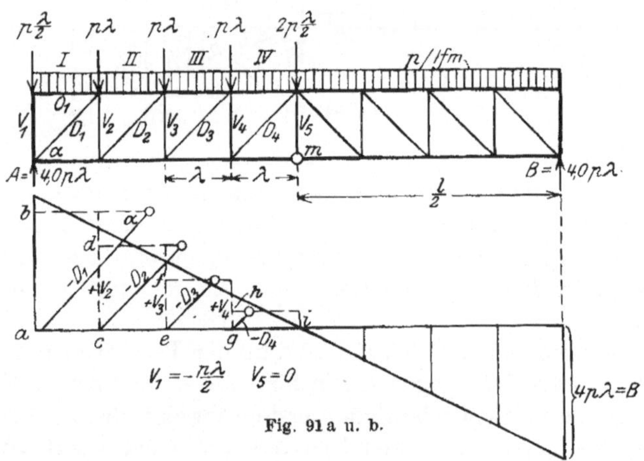

Fig. 91 a u. b.

läßt Fig. 91 a, b erkennen. Hier ist die Querkraft im ersten Felde:

$$A = 4{,}0\,p\,\lambda - 0{,}5\,p\,\lambda = 3{,}5\,p\,\lambda$$

und demgemäß:

$$D_1 = -\frac{A}{\sin\alpha} = -\frac{3{,}5\,p\,\lambda}{\sin\alpha} = -\frac{Q_1}{\sin\alpha}.$$

In Feld II, dessen Querkraft:

$$Q_2 = A - p\lambda = 2{,}5\,p\lambda$$

für V_2 und D_2 maßgebend ist, wird in gleicher Weise:

$$V_2 = +Q_2\,; \qquad D_2 = -\frac{Q_2}{\sin\alpha}\,;$$

ebenso ist (vgl. die Zerlegung und graphische Ermittlung in Fig. 91a):

$$V_3 = +Q_3 = A - 2\,p\lambda = 1{,}5\,p\lambda\,; \qquad D_3 = -\frac{Q_3}{\sin\alpha}\,;$$

$$V_4 = +Q_4 = +A - 3\,p\lambda = 0{,}5\,p\lambda\,; \qquad D_4 = -\frac{Q_4}{\sin\alpha}\,.$$

Die mittelste Vertikale V_5 ist, falls keine Last am Untergurt angreift, $=0$, sonst gleich dieser. Die erste Vertikale V_1 ist, da $O_1 = 0$ wird, gleich der sie belastenden Kraft:

$$V_1 = -\frac{p\lambda}{2}\,.$$

3. Das Aufzeichnen Cremonascher Kräftepläne.

Auf zeichnerischem Wege ist es möglich, aus einer nach Richtung und Größe gegebenen Kraft zwei andere, nur ihrer Richtung nach bekannte und mit ihr im Gleichgewicht stehende Kräfte zusammenzusetzen und sie somit zu bestimmen, vorausgesetzt, daß die Kräfte sich

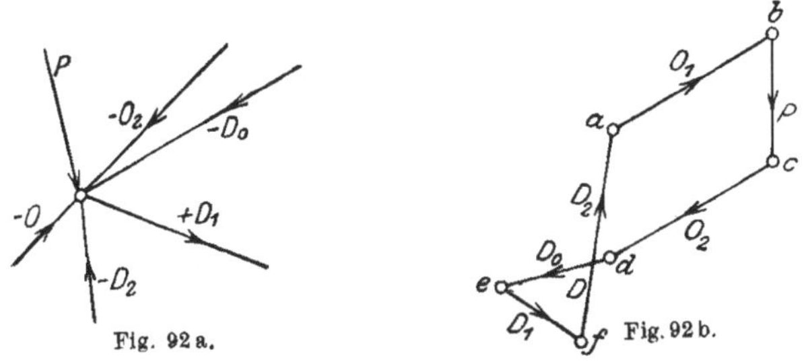

Fig. 92a. Fig. 92b.

in einem Punkte schneiden. Unter dieser Annahme ist es in gleicher Weise möglich, zu einer Anzahl gegebener Kräfte (Fig. 92a, b) zwei Unbekannte zu finden, deren Richtung bekannt ist. Hier sind eindeutig nach Größe und Richtung gegeben $-O_1$, $-O_2$, $-D_0$ und die äußere Kraft $= P$. Gesucht sind die mit allen vorgenannten Kräften in einem Punkt sich schneidenden Kräfte D_1 und D_2, die mit ersteren im Gleichgewicht sein sollen. Setzt man entsprechend ihrer Größe, Richtung und Reihenfolge die Kräfte O_1, P, O_2 und D_0 zu dem Kräftezug (Fig. 92b) a, b, c, d, e zusammen, so findet man die beiden gesuchten

Kräfte durch Parallelen zu ihrer Richtung durch die Endpunkte dieses Kräftezuges (a und e). Hierdurch ergibt sich Punkt f und mit ihm zugleich die Größe und Richtung von D_1 und D_2. Da die Kräfte alle im Gleichgewicht sein sollen, muß der Richtungspfeil stetig durchlaufen. Hieraus ergibt sich, daß D_1 eine Zugkraft, D_2 eine Druckkraft ist, weil im ersteren Fall die Richtung der Kraft vom Angriffspunkt abgewendet, im zweiten nach ihm gerichtet ist. Aus dem Beispiel folgt zugleich, daß — wie bereits in Heft I ausführlich dargelegt wurde — nur zwei Unbekannte an dem gegebenen Punkt bestimmbar sind, weil ein Mehr von ihnen zu unendlich vielen Lösungsmöglichkeiten führen würde.

Da bei einem Fachwerke an dessen einzelnen Knotenpunkten stets ein Gleichgewichtszustand herrschen muß, so lassen sich durch wiederholte Anwendung der vorstehend gegebenen Lösung die einzelnen Stabkräfte finden, wenn man bei der Aufeinanderfolge und Auswahl der Knotenpunkte in der Art vorgeht, daß bei jedem neu in den Kräfteplan einzufügenden nicht mehr als zwei unbekannte Stäbe vorkommen. Setzt man hierbei die einzelnen Kräfte in der Art zusammen, daß eine jede Stabkraft nur einmal im Gesamtkräfteplan auftritt, so entstehen einheitliche, zusammenhängende Kräftepläne. Die Richtung der Stabkräfte ist hierin einmal durch die Richtung der äußeren Kräfte sowie den stetigen Verlauf der Pfeilrichtung (wegen des Gleichgewichtszustandes) gegeben, zum anderen aber auch dadurch kontrolliert, daß ein jeder Stab stets zwei Knotenpunkte verbindet, für die je vorliegende Belastung aber nur eine einheitliche Spannkraft — Druck oder Zug — aufweisen kann, er also zweimal im Kräfteplan befahren werden muß, und zwar beide Male in verschiedener Richtung. Ist z. B. der O-Stab in Fig. 93 ein Druckstab, so muß für Punkt a sein Richtungspfeil nach links (nach a zu), für Punkt b nach rechts (nach b zu) weisen; in den beiden Kraftecken für die Punkte a und b muß somit der Stab in verschiedener Richtung durchlaufen werden. Endlich folgt aus dem Gleichgewichtszustand, daß jedes einzelne Krafteck für jeden Knotenpunkt und somit auch der gesamte Kräfteplan sich schließen muß. Demgemäß bietet ein zusammenhängender Cremonascher Kräfteplan die folgende Zeichnungskontrollen.

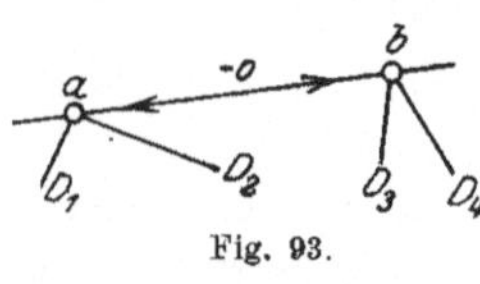

Fig. 93.

a) Er muß sich in allen seinen Einzelteilen und auch im ganzen schließen.

b) Ein jeder Stab darf nur einmal im Kräfteplan vorkommen; er wird in ihm zweimal, und zwar beide Male in verschiedener Richtung durchlaufen.

In diesen wertvollen Kontrollmöglichkeiten und zudem in dem augensichtlichen Vorteilen, die überhaupt eine jede zeichnerische Lösung für sich hat, liegt der Vorzug und die Beliebtheit der Cremonaschen Kräftepläne begründet. Sie bilden deshalb das wichtigste Hilfsmittel zur Spannkraftsbestimmung für die entsprechenden Aufgaben des Hochbaus.

Nach obigem Gesichtspunkt ist der Kräfteplan für den in Fig. 94a dargestellten, durch senkrechte Lasten beanspruchten Kragbinder gezeichnet (Fig. 94b). Der Kragbinder ist in Punkt 7 durch ein festes Gelenk gestützt, an seinem Firstpunkt 8 durch eine wagerecht gerichtete Ankerstange im Mauerwerk festgelegt. Die Mittelkraft der äußeren Kräfte $\sum P_1 P_2 P_3 P_4 = \sum P$ wird in bekannter Weise durch ein Kraft- und Seileck bestimmt Fig. 94b und a) und mit ihrer Hilfe aus der Ankerrichtung H nach dem Grundsatze, daß drei Kräfte nur im Gleichgewicht sich befinden können, wenn sie sich in einem Punkte schneiden, die Richtung des Auflagerdruckes A im Punkte 7 bestimmt. Hieraus sind dann aus $\sum P$ in Fig. 94b die Größen von A und H abgeleitet und somit die Bestimmung aller äußeren Kräfte bewirkt, die am Binder angreifen.

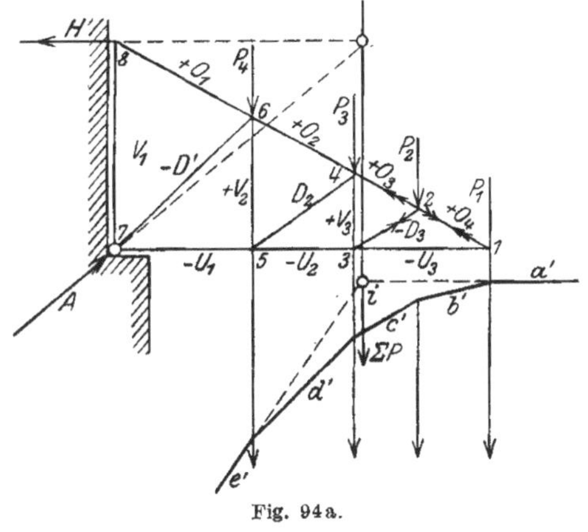

Fig. 94a.

Mit der Aufzeichnung des zusammenhängenden Kräfteplanes kann man nunmehr sowohl an Punkt 8 wie an Punkt 1 beginnen, da an jedem von ihnen nur zwei unbekannte Stäbe auftreten, die also unmittelbar bestimmbar sind. Beginnt man mit Punkt 1, so bestimmen sich (Fig. 94b) die Kräfte U_3 und O_4 durch das Kraftdreieck $r\,g\,m$. O_4 ist eine Zug-, U_3 eine Druckkraft. Alsdann geht man zu Punkt 2 weiter und findet durch das Krafteck $g\,h\,n\,m$ die beiden Kräfte $+O_3$ und $-D_3$. Weiter bestimmt das

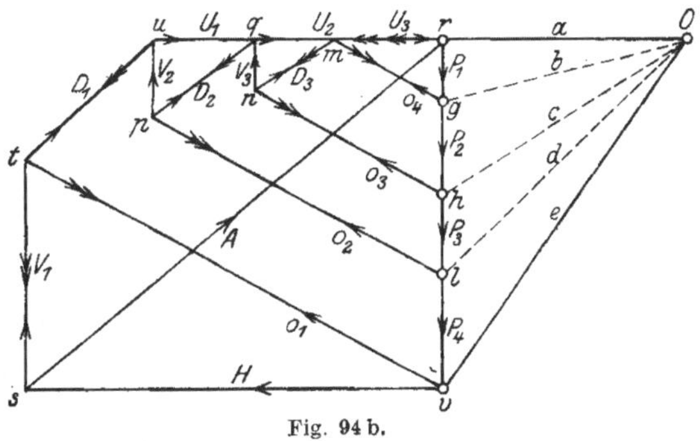

Fig. 94b.

Krafteck	für Punkt	die Stabkräfte
r m n q r[1])	3	$-U_2$, $+V_3$
q n h l p q	4	$+O_2$, $-D_2$
r u p q r[1])	5	$+V_2$, $-U_1$
u p l v t u	6	$+O_1$, $-D_1$
v s t	8	$-V_1$

Als Kontrolle für die Richtigkeit der Zeichnung ergibt sich das Krafteck für Punkt 7 und der Schluß des Kräfteplanes. Letzteren läßt

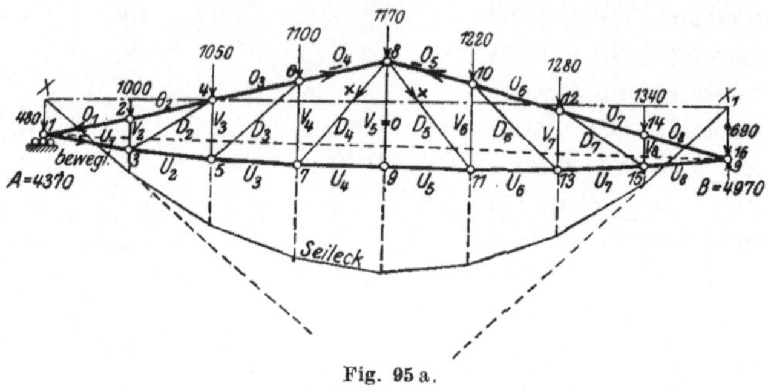

Fig. 95 a.

die Zeichnung erkennen; für ersteres ist in ihr das Krafteck *s r u t s* enthalten, welches die Kräfte in der Reihenfolge A, $-U_1$, $-D_1$ und $-V_1$ enthält.

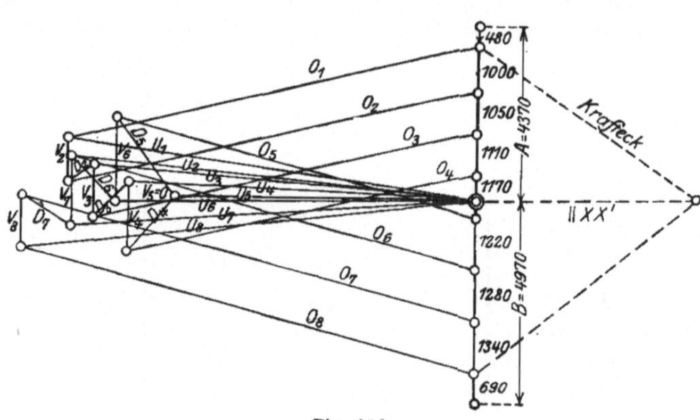

Fig. 95 b.

In gleicher Weise sind die beiden Kraftpläne in Fig. 95a, b und 96a, b konstruiert. Hier handelt es sich zunächst (Fig. 95a, b) um einen symmetrischen, aber durch senkrechte Lasten unsymmetrisch beanspruchten Balkenbinder. Die Stützenwiderstände sind in bekannter

[1]) Es gehen also alle U-Stäbe je bis zum Punkt r.

Weise durch ein Kraft- und Seileck und Ermittlung der Schlußlinie ($x\,x_1$) auf zeichnerischem Wege bestimmt. Mit ihrer Hilfe ($A = 4370$, $B = 4970$ kg) sind alsdann die Spannkräfte wie vorstehend durch Aneinanderreihung der Kraftecke zum Gesamtkraftplan gefunden.

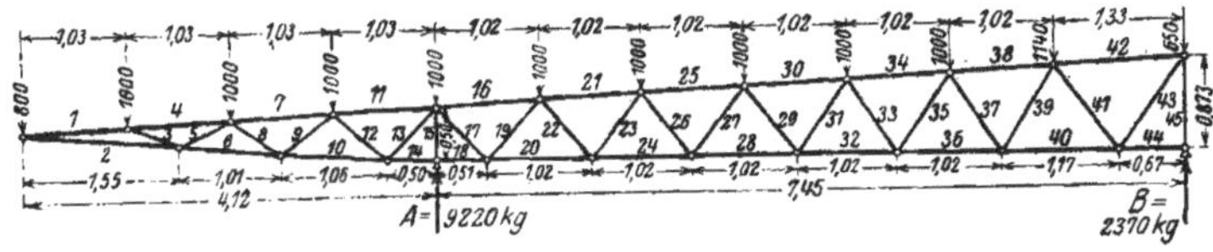

Fig. 96 a.

Bei dem Balkenbinder in Fig. 96a mit einem überstehenden Ende ist der auftretende Stützenwiderstand A durch eine einfache Momentengleichung bestimmt:

$$A \cdot 7{,}45 = 800 \cdot 11{,}57$$
$$+ 1000\,(10{,}54 + 9{,}51 + 8{,}48 + 7{,}45 + 6{,}43 + 5{,}41 + 4{,}39 + 2{,}35)$$
$$+ 1140 \cdot 1{,}33\,.$$
$$A = 9220 \text{ kg}.$$

Hieraus folgt:

$$B = \sum P - A = 11590 - 9220 = 2370 \text{ kg}.$$

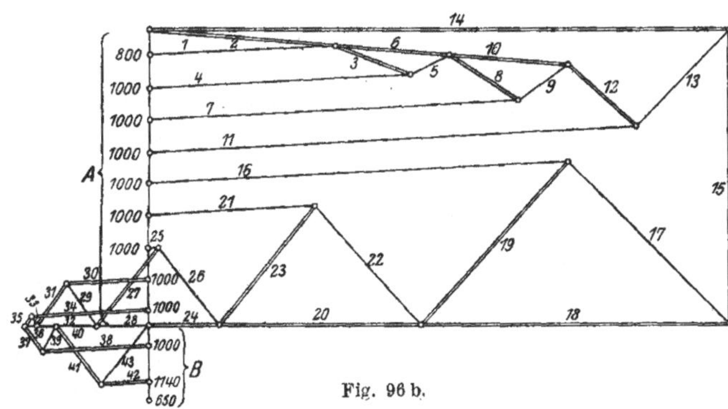

Fig. 96 b.

In dem hiernach gezeichneten Kräfteplan (Fig. 96 b), begonnen vom Ende des überstehenden Dachteiles, sind alle Druckstäbe durch Doppellinien herausgehoben. Stab 44 ist $= 0$.

Da namentlich bei einseitiger Belastung mancher Balkenbinder auf der unbelasteten Seite oft eine Anzahl der Füllstäbe, d. h. der Stäbe zwischen den Gurtungen, $= 0$ werden, empfiehlt es sich, diese Bestimmung vor Aufzeichnung der Kräftepläne vorzunehmen. Ein solcher Fall wird immer eintreten, wenn ein Knotenpunkt unbelastet ist, in ihm zwei Stäbe geradlinig verlaufen und nur ein dritter, der alsdann Null werden muß, an ihn anschließt oder zu ihm Stäbe hinzutreten, die schon von anderen Punkten aus als Nullstäbe nachgewiesen sind. Bei dem in Fig. 97a, dargestellten Balkenbinder mit gradlinig verlaufenden Gurten und einseitiger (linker) Windbelastung ist demgemäß auf der unbelasteten Binderhälfte für Punkt 14 Stab $V_7 = 0$, da hier

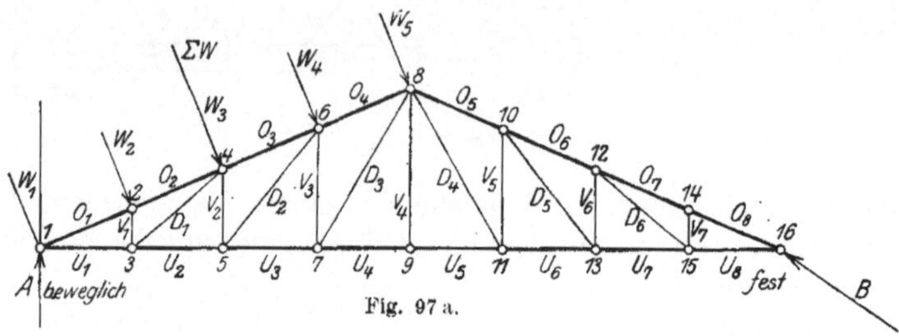

Fig. 97 a.

nur ein geschlossenes, d. h. Gleichgewicht sicherndes Krafteck möglich ist, wenn $O_7 = O_8$ und $V_7 = 0$ ist. Ist aber $V_1 = 0$, so ist aus den gleichen Gründen in Punkt 15 auch D_6, weiter in 12 V_6, in 13 D_5, in 10 V_5, in 11 D_4 und endlich in 9 V_4 je $= 0$. Zudem wird $O_8 = O_7 = O_6 = O_5$ und $U_8 = U_7 = U_6 = U_5 = U_4$. Der sich alsdann ergebende vereinfachte Kräfteplan ist in Fig. 97b dargestellt.

Ist das Tragwerk vollkommen symmetrisch und auch symmetrisch belastet, so wird auch der Kräfteplan eine symmetrische Form erhalten, so daß es unter Umständen ausreicht, von ihm nur eine Hälfte zu konstruieren, da die andere im Spiegelbildverhältnis zur ersten steht.

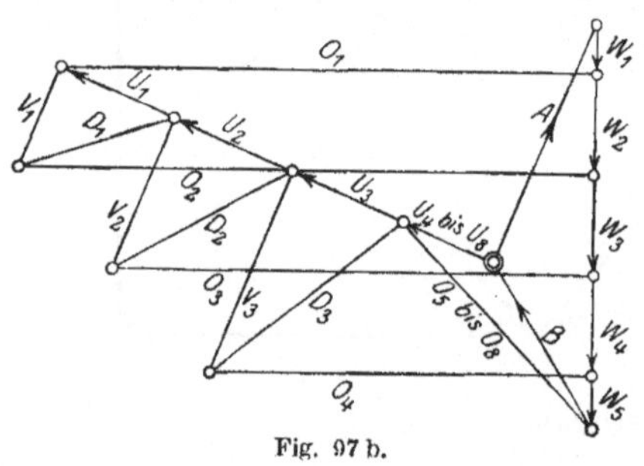

Fig. 97 b.

Greifen die Lasten nur an einem Gurt an, so ist ihre Summe als zusammenhängende Strecke, wie aus den Fig. 94 bis 97 sich ergibt, im Kräfteplan einzutragen und an sie die Aufzeichnung der einzelnen Kraftecke in einfacher Reihenfolge anzuschließen. Greifen hingegen Lasten sowohl in den Ober- wie in den Untergurtknotenpunkten an, so verlangt ein einheitlicher Kräfteplan, daß sich die Lasten zum Teil gegenseitig decken. Liegt z. B. ein symmetrisch geformter und durch senkrechte Lasten symmetrisch belasteter Balkenbinder (Fig. 98) vor, so ist zu bedenken, daß das Krafteck sowohl für den Punkt d, als auch für k symmetrisch zum Gesamtplan liegen, daß also sowohl die

Kraft P_3 als auch P_8 zur Symmetrieachse des Kräfteplanes symmetrisch, d. h. je mit einer Hälfte nach oben und nach unten liegen muß; ferner folgt aus der Symmetrie, daß auch z. B. P_6 und P_{10} zu einander symmetrisch liegen müssen, ebenso P_1 und P_5, und ferner müssen die Kräfte:

$$A = P_1 + P_2 + \frac{P_3}{2} + \frac{P_8}{2} + P_7 + P_6 = B = P_5 + P_4 + \frac{P_3}{2} + \frac{P_8}{2} + P_9 + P_{10}$$

je für sich eine zusammenhängende Laststrecke bilden, um die Kraftecke für die Punkte a und g einwandfrei zeichnen zu können. Alle diese Anforderungen lassen sich nur erfüllen, wenn die beiden Stützkräfte A und B sich im Kräfteplan überschneiden, und zwar um die Summe der am Untergurt angreifenden Kräfte. Hierbei liegen alsdann sowohl P_3 als auch P_8 zur Kraftplanachse symmetrisch, A und B haben ihren Zusammenhang und die vollkommene Symmetrie ist gewahrt — vgl. Fig. 98b und den hier entworfenen Kräfteplan. Seine Aufzeichnung ist eine durchaus normale; eine jede Stabkraft kommt in ihm nur einmal vor. Die Länge des Kräftezuges ist nur gleich der Summe der am Obergurt angreifenden Lasten.

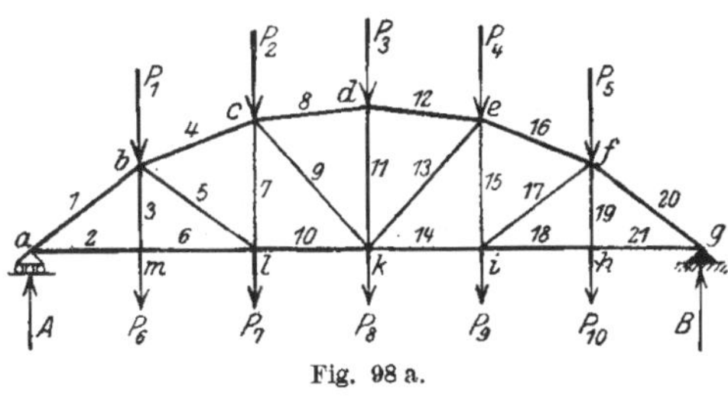
Fig. 98 a.

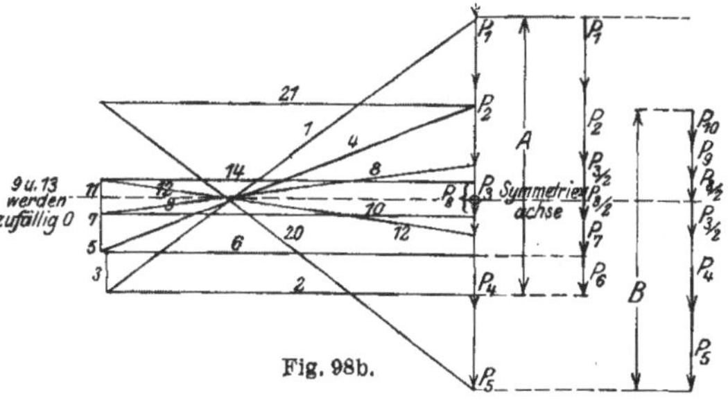

Fig. 98b.

In genau der gleichen Weise ist bei der Auftragung der Kräfte vorzugehen, wenn der Träger unsymmetrisch geformt oder unsymmetrisch belastet ist (Fig. 99a—c und 100a, b). Bestimmt man in einem solchen Falle die Stützenwiderstände vermittels eines Kraft- und Seilecks, so kann der Fall eintreten, daß eine am Obergurt oder eine am Untergurt angreifende Kraft von der Schlußlinie $s\,s$ geschnitten wird. Im ersteren

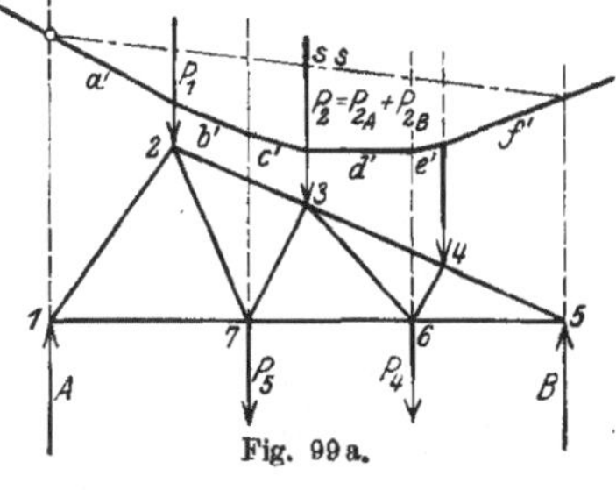
Fig. 99 a.

Falle (Fig. 99) setzt sich der Auflagerdruck zusammen aus $P_1 + P_{2_A} + P_5$, während $B = P_3 + P_{2_B} + P_4$ wird; im zweiten Falle ergibt sich (Fig. 100):

$$A = P_1 + P_{5_A}; \qquad B = P_3 + P_2 + P_4 + P_{5_B}.$$

Die Zusammenfassung der Auflagerkräfte in Fig. 99c und 100b ist die gleiche wie in Fig. 98b; auch hier überschneiden sich die Stützen-

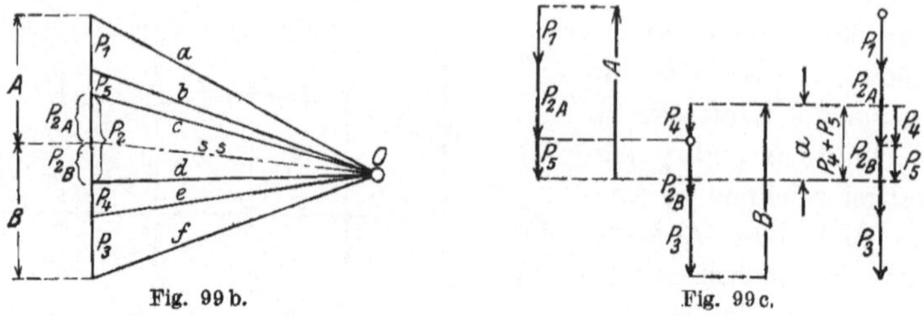

Fig. 99 b. Fig. 99 c.

widerstände um die Summe der am Untergurt angreifenden Kräfte; auch hier ist die Gesamtlänge des Kräftezuges nur durch die Summe der am Obergurt angreifenden Kräfte bedingt, und auch hier ist endlich eine jede äußere Kraft ungeteilt in den Kräftezug eingefügt. Nur wenn die Kräfte und durch sie die Stützenwiderstände so, wie es Fig. 99c und 100b zeigen, aufgetragen werden, läßt sich ein einheitlicher Kräfteplan zeichnen.

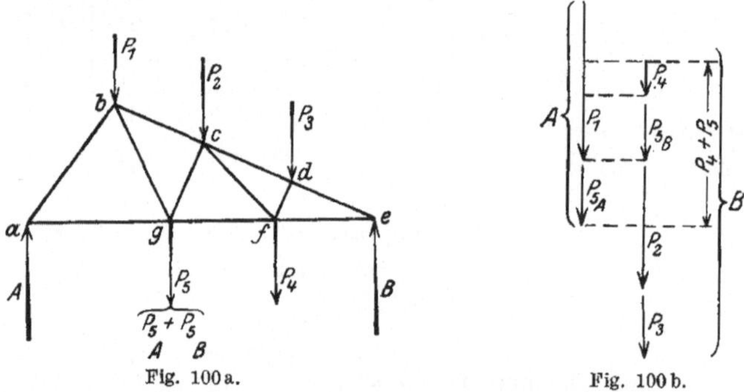

Fig. 100 a. Fig. 100 b.

Hervorgehoben wurde bereits auf S. 93, daß es nur möglich ist, zwei unbekannte Stabkräfte je an den Knotenpunkten des Fachwerkes zu bestimmen und daß dementsprechend die einzelnen Knotenpunkte in einer Reihenfolge aufgesucht und gelöst werden müssen, die diesem Grundsatze Rechnung trägt. Das läßt sich aber nicht stets bewirken, und nicht selten müssen Zwischenberechnungen angestellt werden, um eine unbekannte Stabkraft außerhalb der Reihe zu bestimmen. Liegt beispielsweise der in Fig. 101 dargestellte Binder vor, so lassen sich die Kraftecke, vom linken Auflager an beginnend, für die Fachwerkspunkte a, b und c ohne weiteres zeichnen; an den Punkten d und e wären jedoch je drei Unbekannte zu bestimmen, so daß eine unmittelbare Fortsetzung des Kräfteplanes nicht möglich wird.

Will man in einer Zwischenrechnung die Stabkraft U_3 finden, so kann das durch Anwendung des Ritterschen Verfahrens und falls die

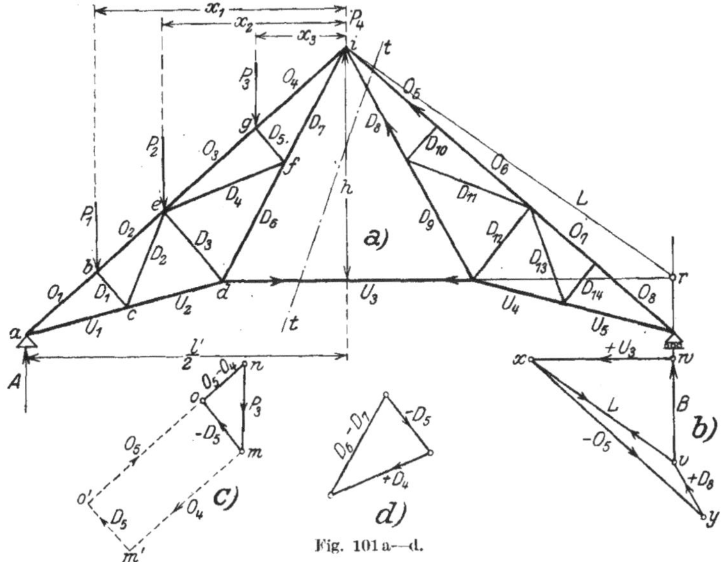

Fig. 101 a—d.

Belastung eine einseitige, auch nach Culmann bewirkt werden. Im ersteren Falle ist:

$$-U_3 h - P_3 x_3 - P_2 x_2 - P_1 x_1 + A \frac{l}{2} = 0 ,$$

$$U_3 = \frac{A \frac{l}{2} - \sum P \cdot x}{h} ,$$

während im zweiten, wie Fig. 101 b ergibt, die bekannte zeichnerische Lösung zur Auffindung von U_3 führt. Zur Kontrolle kann man hierbei auch die Stabkräfte O_5 und D_8 bestimmen.

Ferner kann man für Punkt g aus dem Zusammenhang heraus ein Krafteck zeichnen, wenn man für die geradlinig durchgehenden Stäbe O_3 und O_4 deren Mittelkraft einführt (Fig. 101 c). Hierdurch wird eindeutig $-D_5$ gefunden. Mit seiner Hilfe kann man endlich in Punkt f, unter Einführung einer Mittelkraft von D_6 und D_7, die Stabkraft $+D_4$ bestimmen. Je nachdem U_3 oder D_4 ermittelt sind, ist es alsdann möglich, den begonnenen Kräfteplan am Punkt d bzw. e fortzusetzen, da an diesen Punkten alsdann nur noch je zwei unbekannte Stabkräfte zu bestimmen sind. Liegt endlich ein Tragwerk vor, bei dem Einzelteile durch Anschluß eines sekundären Fachwerkes besonders gegliedert sind (Fig. 102a), so können bereits am Auflagerpunkte so viel unbekannte Stabkräfte auftreten, daß einem Aufzeichnen des Cremonaplanes von vornherein Schwierigkeiten gegenüberstehen. In solchem Falle wird

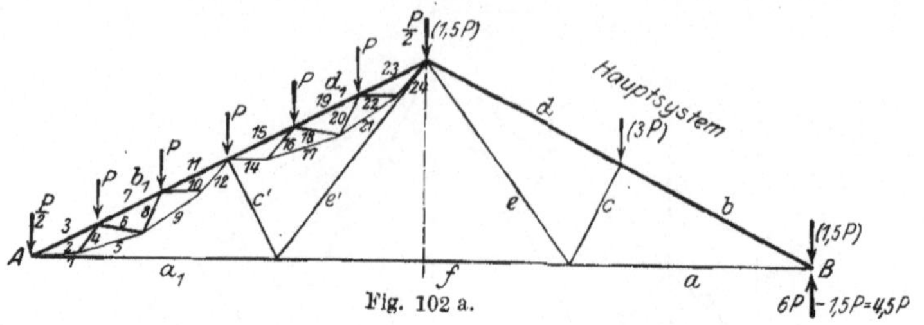

Fig. 102 a.

der — durchaus empfehlenswerte — Näherungsweg gegangen, daß man sich das Tragsystem in ein Haupt- und in ein Nebensystem zerteilt, die jedes ohne weiteres für sich und für die auf sie jeweils entfallenden Lasten durch Cremonapläne berechnet werden können. In Fig. 102b—d ist diese Zerlegung für senkrechte Lasten dargestellt. Während der Fischbauchträger — der sekundäre Träger — die auf den Gurt unmittelbar entfallenden Lasten aufzunehmen hat und für sich als Träger auf zwei Stützen berechnet wird, ergeben sich die Lasten für das Hauptsystem aus den Drücken, die der Fischbauchträger auf dieses überträgt.

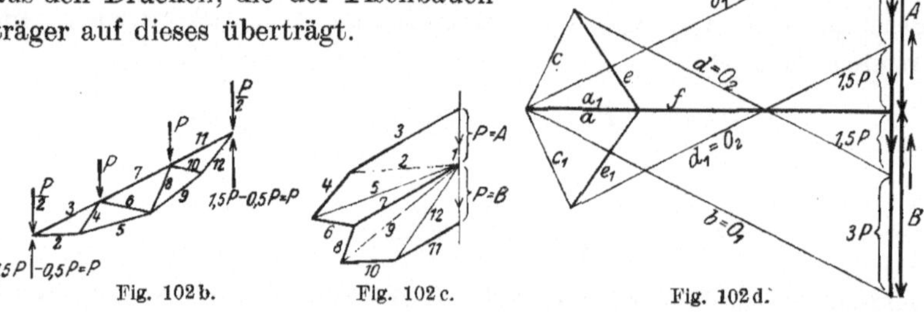

Fig. 102 b. Fig. 102 c. Fig. 102 d.

Die Lastverteilung geht aus Fig. 102a (rechts) u. b hervor. Die ihr entsprechenden, getrennten Kräftepläne sind in Fig. 102c u. d zur Darstellung gebracht. Da nur die Obergurtstäbe beiden Systemen angehören, werden auch nur sie in beiden Kräfteplänen vorkommen. Ihre endgültigen Spannkräfte sind endlich durch Zusammenfassung aus beiden Kräfteplänen zu bilden.

Selbstverständlich kann man aber auch hier zuerst einen zusammenhängenden Kräfteplan für das Hauptsystem zeichnen, durch ihn die

Stabkräfte a_1, b_1 und c' (Fig. 102a) finden und alsdann, da jetzt an keinem Punkte mehr als zwei Unbekannte vorkommen, einen einheitlichen Kräfteplan für das gesamte Tragsystem entwerfen. Dieser Weg ist in Fig. 102e, f u. g gegangen. Hier liegt eine einseitige Wind-

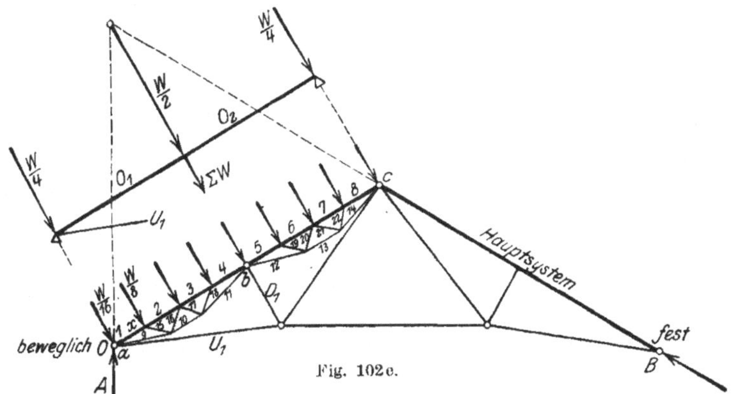

Fig. 102e.

belastung des Binders durch eine Windmittelkraft W vor, die bei der Symmetrie der Dachgestaltung sich in Kräfte zu $\frac{W}{8}$ bzw. $\frac{W}{16}$ für jeden Knotenpunkt des Fischbauchträgers zerteilt. An ihm bilden sich alsdann in der Windrichtung Widerstände von je $\frac{3}{16}$ W aus (vgl. Fig. 102f). Ersetzt man im Hauptsystem den Fischbauchbinder durch je einen

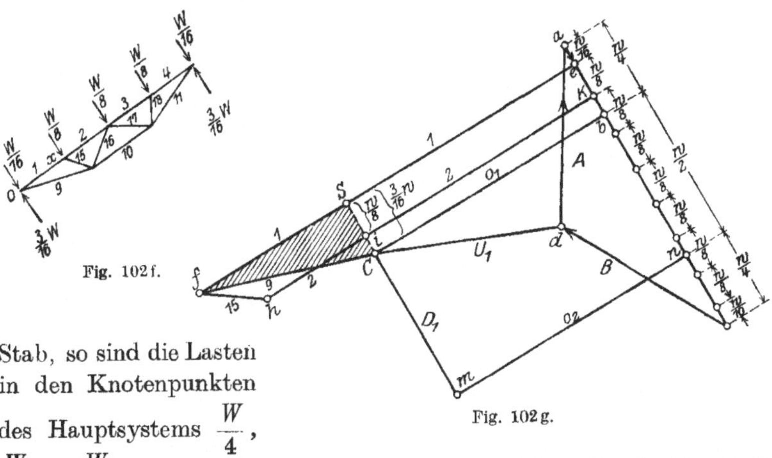
Fig. 102f.

Fig. 102g.

Stab, so sind die Lasten in den Knotenpunkten des Hauptsystems $\frac{W}{4}$, $\frac{W}{2}$ und $\frac{W}{4}$. Hierfür liefert der Kräfteplan in Fig. 102g die Kräfte O_1, U_1, D_1 usw. Für Punkt a ergibt sich das Krafteck $abcda$, für Punkt b: $bcmnb$. Da nunmehr U_1, das unabhängig vom Fischbauchträger ist, gefunden wurde, läßt sich auch das Krafteck für Punkt a, also für die Kräfte A, $\frac{W}{16}$, 1, 9 und U_1, von denen nur 1 und 9 noch unbekannt sind, zeichnen; $aefcda$ in Fig. 102g. Zieht man in den Kräfteplan die Hilfslinie sc, so stellt das schraffierte Dreieck scf das Krafteck für den Auflagerpunkt O des Fischbauchträgers allein dar. Da die Gesamtspannkraft O aus beiden Systemen $= ef = es + sf = O_1 + sf$ ist, so ergibt sich zu gleicher Zeit daß es richtig ist, die Gesamtspannkräfte durch Zusammenfassung der Einzelspannkräfte aus beiden Systemen zu bilden. Für Punkt x des Gesamtsystems ergibt sich in gleicher Weise das Krafteck $bcfhkb$ usf. (vgl. Fig. 102g).

9. Kapitel.

Die Grundzüge der Berechnung vermittels Einflußlinien[1].

1. Das Wesen der Einflußlinien.

Mit Hilfe von Einflußlinien wird die Einwirkung paralleler, und zwar in der Regel senkrechter Lasten auf irgendeine unbekannte Größe „Z" bestimmt; eine solche kann sein eine Stützenkraft, ein Moment, eine Querkraft, eine Stabkraft usw. Bei der Bestimmung des Einflusses der Lasten wird vorausgesetzt, daß der Wert Z, hervorgerufen durch eine äußere Last P, proportional dieser ist:

$$Z = P \cdot \eta$$

wobei η einen Beiwert darstellt, der unabhängig von P ist, und daß, wenn eine Anzahl Lasten P_1, P_2, P_3, ... P_n vorhanden sind, in gleicher Art der von ihnen herrührende Z-Wert seinen Ausdruck in der Beziehung:

$$Z = P_1 \eta_1 + P_2 \eta_2 + P_3 \eta_3 + \ldots P_n \eta_n$$

findet.

Um Z zu ermitteln, wird der Einfluß η einer über den Träger wandernden Einzellast $\boldsymbol{P = 1}$ für alle möglichen Lagen von P bestimmt. Die so gewonnenen Einflüsse werden alsdann von einer Wagerechten aus, in Richtung der Last, also bei senkrechten Kräften senkrecht aufgetragen. Die Endpunkte dieser η bilden alsdann die Einflußlinie für Z. Die Fläche zwischen ihr und der Wagerechten wird als Einflußfläche bezeichnet. Sind z. B. in Fig. 103 für den Horizontalschub eines Dreigelenkbogens für den Übergang der Last $P = 1$ die Ordinaten bestimmt

[1]) Hier sind nur die wichtigsten Einflußlinien für den einfachen Balken und für den Dreigelenkbogen behandelt, da nur diese, wenn auch schon selten, für die Lösung einfacher Hochbauaufgaben in Frage kommen dürften.

und aus ihnen die (Dreiecks)-Fläche abgeleitet, so sind Einflußlinie und -fläche für H bekannt und für eine Belastung durch ein Lastensystem $P_1\, P_2\, P_3\, P_4\, P_5$ wird:

$$H = P_1 \eta_1 + P_2 \eta_2 + P_3 \eta_3 + P_4 \eta_4 + P_5 \eta_5 \,.$$

Überträgt sich eine Last P erst mittelbar, durch sekundäre Träger (Querträger) auf das Haupttragwerk (Fig. 104), so bestimmt man zu-

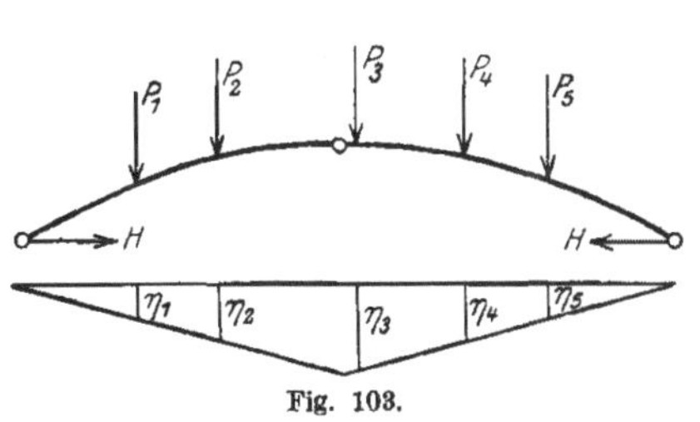

Fig. 103.

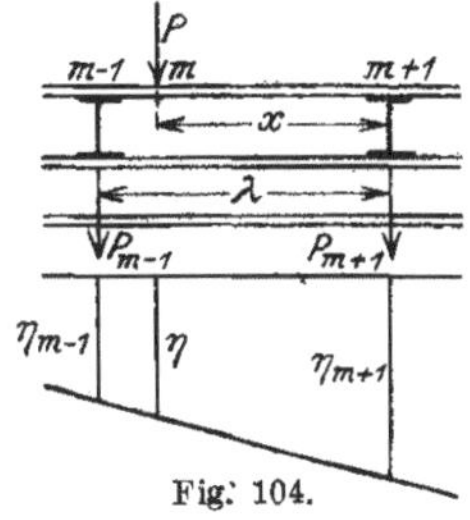

Fig. 104.

nächst die beiden Seitenkräfte P_{m-1} und P_{m+1}, die an den Auflagerstellen der Querträger übertragen werden:

$$P_{m-1} = \frac{P\,x}{\lambda}\,; \qquad P_{m+1} = \frac{P(\lambda - x)}{\lambda}\,.$$

Sind die Ordinaten der Einflußlinie unter diesen Punkten bzw. unter P η_{m-1} und η_{m+1} bzw. η, so folgt aus der Überlegung, daß die Teillasten denselben Einfluß auf die Unbekannten haben müssen, wie die Last selbst:

$$P \cdot \eta = P_{m-1}\,\eta_{m-1} + P_{m+1}\,\eta_{m+1} = \frac{P\,x}{\lambda}\,\eta_{m-1} + \frac{P(\lambda - x)}{\lambda}\,\eta_{m+1}\,.$$

Hieraus ergibt sich:

$$\eta = \eta_{m-1}\frac{x}{\lambda} + \eta_{m+1}\frac{(\lambda - x)}{\lambda}\,,$$

d. h. für die Veränderliche eine Funktion ersten Grades, und mithin ist die Einflußlinie zwischen zwei Lastpunkten eine gerade Linie.

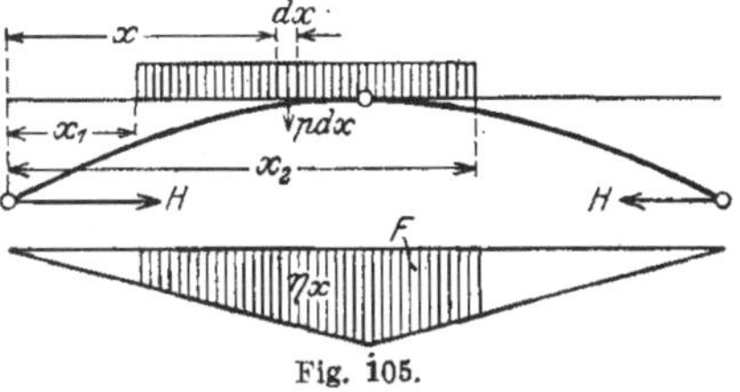

Fig. 105.

Wird die Belastung (Fig. 105) nicht durch Einzelkräfte, sondern durch eine gleichmäßige, auf eine bestimmte Strecke sich verteilende Last gebildet, so wird sinngemäß:

$$Z = \int_{x_1}^{x_2} p\,dx\,\eta_x = p\int_{x_1}^{x_2} \eta_x\,dx = p\,F\,,$$

worin F das zur Belastung gehörende Stück der Einflußfläche (in Fig. 105 schraffiert) darstellt.

Da im allgemeinen die Ordinaten einer Einflußfläche verschiedene Vorzeichen haben können, ihre Begrenzung auch durch Kurven erfolgen kann, so stellt Fig. 106 eine allgemeinere Form der Einflußlinie und -fläche dar. In solchem Falle kann, wenn es sich um eine ständige und um eine verschiebliche Last handelt, ein $Z_{\max+}$- und ein $Z_{\min-}$-Wert gebildet werden:

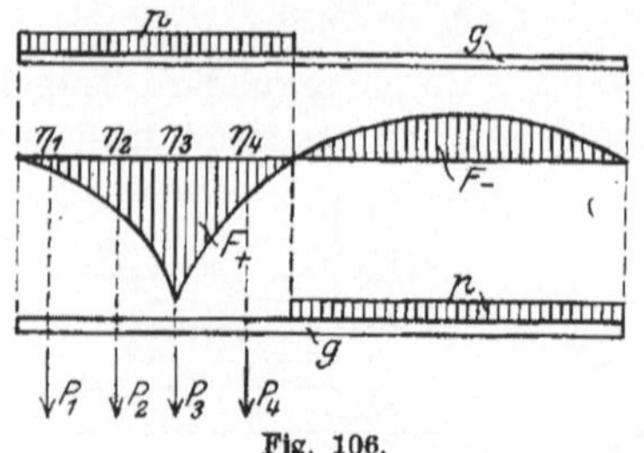
Fig. 106.

$$Z_{\max+} = gF_{+} - gF_{-} + pF_{+} = qF_{+} - gF_{-}\,,$$
$$Z_{\min-} = gF_{+} - gF_{-} - pF_{-} = gF_{+} - qF_{-}\,,$$

worin $q = g + p$ gleich der Vollbelastung ist.

In gleicher Weise wird man auch einen verschieblichen Zug von Einzellasten so zur Einflußfläche stellen können, daß entweder nur der positive oder nur der negative Teil der Einflußfläche belastet wird, also z. B. für ersteren eine Funktion bilden können:

$$Z_{\max+} = g(F_{+} - F_{-}) + P_1\eta_1 + P_2\eta_2 + P_3\eta_3 + P_4\eta_4\,.$$

Hierbei ist die größte $\sum P \cdot \eta$ durch Probieren zu bestimmen, wobei stets mit der größten Ordinate auch eine möglichst große Last zu verbinden ist, um ein Maximum der vereinigten Produkte $P \cdot \eta$ zu erhalten.

Es entstehen auf diese Weise die Grenzwerte der Unbekannten Z. Gerade in ihrer Bildung liegt eine besonders bedeutsame Anwendung der Einflußlinien.

2. Die Einflußlinien des einfachen Balkens auf zwei Stützen für die Auflagerkräfte, die Querkraft und das Moment.

a) Die Einflußlinien für die Auflagerdrücke A und B. Denkt man sich — Fig. 107 — in den Abständen von a bzw. b von den Stützen eine senkrechte Last $P = 1$ (in Punkt m) auf den Träger einwirkend, so wird $A \cdot l = 1 \cdot b$; $A = 1 \cdot \frac{b}{l} = 1 \cdot \eta$

$$\eta = \frac{b}{l}\,.$$

Es verläuft demgemäß die Einflußlinie für A gradlinig.

Liegt $P = 1$ über A, so wird:

$$b = l \quad \text{und} \quad \eta = 1\,;$$

ferner ist für eine Lage von $P = 1$ über B der Wert $b = o$, d. h. $A = \eta = 0$.

Hieraus ergibt sich die in Fig. 107a dargestellte Form der Einflußfläche für A als ein Dreieck, das unter A den Wert 1, unter B die Größe 0 hat. Alsdann gilt für die Ordinate unter der Kraft $P = 1$ in m:

$$\eta : 1 = b : l ; \qquad \eta = \frac{1 \cdot b}{l} ,$$

wie vorstehend verlangt.

In gleicher Weise zeigt (Fig. 107) die **Einflußlinie für** B einen Wert $= 1$ unter B, einen Nullpunkt unter A. Die unter $P = 1$ gemessene Ordinate ist hier:

$$\eta_1 = \frac{1 \cdot a}{l} .$$

b) **Die Einflußlinie für die Querkraft.**

Betrachtet werde ein beliebiger Punkt m, für den die Einflußlinie zu zeichnen ist. Stellt man die Kraft $P = 1$ über A, so wird $Q = 1 = A$;

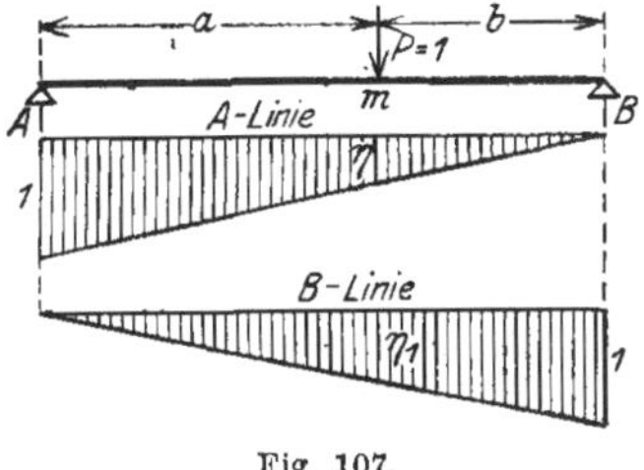

Fig. 107.

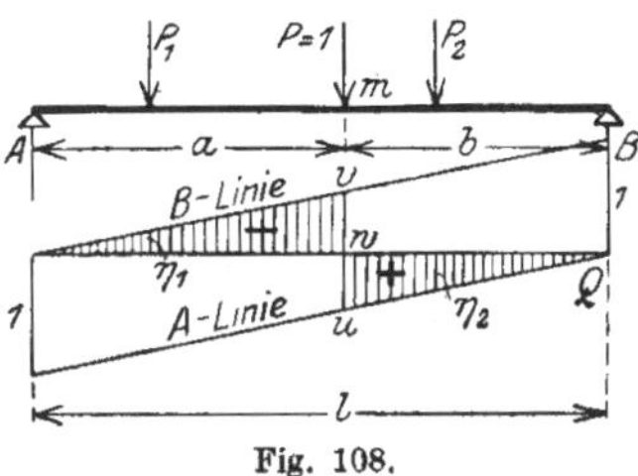

Fig. 108.

rückt $P = 1$ nach rechts vor, so wird $Q = A - P = A - 1$, d. h. die Einflußfläche wird zwischen A und m dargestellt durch eine Gerade, die im Abstande von -1 von der A-Linie aus, d. h. parallel zu ihr im Abstande von 1 verläuft,

In gleicher Weise wird für $P = 1$ über B die Größe $Q = -B$ und für die Lage von $P = 1$ zwischen B und m $Q = -B + P = -B + 1$. Also auch hier ist die Querkraft durch eine Parallele im Abstande von 1 zur B-Linie bedingt. Hieraus ergibt sich unmittelbar die Einflußlinie für die Querkraft in Fig. 108 **für den Punkt** m. Denkt man sich in m die Kraft $P = 1$ stehend, so ergibt sich der Einfluß von A:

$$v w = A - 1 = \frac{1 b}{l} - 1 = \frac{b - l}{l} ,$$

und von B:

$$w u = -B + 1 = -\frac{1 a}{l} + 1 = \frac{l - a}{l}$$

Diese Abschnitte sind auch tatsächlich vorhanden, denn:

$$v w : 1 = l - b : l ; \qquad v w = \frac{b - l}{l} ,$$

$$w u : 1 = l - a : l ; \qquad v u = \frac{l - a}{l} .$$

Der Teil der Einflußfläche nahe A ergibt sich als negativ, der nahe B als positiv. Liegen die beiden Lasten P_1 und P_2 über dem Träger, so wird z. B.:

$$Q_m = -P_1 \eta_1 + P_2 \eta_2 .$$

Liegt (Fig. 109) eine mittelbare Belastung vor und befindet sich der Punkt m, für den die Einflußlinie für die Querkraft gezeichnet werden soll, in einem Trägerfelde $n\ o$, so ist in diesem die Einflußlinie, wie vorstehend erwiesen, geradlinig und demgemäß die Form der Einflußfläche, diesem Gesetze Rechnung tragend, umzugestalten.

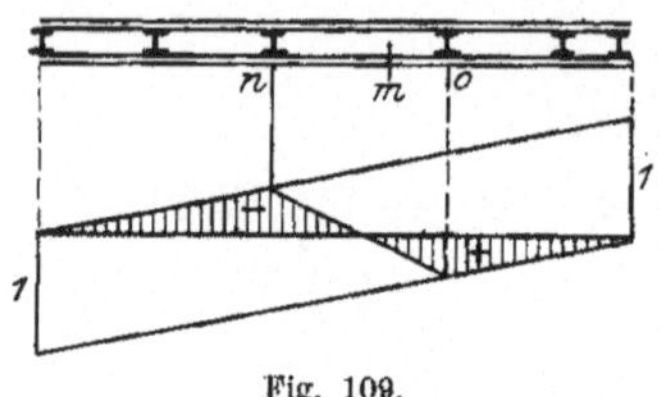

Fig. 109.

c) Die Einflußlinie für das Biegungsmoment.

Für jede Lastlage $P = 1$ rechts vom Punkt m ergibt sich $M_m = A \cdot x$, d. h. für alle diese Lastlagen fällt die M_m-Einflußlinie mit der um x erweiterten A-Linie zusammen. Da deren Ordinate unter $A = 1$ ist, so ist jetzt hier der Wert x aufzutragen. In gleicher Weise wird für alle Lagen $P = 1$ links von m $M_m = Bx_1$, d. h. hier ist die um x_1 erweiterte B-Linie maßgebend. Hieraus folgt die in Fig. 110 dargestellte Dreiecksfläche für das Moment mit der Spitze unter dem Punkte m für den die Linie gezeichnet wird.

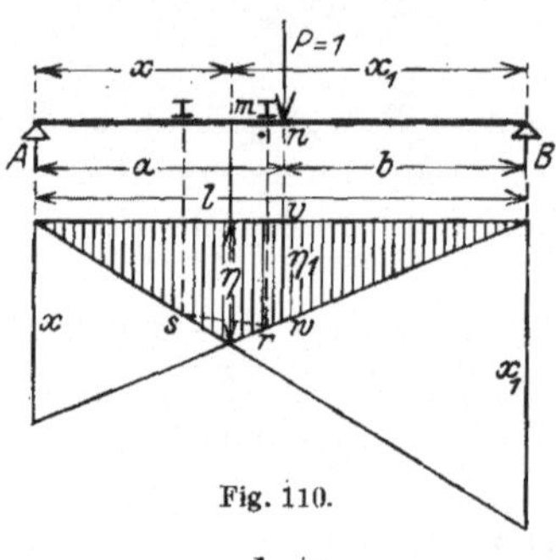

Fig. 110.

Bestimmt man die Ordinate η an dieser Stelle rechnerisch, so muß sie für eine Kraft $P = 1$ in m sein, von A bzw. B aus:

$$A = \frac{1 \cdot x_1}{l} ; \qquad B = \frac{1 \cdot x}{l} ; \qquad M_m = \frac{1 \cdot x_1 x}{l} = \eta .$$

Diesen Wert läßt auch tatsächlich die Zeichnung erkennen:

$$\eta : x_1 = x : l ; \qquad \eta = \frac{x_1 x}{l} = \frac{1 \cdot x_1 x}{l} .$$

In gleicher Weise ergibt sich für eine beliebige Lastlage von $P = 1$, z. B. rechts von m (in Punkt n) aus der Einflußlinie:

$$M_m = P \cdot \eta_1 = 1 \cdot \eta_1\,, \qquad \eta_1 : x = b : l\,, \qquad \eta_1 = \frac{x \cdot b}{l}\,;$$

$$M_m = \frac{P \cdot x \cdot b}{l} = \frac{1 \cdot x \cdot b}{l} = \eta_1\,.$$

Ebenso wird rechnerisch:

$$M_m = 1 \cdot \eta_1 = A \cdot x = \frac{P\,b}{l}\,x = \frac{1 \cdot b \cdot x}{l}\,, \quad \text{w. z. b. w.}$$

Liegt ein Zug von Einzellasten vor, so wird auch hier das Größtmoment durch Probieren bestimmt, bis $M = \sum P\eta$ zu einem Maximum wird.

Daneben kann man aber auch (Fig. 111) ohne Einflußlinien dieselbe Aufgabe dadurch lösen, daß man, von einem Kraft- und Seileck für den Kräftezug ausgehend, den Träger gegenüber dem fest aufgezeichnete Seileck verschiebt, seine jeweilig sich ergebende Schlußlinie zieht und für einen bestimmten Trägerpunkt durch diese Versuche die größte Ordinate η unter letzterem ermittelt. Da $M = H \cdot \eta$ ist, wenn H die Polweite des Krafteckes darstellt, so wird auch dem größten η-Wert für den betreffenden Querschnitt ein $M_{\max}$ entsprechen.

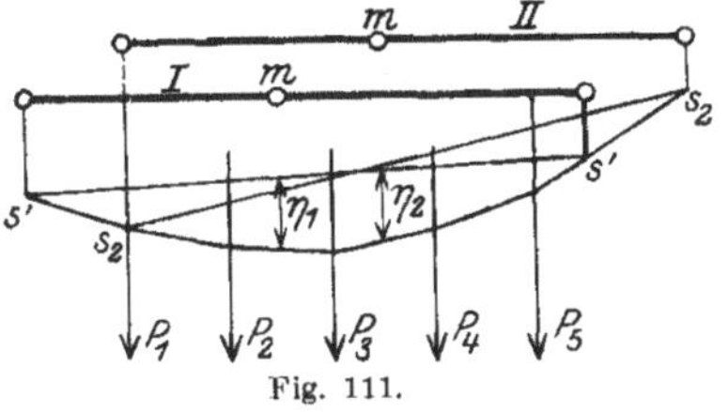

Fig. 111.

Liegt bei der in Fig. 110 gezeichneten Einflußlinie der Punkt m innerhalb eines Feldes, so ist auch hier die Einflußlinie innerhalb dieses geradlinig zu begrenzen und die Korrektur $s\,r$ in Fig. 110 vorzunehmen.

3. Die Einflußlinien für den Horizontalschub und das Moment am Dreigelenkbogen.

a) Die Einflußlinie für den Horizontalschub.

Läßt man die Kraft $P = 1$ in der Entfernung von x_0 vom Scheitelgelenk g auf den Bogen einwirken, so wird, Fig. 112, für den Gelenkpunkt:

$$M_g = 0 = H f + P \cdot x_0 - A \frac{l}{2}\,,$$

$$H = \frac{A \dfrac{l}{2} - P\,x_0}{f} = \frac{M_{0_g}}{f}$$

worin M_{0_g} das Moment des einfachen Balkens $A\,B$ für den Punkt g darstellt. Da die Momenteneinflußlinie für diesen geradlinig verläuft, so wird mithin auch die H-Linie entsprechend gestaltet sein, d. h.

Dreiecksform zeigen. Für die Lage von $P = 1$ im Gelenke selbst wird:

$$H = \frac{A\frac{l}{2} - 0}{f} = \frac{\frac{1}{2}\cdot\frac{l}{2}}{f} = \frac{l}{4f},$$

da hier $A = \frac{P}{2} = \frac{1}{2}$ ist.

Hieraus ergibt sich unmittelbar die H-Einflußlinie in Fig. 112b. Da sie ein einfaches Dreieck darstellt, folgt, daß H einen Größtwert bei Vollbelastung des Bogens erhält.

b) Die Einflußlinie für das Moment.

Für einen Achsenpunkt m, der im Abstande von y_m über H liegt, ergibt sich die Momentengleichung:

$$M_m = -H\,y_m + A\,x - P\,c = M_{0m} - H\,y_m\,,$$

d. h. es ist von der Einflußfläche des einfachen Balkens (Mom. $= M_{0m}$) eine $H \cdot y_m$-Fläche in Abzug zu bringen. Dieser Abzug wird dadurch kontrolliert, daß für die Lage der Kraft P in i das Moment $M_m = 0$ sein muß. Dieser Punkt i ist so konstruiert, daß er der Schnittpunkt der Geraden Bg und Am ist. Liegt also eine Kraft P in i, so erzeugt sie, nach der Theorie des Dreigelenkbogens (vgl. S. 74) bei A eine Kämpferkraft, die durch m geht, d. h. durch den Achspunkt des Querschnittes hier verläuft und somit hier ein Moment $= 0$ hervorruft. Zudem ist zu beachten, daß die H-Einflußfläche, also auch die mit y_m erweiterte Einflußfläche, die Form eines einfachen Dreiecks und die Spitze unter dem Scheitelgelenk hat. Hieraus folgt die für M_m in Fig. 112c dargestellte Einflußfläche. Sie ist gebildet aus der M_{0m}-Fläche $l\,f\,r$ (gezeichnet gemäß Fig. 110 aus den Werten x und x_1), dem Nullpunkt unter i (i') und der Dreiecks-

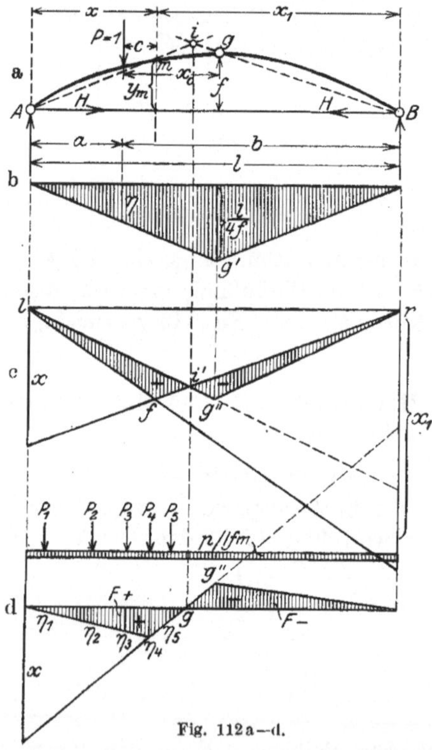

Fig. 112a—d.

form der $H y_m$-Fläche mit der Spitze unter g (g''). Der von der M_{0m}-Fläche verbleibende Teil ist nach der obigen Gleichung positiv, der von der $H y_m$ gebildete negativ. Hieraus ergibt sich die Einflußlinie und -fläche, die in Fig. 112d von einer Wagerechten aus aufgetragen ist.

Aus dem Vorzeichen und der Form der Einflußlinie folgt, daß das Moment durch Lasten links bzw. rechts der „Lastscheide" i in verschiedenem Sinne beeinflußt wird.

Unter Heranziehung der in Fig. 112d angegebenen Belastungen ergibt sich beispielsweise:

$$M_{m_{\max +}} = p(F_+ - F_-) + P_1 \eta_1 + P_2 \eta_2 + P_3 \eta_3 + P_4 \eta_4 + P_5 \eta_5 \,.$$

10. Kapitel.

Die Grundzüge der Berechnung der einfachen Dachbinder.

Als für den Hochbau besonders in Frage kommend, sollen nachstehend behandelt werden die Grundzüge für die Berechnung der Balkenbinder auf zwei Stützen ohne und mit überstehenden Enden, der Kragbinder und der Dreigelenkbogenbinder. Da alle diese verschiedenen Binderarten fast ausschließlich vermittels Cremonascher Kräftepläne berechnet werden,

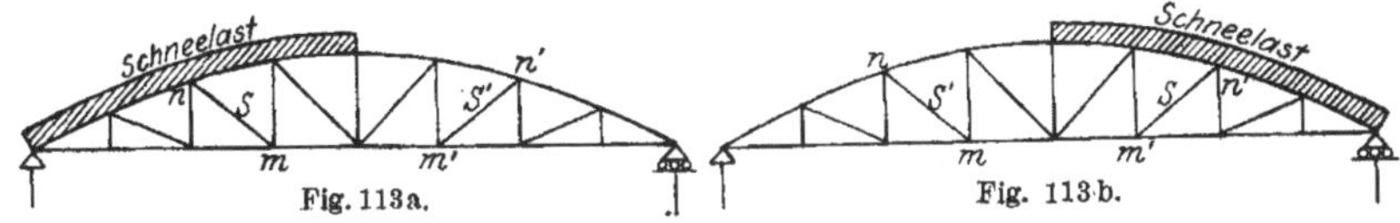

Fig. 113a. Fig. 113b.

diese aber bereits in Kapitel 8, Abschnitt 3 ausführlich behandelt und durch eine Anzahl von Beispielen erläutert worden sind, so wird sich der vorliegende Abschnitt nur auf allgemeine Fragen, wie Art und Anzahl der notwendigen Kräftepläne, die Bestimmung der für sie erforderlichen äußeren Kräfte u. dgl. beschränken können. Auch sei im besonderen von vornherein auf die früheren Abschnitte bezüglich Berechnung der Balkenträger und Dreigelenkbögen verwiesen.

Als Lasten für die Binder kommen in Frage: Eigengewicht einschließlich Dachdeckung, Schnee und Wind.

Wird ein symmetrisch gestalteter Binder durch einseitige Schneelast (links) belastet (Fig. 113a), so mögen in zwei symmetrisch gelegenen Fachwerksstäben ($m\,n$ und $m'\,n'$) die Spannkräfte S auf der belasteten, S' auf der unbelasteten Seite entstehen. Wird die andere Dachhälfte allein ebenso belastet, so entstehen hier die gleichen Spannkräfte S' bzw. S (Fig. 113 b) in $m\,n$ bzw. $m'\,n'$. Da aus beiden Belastungen sich die Gesamtschneelast zusammensetzt, so erhält der Stab $m\,n$ eine Spannkraft von S aus Fig. 113a und S' aus Fig. 113b. Letzterer Wert ist aber bereits aus der Ermittlung der Stabkräfte für die Belastung in Fig. 113a gegeben. Es gestattet somit der Kräfteplan für einseitige Schneelast aus seinen Ergebnissen die Spannkraft für Vollschneelast abzuleiten durch die Summe $S + S'$. Zugleich kann man erkennen, ob Voll- oder einseitige Schneelast die gefährlichere für den betreffenden Stab ist. Haben S und S' gleiche Vorzeichen, so vermehrt die Belastung auch der zweiten Hälfte des Daches mit Schnee die Wirkung der Belastung der ersteren und somit ist Vollschneelast für den Stab die gefährlichere Belastung. Zeigen hingegen S und S' verschiedene Vorzeichen, so würde durch Hinzufügung der weiteren Schneelast eine Entlastung herbeigeführt werden; alsdann ist die einseitige Schneelast die gefährlichere. Da somit aus der Berechnung des Binders für einseitige Schneelast alle diese Fragen entschieden werden können, so wird bei symmetrischen Bindern die einseitige Schneelast in der Regel zugrunde gelegt.

1. Die Balkenbinder auf zwei Stützen ohne überstehende Enden werden einmal beansprucht durch senkrechte Lasten, Eigengewicht und Schnee, zum anderen durch schräge Kräfte, die Winddrücke. Senkrechte Lasten rufen senkrechte Stützenwiderstände hervor. Bei symmetrischer Form des Binders und symmetrischer Belastung sind beide Stützenkräfte einander gleich, da sie sich gleichmäßig in die Belastung teilen. Liegt keine Symmetrie vor, so sind, wie auf S. 96 bzw. 97 bereits gezeigt wurde, die Stützenwiderstände entweder auf graphischem Wege (Kraft- und Seileck und Schlußlinie) oder rechnerisch (Aufstellung von Momentengleichungen) zu bestimmen. Da bei symmetrischen Balkenbindern die Vollschneelast stets die Größtwerte in den Stabkräften hervorruft, so kann hier ein einziger Kräfteplan für alle senkrechten Lasten, also für Eigengewicht und Vollschneelast gemeinsam, gezeichnet werden. Hingegen bedingt die verschiedene Ausgestaltung der Lagerpunkte, d. h. auf der einen Seite das feste, auf der anderen Seite das bewegliche, längsverschiebliche Lager, das Auftreten ganz verschiedener Stützenkräfte bei Wind von links und Wind von rechts (Fig. 114a) und demgemäß das Aufzeich-

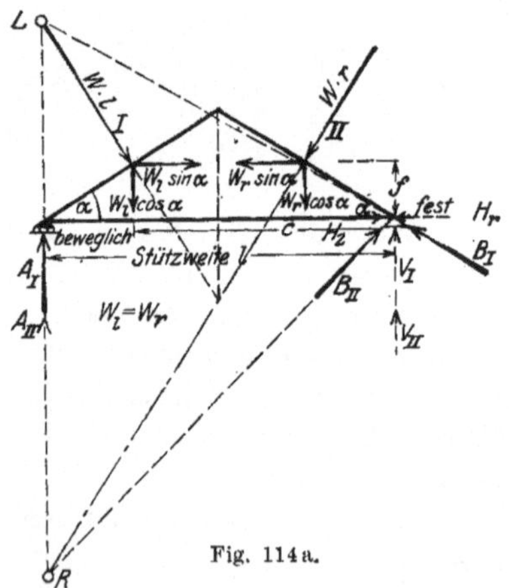

Fig. 114a.

nen auch zweier verschiedener Kräftepläne für diese Belastungen. Hierbei stehen aber die auftretenden Stützenkräfte bei W_l, (A_{I} bzw. B_{I}), bei W_r (A_{I} bzw. B_{II}) in einem derartigen Verhältnis, wie es Fig. 114b erkennen läßt, daß die senkrechte Seitenkraft von $B_{\mathrm{I}} = A_{\mathrm{II}}$ und die senkrechte Seitenkraft von $B_{\mathrm{II}} = A_{\mathrm{I}}$ ist[1]).

Da zudem die wagerechten Seitenkräfte von B_{I} und B_{II} einander gleich sind, je gleich der wagerechten Komponente der unter sich gleich großen Kräfte W_l und W_r, so läßt sich aus einem der Kraftdreiecke, z. B. $a\,b\,c$, das andere unmittelbar finden, indem man W_r symmetrisch zu W_l einträgt (als Diagonale eines Rechtecks $e\,c\,f\,a$) und somit unmittelbar $A_{\mathrm{II}} = b\,e$ und $b\,f = B_{\mathrm{II}}$ findet.

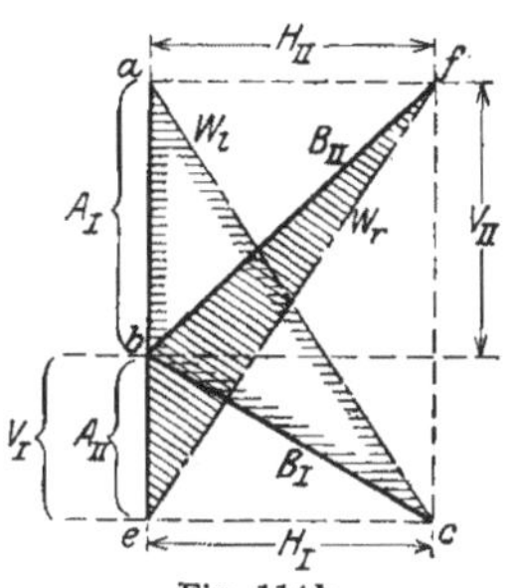

Fig. 114b.

Diese Art der gegenseitigen Bestimmung der Stützenkräfte ist alsdann von besonderem Werte, wenn für eine der Windrichtungen die Schnittpunkte R bzw. L in Fig. 114a außerhalb der Zeichnung fallen.

Nach Aufzeichnung der notwendigen drei Kräftepläne (für $\sum [G + S]$ W_l und W_r)[2]) werden die aus ihnen entnommenen Spannkräfte zusammengestellt und die Größtwerte je nach dem Vorzeichen gebildet.

Über die Besonderheiten, die beim Entwerfen der Kräftepläne zu beachten sind, vgl. die Ausführungen auf S. 93 ff.

---

[1]) Die Richtigkeit dieser Beziehungen folgt sowohl aus der Fig. 114b als auch aus der analytischen Bestimmung der Reaktionen (vgl. Fig. 114a).

I. Kommt der Wind von der Seite des beweglichen Auflagers, so ergibt sich:

$H_2 - W_l \sin\alpha = 0. \qquad H_2 = W_l \sin\alpha. \qquad A_{\mathrm{I}} \cdot l - W_l \cos\alpha \cdot c + W_l \sin\alpha \cdot f = 0.$

$$A_{\mathrm{I}} = \frac{W_l \cos\alpha \cdot c - W_l \sin\alpha \cdot f}{l}.$$

$V_{\mathrm{I}}\, l - W_l \cos\alpha \cdot (l - c) - W_l \sin\alpha \cdot f = 0.$

$$V_{\mathrm{I}} = \frac{W_l \sin\alpha \cdot f + W_l \cos\alpha \cdot (l - c)}{l}.$$

II. Bei einem Angriffe des Windes von den Seiten des festen Auflagers folgt ebenso:

$$H_r - W_r \sin\alpha = 0. \qquad H_r = W_r \sin\alpha = H_2.$$

$$V_{\mathrm{II}} = \frac{W_r \cos\alpha \cdot c - W_r \sin\alpha \cdot f}{l} = A_{\mathrm{I}}.$$

$$A_{\mathrm{II}} = \frac{W_r \cos\alpha \cdot (l - c) + W_r \sin\alpha \cdot f}{l} = V_{\mathrm{I}},$$

w. z. b. w.

[2]) Hierin bedeutet G die Eigengewichts-, S die Schneelast.

2. Hat das einfache Balkendach zwei überstehende Enden (Fig. 115), so ergibt sich für den Auflagerdruck A aus de Momentengleichung für b:

$$A l - p l \cdot (l - \lambda) - p e \left(l + \frac{e}{2}\right) + p e' \cdot \frac{e'}{2} = 0 .$$

$$A l = + p l (l - \lambda) + p e \left(l + \frac{e}{2}\right) - \frac{p e'^2}{2} ,$$

d. h. es wirken auf A vergrößernd ein die Kräfte $p\,e$ bzw. $p\,l$, verringernd $p\,e'$. Demgemäß ist, damit A seinen Größtwert erhält und also auch die Spannkräfte im Binder möglichst groß werden, der vorspringende Dachteil bei b nur mit Eigengewicht, sonst das ganze Dach mit Schnee und zudem seine größere linke Seite in ihrer vollen Ausdehnung noch durch Wind zu belasten.

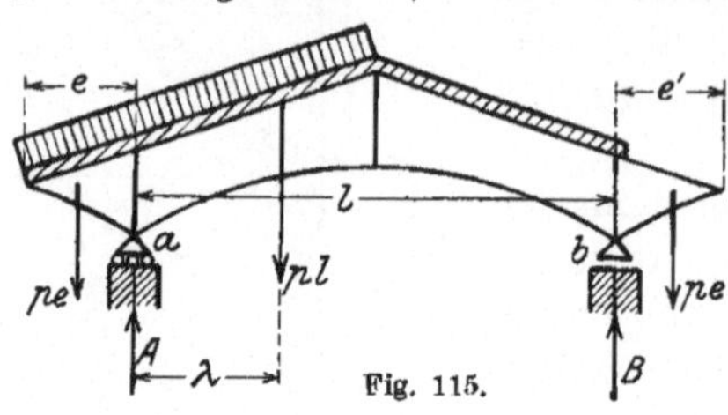

Fig. 115.

Liegt ein Binder mit zwei überstehenden Enden und zusammenhängendem Trägerquerschnitte vor, so sind die Stützenwiderstände unter Innehaltung der vorerwähnten Laststellung zu bilden und nach ihrer Auffindung zweckmäßig für die Auflagerstellen der Pfetten Biegungsmomente aufzustellen.

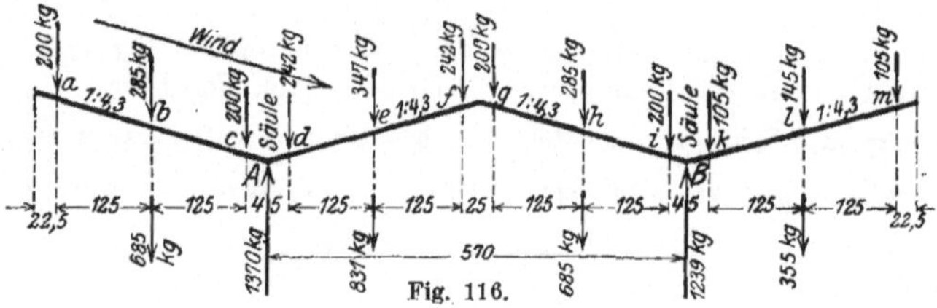

Fig. 116.

Über den Gang einer derartigen Rechnung möge das nachfolgende Zahlenbeispiel im Anschlusse an Fig. 116 Aufschluß geben.

Der dort (Fig. 116) dargestellte Binder habe unter Annahme eines von links kommenden Windes die nachstehend tabellarisch zusammengestellten senkrechten Belastungen zu tragen.

Lastpunkte	a	b	c	d	e	f	g	h	i	k	l	m
Eigengewicht . . .	40	50	40	40	50	40	40	50	40	40	50	40
Dachdeckung . .	23	33	23	23	33	23	23	33	23	23	33	23
Schneelast	137	202	137	137	202	137	137	202	137	0	0	0
Winddruck . . .	0	0	0	42	62	42	0	0	0	42	62	42
Summa	200	285	200	242	347	242	200	285	200	105	145	105
		685			831			685			355	

Die Gesamtsumme der Lasten beträgt 2556 kg.

Das ganze Dach ist mit Schnee bis auf die Strecke $B\,m$ belastet, der Wind beansprucht die Flächen $A\,f$ und $B\,m$. Die Größe des Stützendruckes A folgt aus der Gleichung (Fig. 116):

$$A = \frac{1}{570}\left[685\cdot(570+147{,}5)+685\cdot147{,}5+831\cdot\left(\frac{570}{2}+137{,}5\right)-355\cdot147{,}5\right].$$

$A = 1317$ kg. Mithin wird $B = 2556 - 1317 = 1239$ kg.

Die nach Ermittlung von A und B in den einzelnen Lastpunkten zu berechnenden Momente sind nachfolgend zusammengestellt:

$M_a = 0.$

$M_b = -200\cdot125 = -2500$ kg·cm.

$M_c = -200\cdot250 - 285\cdot125 = -85\,625$ kg·cm.

$M_A = -685\cdot147{,}5 = -101\,038$ kg·cm.

$M_d = -685\cdot170{,}0 + 1317\cdot22{,}5 = -87\,818$ kg·cm.

$M_e = -685\cdot295 + 1317\cdot147{,}5 - 242\cdot125 = -38\,067$ kg·cm.

$M_f = -685\cdot420{,}0 + 1317\cdot272{,}5 - 242\cdot250 - 347\cdot125{,}0$
$= -24\,692$ kg·cm.

$M_g = -685\cdot445 + 1317\cdot297{,}5 - 831\cdot150 = -63\,768$ kg·cm.

$M_h = -685\cdot570{,}0 + 1317\cdot422{,}5 - 831\cdot275{,}0 - 200\cdot125$
$= -87\,542$ kg·cm.

$M_i = -685\cdot695{,}0+1317\cdot547{,}5-831\cdot400-200\cdot250{,}0-285\cdot125{,}0$
$= -172\,942$ kg·cm.

$M_B = -685\cdot(570 + 147{,}5) - 831\cdot422{,}5 + 1317\cdot570{,}0$
$= -192\,933$ kg·cm.

$M_k = -105\cdot250 - 145\cdot125{,}0 = -47\,250$ kg·cm.

$M_l = -105\cdot125{,}0 = -11\,125$ kg·cm.

$M_m = 0.$

Das größte Moment tritt über der Stütze bei B auf und beträgt $M = 192\,933$ kg·cm. Als Träger seien zwei ⊏-Profile Nr. 14 mit einem $W_x = 2\cdot86{,}4$ gewählt. Die größte Spannung σ wird alsdann:

$$\sigma = \frac{192\,933}{2\cdot86{,}4} = \text{rd. } 1000 \text{ kg/qcm.}$$

3. Besitzt der Binder nur einen überstehenden Arm,

so ergeben sich (Fig. 117a) A bzw. B aus den Beziehungen:

$$B\,l - \frac{P_1 l}{2} + \frac{P_2 l'}{2} = 0\,,$$

$$B = \frac{\dfrac{P_1 l}{2} - \dfrac{P_2 l'}{2}}{l} = \frac{P_1}{2} - \frac{P_2 l'}{2\,l}\,,$$

$$A\,l - \frac{P_1\,l}{2} - P_2\left(l + \frac{l_1}{2}\right) = 0\,,$$

$$A = \frac{\frac{P_1\,l}{2} + P_2\left(l + \frac{l_1}{2}\right)}{l} = \frac{P_1}{2} + \frac{P_2\left(l + \frac{l_1}{2}\right)}{l}\,.$$

Während also auf A die Belastung beider Dachteile in dem gleichen Sinne einwirkt, wird B durch P_1 und P_2 verschieden beeinflußt.

Wird P_2 groß, d. h. wirken auf den überstehenden Dachteil neben dem Eigengewicht Schnee und Winddruck ein, so erreicht B seinen Kleinstwert, kann unter Umständen negativ werden und alsdann eine Verankerung des Binders über seinem Lager B bedingen (Fig. 117 b).

Wird P_1 groß — Belastung des Dachteiles $B\,A$ durch Schnee und Wind —, so tritt $B_{\max}$ ein (Fig. 117 c). Für $A_{\max}$ ist der größere Dachteil durch Wind, das ganze Dach durch Schnee zu belasten.

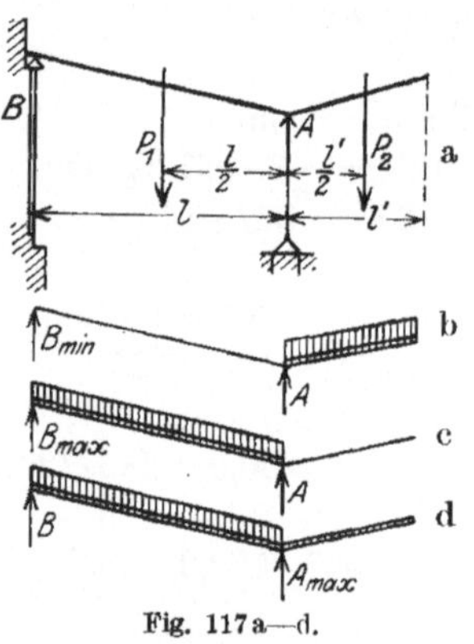

Fig. 117 a—d.

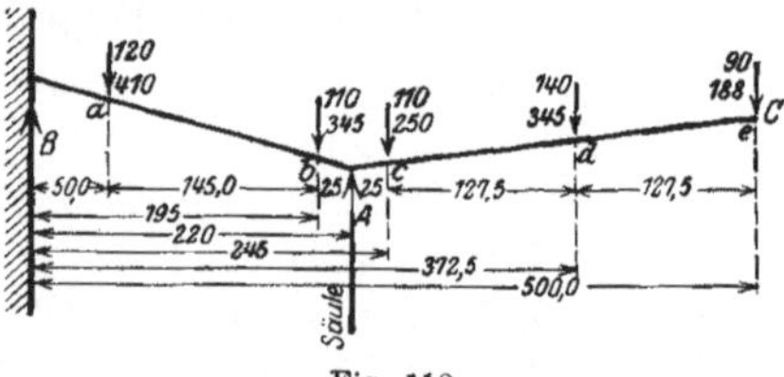

Fig. 118.

Ein Zahlenbeispiel für die Berechnung eines derartigen Daches, und zwar bei einheitlichem Trägerquerschnitt, ist nachstehend gegeben. Hierbei sind die Lasten in Fig. 118 eingeschrieben, und zwar bezeichnen die oberen Lastzahlen solche, die nur aus dem Eigengewicht gewonnen sind, während die unterem die Vollasten aus letzterem, Wind und Schnee zusammengenommen angeben. Bei der Ermittlung der Auflagerkraft B aus Vollast ist vorausgesetzt, daß der — nicht wesentliche — Winddruck auf beide flachgeneigte Dachflächen einwirkt.

Als verschiedene Belastungszustände sind untersucht:

a) Vollbelastung des ganzen Binders.

b) Schnee und Winddruck lastet nur auf dem Dachteile $B\,A$.

c) Desgleichen nur auf dem überstehenden Dachteile $A\,C$.

Für Laststellung a) ergibt sich:

$$A_{\max} = \frac{1}{220}\,(410 \cdot 50{,}0 + 345 \cdot 195 + 250 \cdot 245 + 345 \cdot 372{,}5 + 188 \cdot 500)$$
$$= 1689 \text{ kg}.$$

Hieraus folgt (bei dieser Laststellung):

$$B = \sum P - A_{max} = 410 + 345 + 250 + 345 + 188 - 1689 = -151 \text{ kg}.$$

Es tritt also bereits bei Vollbelastung ein negativer Auflagerdruck hier ein.

Bei der Laststellung b) ergibt sich B_{max}.

$$B_{max} = \frac{1}{220}(410 \cdot 170 + 345 \cdot 25 - 110 \cdot 25 - 140 \cdot 152{,}5 - 90 \cdot 280)$$
$$= +132 \text{ kg}.$$

Bei Laststellung c) ergibt sich B_{min}.

$$B_{min} = \frac{1}{220}(120 \cdot 170 + 110 \cdot 25 - 250 \cdot 25 - 345 \cdot 152{,}5 - 188 \cdot 280)$$
$$= -401 \text{ kg}.$$

Bei der Belastung c) tritt also, absolut genommen, die größte Auflagerkraft bei B auf. Nach ihr ist die Verankerung zu bemessen.

Die Biegungsmomente für die einzelnen Querschnitte ergeben sich zu:

$$M_a = -401 \cdot 50 = -20050 \text{ kg} \cdot \text{cm}$$

bei Laststellung c).

$$M_b = -401 \cdot 195 - 120 \cdot 145 = \text{rd.} -95\,600 \text{ kg} \cdot \text{cm}$$

nach Laststellung c) und nach Laststellung b):

$$M_b = +1689 \cdot 25 - (90 \cdot 305 + 140 \cdot 177{,}5 + 110 \cdot 50) = -14\,575 \text{ kg} \cdot \text{cm}$$

bzw. nach Laststellung a)

$$M_b = 1689 \cdot 25 - (188 \cdot 305 + 345 \cdot 177{,}5 + 250 \cdot 50) = -88\,851 \text{ kg} \cdot \text{cm}.$$

Es tritt also bei Stellung c) das absolut größte Moment für den Querschnitt b auf.

Das Biegungsmoment über der Stütze ist bei der Laststellung c) und a) absolut genommen gleich. Die Stellung b) kommt ebenso wie bei den folgenden Lastpunkten nicht in Frage, da bei dieser die auf das Moment einwirkenden Lasten sämtlich kleiner als bei a) sind. Es ergibt sich mithin für letztere Stellung:

$$M_A = -(188 \cdot 280 + 345 \cdot 152{,}5 + 250 \cdot 25) = -111\,503 \text{ kg} \cdot \text{cm}.$$
$$M_c = -188 \cdot 255 - 345 \cdot 127{,}5 = -91\,928 \text{ kg} \cdot \text{cm}.$$
$$M_d = -188 \cdot 127{,}5 = -23\,970 \text{ kg} \cdot \text{cm}.$$

Das größte aller Momente ist das bei A. Wählt man für den Querschnitt des Binders zwei [-Profile Nr. 12 mit einem W_x von je 60,7, so ergibt sich die größte auftretende Spannung zu:

$$\sigma = \frac{M}{W} = \frac{111503}{2 \cdot 60{,}7} = \text{rd. } 920 \text{ kg/qcm}.$$

4. Die Berechnung der Kragbinder.

Wie Kragträger, so sind auch Kragbinder einseitig ausgebildete Tragwerke, die auf der einen Seite in der anschließenden Mauer, einer Säule u. dgl. festgelegt sind und nach dort die auf sie entfallende Belastung übertragen. Die statisch bestimmte Lagerung der Binder

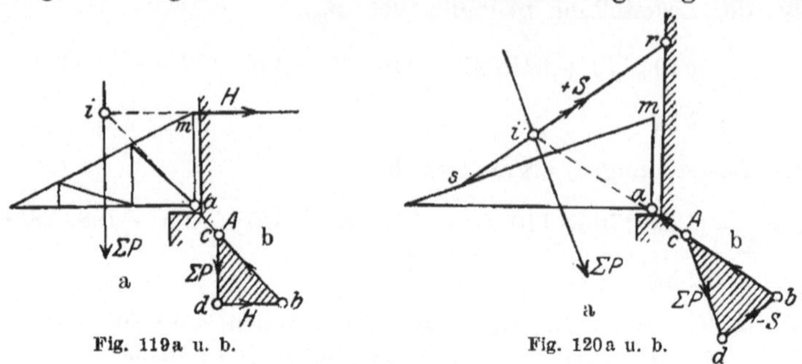

Fig. 119a u. b.

Fig. 120a u. b.

kann (Fig. 119—123) auf sehr verschiedene Art bewirkt werden. Neben einem festen Lager kann der weitere Anschluß erfolgen durch eine Verankerung (Fig. 119), durch Aufhängung bzw. Stützung vermittels eines besonderen Stabes (Fig. 120—121) oder — eine Abart hiervon — durch doppelten festen Anschluß unter Fortlassung der Endvertikale über dem Binderlager (Fig. 122 u. 123).

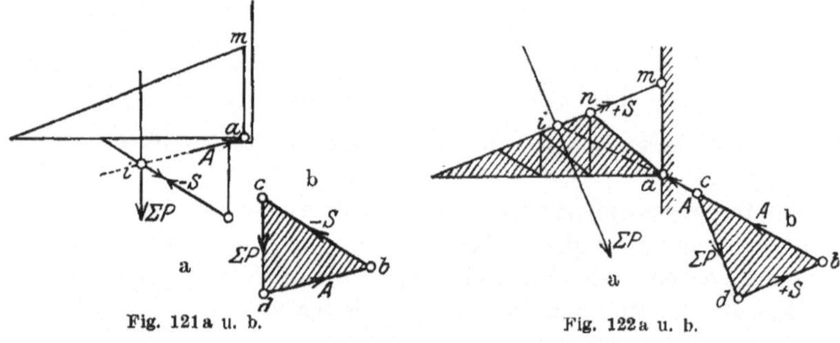

Fig. 121a u. b.

Fig. 122a u. b.

In Fig. 119 ist der obere Punkt m des innerlich statisch bestimmten, nur aus einzelnen Dreiecken gebildeten Binderfachwerkes durch einen — wagerecht geführten — Anker im Mauerwerk festgelegt. Im Punkt a wird der Binder durch ein festes Gelenk gestützt. Die statische Bestimmtheit ergibt sich aus der Beziehung:

$$s + a = 2\,k; \quad 11 + 3 = 2 \cdot 7 = 14$$

und zudem daraus, daß aus $\sum P$ unmittelbar durch ein einfaches Kraftdreieck ($b\,c\,d$) die Kräfte A und H bestimmt werden können.

In Fig. 120 ist das Kragdach in a gelenkartig fest angeschlossen, in Punkt m vollkommen frei, aber durch einen besonderen Hängestab $r s$ an der Mauer aufgehängt. Die statische Bestimmtheit ergibt sich hier am besten unter Heranziehung der Scheibengleichung (S. 6) aus der Beziehung:

$$2\,g_1 + a = 3\,s; \quad g_1 = 1\ (\text{Punkt}\ s); \quad a = 4; \quad s = 2;$$
$$2 \cdot 1 + 4 = 6 = 3 \cdot 2 = 6\,.$$

Auch hier folgt, wie in Fig. 119, die Richtung von A aus dem Grundsatze, daß drei Kräfte unter sich nur alsdann im Gleichgewichtszustande sein können, wenn sie sich in einem Punkte schneiden; demgemäß muß A durch den Schnittpunkt von S und $\sum P$ gehen. Aus dem Dreieck $b\,c\,d$ liefert auch hier $\sum P$ die Kräfte $+S$ und A.

In ähnlicher Weise ist die Lagerung in Fig. 121 zu behandeln, bei der das Dach von unten aus durch einen Druckstab gestützt wird; auch hier ist Punkt m vollkommen frei. Da stets in dem Druckstabe eine Spannkraft vorhanden sein muß, bestimmt sich auch hier aus seiner Richtung und der $\sum P$ der Punkt i, durch den A hindurchgeht und somit auch das Kraftdreieck $b\,c\,d$ zur Auffindung von A und $-S$.

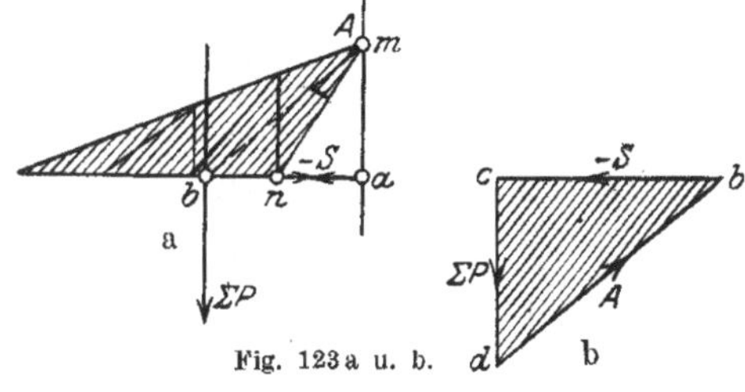

Fig. 123 a u. b.

Führt man endlich die Endvertikale am Binder nicht aus und schließt den letzteren unmittelbar vermittels zweier fester Gelenke am Mauerwerk an (Fig. 122 u. 123), so entsteht je nach der Führung der Füllungsstäbe im Binder ein System, welches eine Abart der Stützung von Fig. 120 bzw. 121 darstellt, nur mit dem Unterschiede, daß der Hängestab ($n\,m$ in Fig. 122) bzw. der Druckstab ($n\,a$ in Fig. 123) in die Richtung des Ober- bzw. Untergurtes fällt. Die Bestimmung der Spannkraft in diesen Stäben und die Auffindung der Auflagerkraft A aus der $\sum P$ bleibt genau die gleiche wie vorstehend erörtert wurde.

Nicht selten finden sich Kragdächer, die an mehr als zwei Punkten angeschlossen bzw. verankert und alsdann zum Zwecke ihrer statischen Untersuchung in mehrere Systeme zu zerlegen sind, die sich gegenseitig beeinflussen. Bei dem in Fig. 124 dargestellten Binder ist Punkt h durch eine Verankerung gehalten, während k und l feste Anschlüsse sind. Faßt man die schraffierten Teile und ebenso den Stab S je als Scheiben auf, so wird in der Gleichung:

$$2\,g_1 + a = 3\,s; \quad s = 3; \quad g_1 = 2; \quad a = 5$$

und somit:

$$2\,g_1 + a = 2 \cdot 2 + 5 = 9 = 3s = 3 \cdot 3 = 9.$$

Das Gesamtsystem ist also statisch bestimmt. Es kann für die Belastung durch $\sum P$ in der Art berechnet werden, daß man Scheibe I als Kragträger gelagert in f auf Scheibe II und oben wagerecht verankert auffaßt (System nach Fig. 119), während Scheibe II in Verbindung mit S, einem stützenden Druckstabe, wie das System in Fig. 121 zu behandeln ist. Demgemäß bestimmt sich aus $\sum P$ in Fig. 124 zunächst durch Punkt i die Kraft A, mit der Scheibe I in f auf II lastet, und aus i' alsdann die Kraft A' und die Spannkraft $-S$ (vgl. Fig. 124b).

Da es sich in allen vorliegenden Fällen um einseitige Binder handelt und die äußeren Kräfte mit der Größe der $\sum P$ wachsen, weil sie mit ihr ein einfaches Dreieck bilden, so sind die Binder stets unter Einwirkung

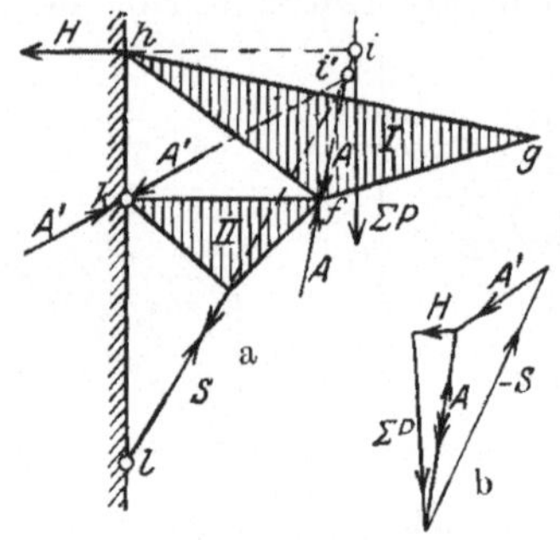

Fig. 124a u. b.

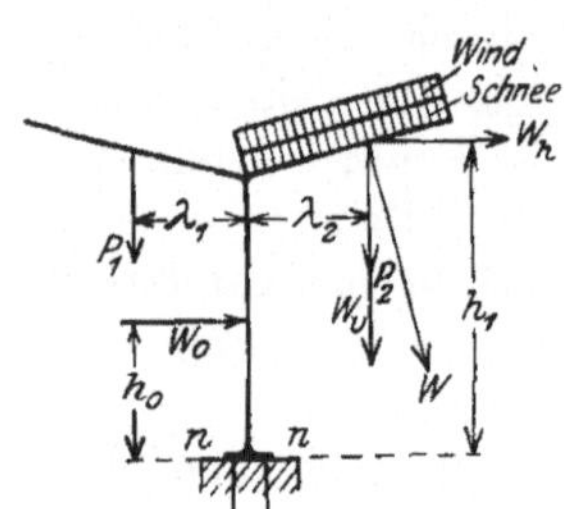

Fig. 125.

der größten, auf sie entfallenden möglichen Belastung zu berechnen, d. h. also die hierfür dienenden Cremonapläne unter Heranziehung der Lasten durch Eigengewicht, Schnee und Wind zu zeichnen. Hierbei kann man alle diese Kräfte in den einzelnen Knotenpunkten je zu Mittelkräften vereinigen und einen gemeinsamen Kräfteplan für alle Lasten zeichnen, oder auch, nach senkrechten und Windlasten getrennt, zwei Kräftepläne konstruieren und deren Ergebnisse verbinden.

Stützen sich auf eine Säule Kragbinder von beiden Seiten her, so sind diese je nach ihrem Fachwerk in der Regel gemäß Fig. 122 bzw. 123 statisch zu behandeln, und zwar ein jeder Binder unter der größten auf ihn entfallenden Last zu berechnen, die gemeinsame Stütze aber für größte einseitige Belastung, da sie hierdurch am stärksten verbogen wird, zu untersuchen. Bestehen (Fig. 125) die Kragbinder je nur aus einem an die Säule fest angeschlossenen Arm mit einheitlich massiven Querschnitten, so sind diese Arme für ihre höchste Belastung je auf Biegung, die Säule aber wiederum für größte einseitige Last nachzurechnen. Will man z. B. die größten Spannungen in dem Einspannungsquerschnitte der Stütze $n\,n$ in Fig. 125 ermitteln, so ist der eine (linke) Dachteil nur durch Eigengewicht, der rechte durch dieses, Schnee und

Wind zu belasten und zudem auch auf die Ansichtsfläche der Säule ein Winddruck in Rechnung zu stellen. Demgemäß wird in der Gleichung:

$$\sigma = -\frac{N}{P} \pm \frac{M}{W},$$

in diesem Fall für den Querschnitt $n\,n$:

$$N = P_1 + P_2 + W_v\,; \qquad M = W_0 h_0 + W_h h_1 + (P_2 + W_v)\,\lambda_2 - P_1 \lambda_1\,.$$

Hierbei sind P_1 die Eigengewichtslast, P_2 die Last aus dieser und Schnee, W_v, W_h die senkrechte bzw. wagerechte Seitenkraft der Windkraft W und endlich W_0 der Winddruck auf die Ansichtsfläche der Säule, in der Regel wagerecht angenommen.

Über die Einspannung derartiger Bauten im Fundament und die hierzu gehörenden Berechnungen wird in dem Heft über die Konstruktionselemente des Eisenhochbaues das Notwendige gegeben werden.

5. Die Berechnung der Dreigelenk-Bogenbinder.

Auf die Ermittlung der Auflager- (Kämpfer-) Drücke unter der Einwirkung beliebiger Lasten und die Aufzeichnung der Mittelkraftlinie ist bereits auf den S. 76—78 ausführlich eingegangen, sodaß hier auf die dortigen Darlegungen verwiesen werden kann. Liegt ein Bogenbinder mit zusammenhängenden Querschnitten, vorwiegend also mit solchen nach Art eines Blechbalkens, vor, so empfiehlt es sich, die unter bestimmter Belastung auftretenden Spannungen mit Hilfe der Mittelkraftlinie zu ermitteln. Hierbei wird ein Schnitt durch den Bogen radial zu seiner Achse gelegt, in dem betreffenden Punkt die Tangente $s\,s$ an die Achse gezogen und nach ihr sowie senkrecht zu ihr die zum Schnitt gehörende Mittelkraft — entnommen der Mittelkraftlinie — zerlegt (vgl. Fig. 126): In ihr stellen D die Mittelkraft, N und Q deren Seitenkräfte dar. Hat m, der Schwerpunkt des Querschnittes auf der Bogenachse, den Abstand f von N, so wird $M = N \cdot f$. Das Moment soll positiv eingeführt werden, wenn M im Uhrzeigersinne, also rechts um m dreht. M ruft Biegungs-, N Normal-, Q Schubspannungen hervor. Letztere können vernachlässigt werden, während für die sich vereinigende Wirkung von M und N mit ausreichender Genauigkeit die Spannungsgleichung für den geraden Stab Anwendung findet:

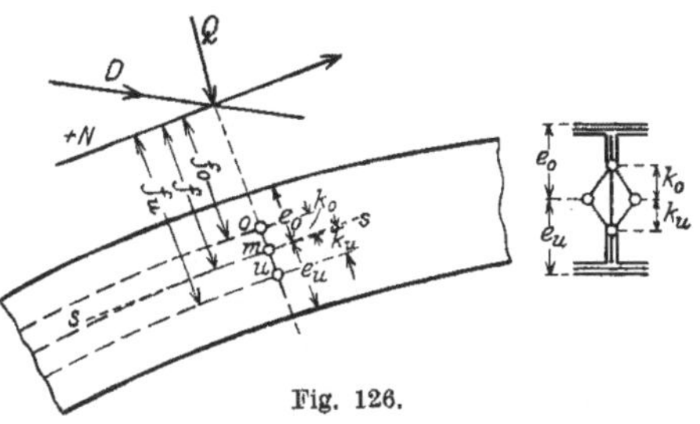

Fig. 126.

$$\sigma = -\frac{N}{P} \pm \frac{M}{W}\,.$$

Hieraus ergibt sich für die Randspannungen unten bzw. oben:

$$\sigma_u = -\frac{N}{F} + \frac{M e_u}{J}; \quad \sigma_o = -\frac{N}{F} - \frac{M e_o}{J},$$

und hieraus für:

$$\frac{J}{e_u} = W_u; \quad \frac{J}{e_o} = W_o; \quad \sigma_u = -\frac{N}{F} + \frac{M}{W_u}; \quad \sigma_o = -\frac{N}{F} - \frac{M}{W_o}.$$

Oft ist es für die Rechnung vorteilhaft, die Kernhalbmesser k_o und k_u einzuführen:

$$k_o = \frac{J}{e_u F} = \frac{W_u}{F}; \quad k_u = \frac{J}{e_o F} = \frac{W_o}{F}; \quad \frac{J}{e_u} = k_o F; \quad \frac{J}{e_o} = k_u F.$$

Setzt man diese Werte oben ein, so wird:

$$\sigma_u = -\frac{N}{F} + \frac{M}{k_o F} = -\frac{N}{F} + \frac{N f}{k_o F} = \frac{N}{F}\left(\frac{f}{k_o} - 1\right) = \frac{N}{F}\left(\frac{f - k_o}{k_o}\right)$$

$$= \frac{N f_o}{F k_o} = \frac{M_{k_o}}{F k_o} = \frac{M_{k_o}}{W_u}$$

und ebenso:

$$\sigma_o = -\frac{N}{F} - \frac{M e_o}{J} = -\frac{N}{F} - \frac{M}{k_u F} = -\frac{N}{F} - \frac{N f}{k_u F} = -\frac{N}{F}\left(1 + \frac{f}{k_u}\right)$$

$$= -\frac{N}{F}\left(\frac{k_u + f}{k_u}\right) = -\frac{N f_u}{F k_u} = -\frac{M_{k_u}}{W_o}.$$

Hierin bedeuten M_{k_o} und M_{k_u} die auf die Kernpunkte o und u bezogenen Angriffsmomente. Die Gleichungen sind deshalb einfach in der Anwendung, weil in ihnen nur das Biegungsmoment und das entsprechende Widerstandsmoment vorkommen, die Normalkraft aber ausgeschaltet ist.

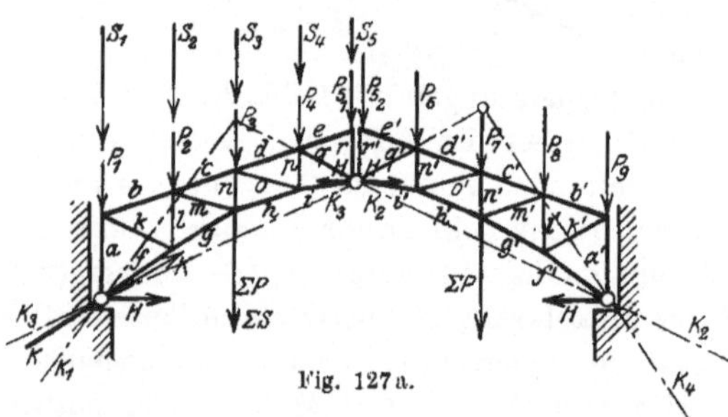

Fig. 127a.

Liegt ein Dreigelenk-Bogenbinder in Fachwerk vor, der in der Regel symmetrisch gestaltet sein wird, so ist die Berechnung der Spannkräfte, wenn man sie alle und im Zusammenhange bestimmen will, durch Cremonapläne zweckmäßig auszuführen. Hierbei sind zu zeichnen Cremonapläne für Eigengewicht, einseitigen Schnee und Wind. Ist der Binder symmetrisch, so wird es für die ersteren Lasten ausreichend sein, den Kräfteplan nur für den halben Binder zu zeichnen, da die zweite Hälfte des Planes ein Spiegelbild zur ersten bildet. Tut man dieses, so muß man aber auch im Scheitelgelenk des Binders den hier angreifenden Gelenkdruck als äußere Kraft einführen, der bei symmetrischem Binder und symmetrischer senkrechter Belastung hier wagerecht gerichtet und

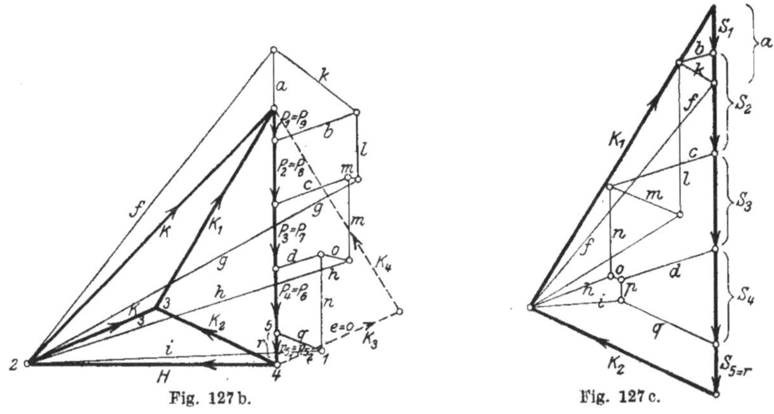

Fig. 127 b. Fig. 127 c.

gleich dem Horizontalschub des Binders ist (vgl. Fig. 127a). Denkt man sich hier auf beiden Binderseiten die $\sum P$ als Eigengewichtslast einwirkend, so erzeugt die linke Last die Kämpferkräfte K_1 bzw. K_2, die rechte K_3 bzw. K_4, von denen unter sich gleich sind K_1 und K_4, K_2 und K_3. Da, aus der Bindersymmetrie folgend, auch die Neigung von K_3 und K_2 dieselbe ist, so ist ihre Mittelkraft im Gelenk wagerecht und, wie der Kräfteplan Fig. 127b erkennen läßt, $= H$. Demgemäß greifen an der linken Binderhälfte neben den senkrechten Eigengewichtslasten als äußere Kräfte an: der Kämpferdruck K am Fußgelenk, der Horizontalschub H am Scheitelgelenk. Unter der Einführung dieser Kräfte ist der Cremonaplan in Fig. 127b für die linke Binderhälfte und deren Stabkräfte gezeichnet.

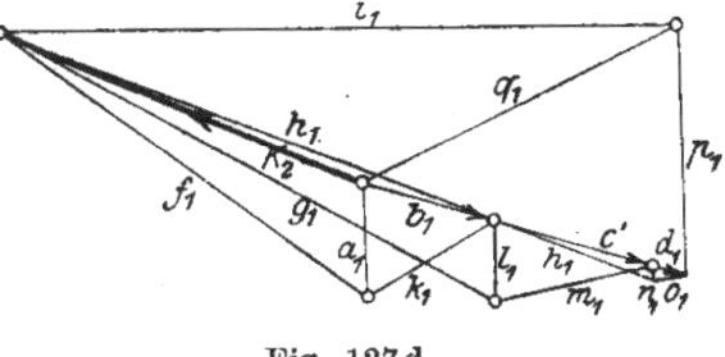

Fig. 127 d.

Der Kräfteplan für einseitigen Schneedruck wird zweckmäßig, um keine zu verwickelte Figur zu erhalten, für jede Binderhälfte getrennt gezeichnet.

In Fig. 127a sind die Schneelasten mit S, ihre Summe mit $\sum S$ bezeichnet. Da an der jetzt unbelasteten rechten Binderhälfte im Scheitelgelenk nur der Druck K_2 angreift, ist die linke Binderhälfte im Gleichgewicht unter den äußeren Kräften $\sum S$, K_1 und K_2, die rechte unter den in einer Geraden wirkenden Kräften von je K_2 im Scheitel-

und Fußgelenk. Die demgemäß für beide Binderhälften getrennt gezeichneten Kräftepläne sind in Fig. 127c u. d wiedergegeben.

Bei symmetrisch geformtem Dreigelenk-Bogenbinder bedarf es zur Ermittlung der Spannkräfte durch Wind nur dessen Berücksichtigung

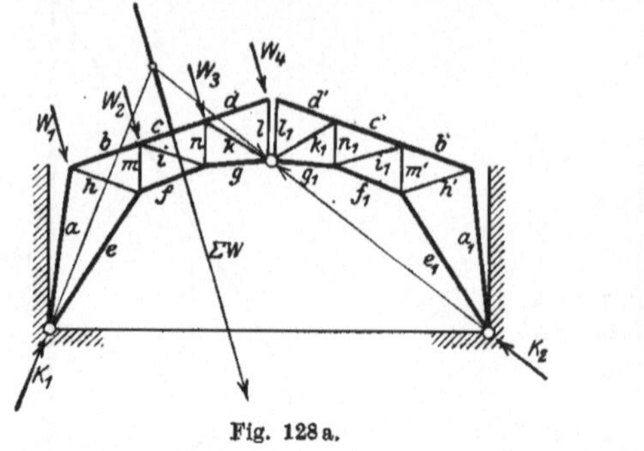
Fig. 128a.

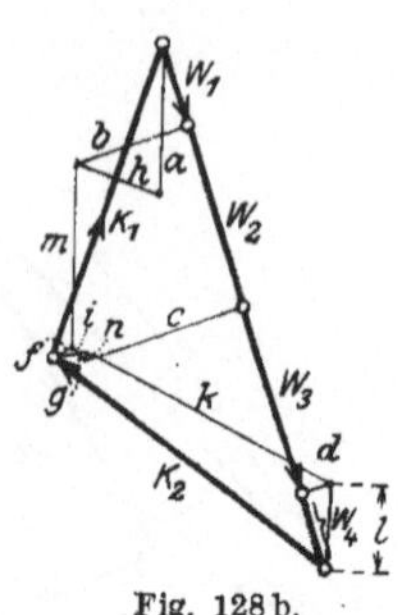
Fig. 128b.

von einer Seite, da die Kräftepläne für Wind von links und rechts zueinander im Spiegelbild stehen. Die statischen Verhältnisse der beiden Binderhälften sind hierbei die entsprechenden wie bei einseitigem Schneedruck. Wenn auch bei Wind von links an der linken Binderhälfte die Richtung von K_1 jetzt sich ändert, entsprechend der Abweichung von $\sum W$ von $\sum S$, so ist doch auch hier dieser Trägerteil im Gleichgewicht unter einem Druck im Fuß- und im Scheitelgelenk und der Summe der äußeren Kräfte, also wiederum unter 3 Kräften, die sich in einem Punkte schneiden müssen; und ebenso ist der Kräfteplan für die unbelastete rechte Hälfte durch die beiden Außenkräfte K_2 bestimmt. Da die Richtung dieser durch die Gelenke unwandelbar bestimmt ist, so findet hier kein Unterschied zwischen der Belastung auf der linken Binderhälfte durch Schnee oder Wind statt. Beide Kräftepläne für die unbelastete Binderhälfte sind je in ihrem Verlauf durchaus gleichartig und nur unterschiedlich beeinflußt durch die **Größe** der Drücke K_2. Demgemäß kann auch der für die rechte unbelastete Binderhälfte und für einseitigen (linken) Schneedruck gezeichnete Kräfteplan unmittelbar für Windbelastung von links für den rechten Binderteil benutzt werden, wenn man den Kräftemaßstab ändert oder alle Spannkräfte in dem Verhältnis, in dem $K_{2\,\text{Wind}} : K_{2\,\text{Schnee}}$ steht, umrechnet.

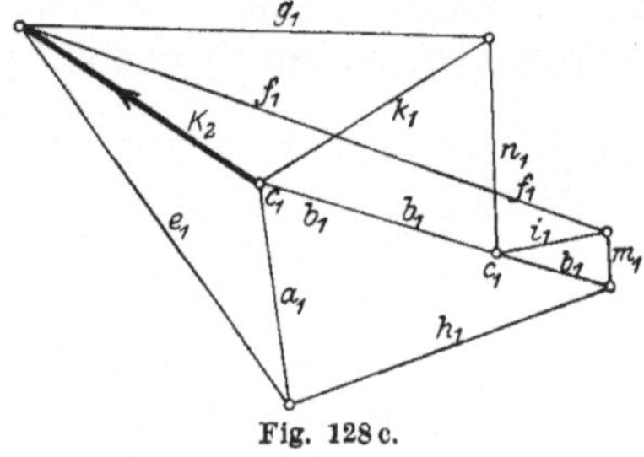
Fig. 128c.

Einen Kräfteplan für Wind von links, wiederum getrennt für beide Binderhälften gezeichnet, stellen Fig. 128a, b u. c dar.

11. Kapitel.

Die wichtigeren Systeme der räumlichen Kuppeln und Zeltdächer.

1. Allgemeine Betrachtungen über Raumsysteme.

Die statische Berechnung der Raumsysteme wird nicht Sache des Architekten sein, abgesehen von einfacheren Annäherungsmethoden, die namentlich für vierseitige Turmdächer für seine Bedürfnisse am Platze sind. Aber die Kenntnis der Tragwerke selbst mit ihren wichtigsten statischen Eigenschaften, namentlich die Frage statischer Bestimmtheit, ist auch für den Hochbauer von Bedeutung, um von vornherein ein richtiges System zu entwerfen und den Unterbau ihm so anzupassen, daß von ihm die Belastungen auch einwandfrei aufgenommen und sicher fortgeleitet werden können.

Vorwiegend in diesem Sinne sind auch die nachfolgenden kurzen Ausführungen gegeben und zu bewerten.

Ein Punkt wird im Raume festgelegt, wenn er durch mindestens drei Stäbe gestützt wird, die nicht in einer Ebene liegen. Befinden sich die Stäbe in einer Ebene, so ist der Punkt nur als ein ebener anzusprechen. Bei manchen Raumsystemen kommen neben räumlichen auch ebene Knotenpunkte vor.

Die Lagerung eines Knotenpunktes im Raume kann auf dreierlei Art erfolgen, frei auf einer Fläche beweglich, pendelartig, d. h. in einer ebenen Kurve verschieblich geführt und vollkommen festgelegt. Bei den immerhin kleinen Verschiebungsmöglichkeiten kann im ersteren Falle eine Bewegung auf einer Ebene, im zweiten in einer Geraden angenommen werden. Denkt man sich die drei Arten der Lagerung durch Stützstäbe gebildet, so ist die freie Bewegung auf einer Fläche oder Ebene gleichbedeutend mit der Führung des Punktes durch einen einseitig gelenkig angeschlossenen sonst aber frei beweglichen Stab, während die Bewegung auf der ebenen Kurve oder Geraden durch zwei im Auflagerpunkt zusammentreffende, an ihrem anderen Ende je gelenkartig geführte Stäbe und endlich der feste Anschluß durch drei Stäbe, die nicht in einer Ebene liegen, bewirkt werden kann (Fig. 129a—c); demgemäß entsprechen der vollkommen frei beweglichen Lagerung nur eine, dem Pendellager zwei, dem festen Lager drei unbekannte Stützenkräfte oder Stützstäbe. Konstruktiv betrachtet entspricht dem vollkom-

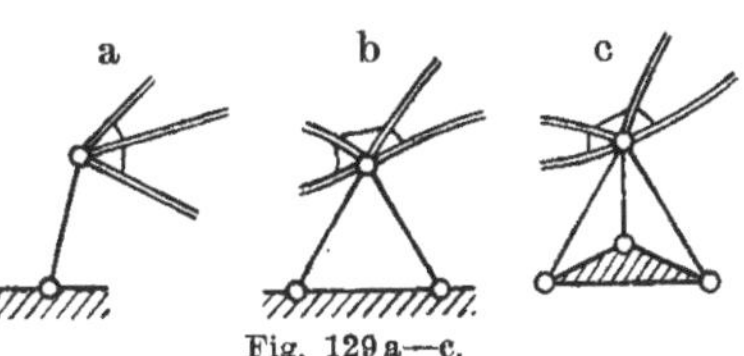

Fig. 129a—c.

men freien, einstäbigen Lager die Bewegung des Lagerpunktes auf einer Kugelfläche, d. h. ein Kugellager, der zweistäbigen Pendelstützung die Unterstützung durch ein Rollen- oder ein Tangentiallager, dem festen dreistäbigen Anschlusse ein festes, allseitig unverschiebliches Lager oder eine feste Verankerung.

Gleichwie in der Ebene für einen jeden ebenen Knotenpunkt zwei Gleichgewichtsbedingungen aufgestellt werden können, hergeleitet aus dem Gleichgewichte der Kräfte in bezug auf je zwei zueinander senkrecht stehenden Achsen, so sind für einen räumlichen Knotenpunkt entsprechend den drei Achsen im Raum drei solche Bedingungen aufzustellen. Einem Raumknotenpunkt entsprechen somit drei Gleichgewichtsbedingungen.

Besteht ein Raumsystem aus s Stäben, einschließlich der Stäbe, welche als Auflagerstützstäbe je nach Art der Lager einzuführen sind, und beträgt die Anzahl der rein räumlichen Knotenpunkte K_r, so wird die statische Bestimmtheit in der Bedingung ihren Ausdruck finden:

$$s = 3\,K_r\,.$$

Trennt man s in die Anzahl der wirklich vorhandenen Stäbe im Fachwerke $= s_0$ und in die Auflagerunbekannten $= a$, so wird:

$$a + s_0 = 3\,K_r\,.$$

Sind neben räumlichen Knotenpunkten auch solche ebener Art, denen je nur zwei Gleichgewichtsbedingungen entsprechen, vorhanden, so wird bei einer Anzahl dieser $= K_e$:

$$s = 3\,K_r + 2\,K_e$$

bzw.:

$$a + s_0 = 3\,K_r + 2\,K_e\,.$$

Greift an einem Raumpunkt, gebildet durch drei Stäbe, eine gegebene Kraft P an, so ist es möglich, aus ihr die drei Stabkräfte zu bestimmen (Fig. 130a, b). Naturgemäß muß die Lösung der Aufgabe in zwei Projektionen, im Auf- und Grundriß, bewirkt werden. Sind die drei unbekannten Stabkräfte S_1, S_2, S_3, die gegebene Kraft P, so kann man je zwei von ihnen bzw. eine und die Kraft P zu einer Mittelkraft zusammenfassen, die unter sich im Gleichgewicht sind, d. h. sich gegenseitig aufheben müssen. Damit dies möglich ist, muß diese Mittelkraft in der Schnittgeraden der beiden Ebenen liegen, die durch je zwei der zusammengefaßten Kräfte gelegt werden. Hierauf beruht die Kräftezerlegung und -Bestimmung. Faßt man in Fig. 130a die Kräfte P' und S_1', sowie S_2' und S_3' zusammen, so ergeben sich die Spurpunkte der durch sie je gelegten Ebenen in den Punkten a, b bzw. c, d im Aufriß und a', b' bzw. c', d' im Grundrisse. Hieraus folgt im letzteren die Schnittlinie der beiden Ebenen $i' e'$ und hieraus auch im Aufriß $= i\,e$. In diese Geraden $i\,e$, $i' e'$ muß demgemäß auch die Mittelkraft R der Kräfte P und S_1 bzw. S_2 und S_3 fallen. Hieraus beruht die Aufzeichnung der einfachen Kraftecke in beiden Projektionen. Von der gegebenen Kraft P' im Aufrisse ausgehend werden aus ihr die Spannkraft S_1' und R' bestimmt, um dann weiterhin aus R' wieder S_2' und S_3' abzuleiten. Hierbei ist R' durch Einführung entgegengesetzter Befahrung herauszuheben; der in demselben Befahrungssinne verlaufende Pfeil im Kraftviereck wird durch die Richtung von P bestimmt.

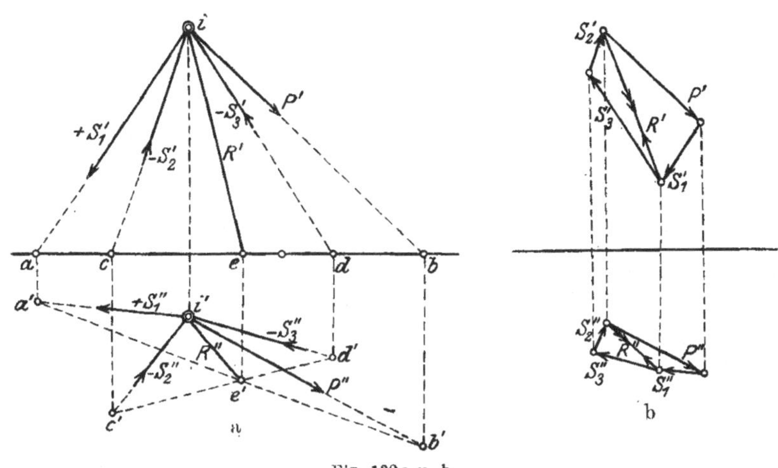

Fig. 130 a u. b.

In gleicher Weise wird das Kraftviereck in der Grundrißebene gefunden. Zur Kontrolle der Zeichnung dient einmal, daß die Eckpunkte beider Kraftecke genau untereinander liegen, zum anderen, daß die Vorzeichen der Spannkräfte, die sich aus den Kraftecken ergeben, in beiden Projektionen zu dem gleichen Ergebnis führen müssen. Es zeigt sich, daß S_2 und S_3 Druckkräfte sind, während S_1 eine Zugkraft ist.

Will man aus beiden Projektionen die wirkliche Größe der Spannkräfte bestimmen, so hat das vermittels der Lehren der darstellenden Geometrie durch Lösung der Grundaufgabe, die wahre Länge einer Strecke zu bestimmen, deren beide Projektionen gegeben sind, zu geschehen.

Wie aus der voranstehenden Lösung sich ergibt, ist es stets möglich, an einem Raumpunkte drei unbekannte Stabkräfte zu ermitteln. Geht man somit von einem statisch bestimmten, also auch statisch bestimmt gelagerten Unterbau eines Raumgebildes aus und schließt an ihn jeden neuen Raumpunkt immer durch je drei neue Stäbe räumlich an, so ist auch das gesamte, so entstandene Tragwerk räumlich bestimmt.

Von räumlichen Tragwerken sollen hier nur kurz die wichtigsten Arten der **Kuppeln** und **Zelt-** bzw. **Turmdächer** besprochen werden.

2. Die wichtigsten Arten der statisch bestimmten Raumkuppeln.

a) Die Netzwerkkuppel. Sie baut sich auf einem vieleckigen, in der Regel regelmäßigen „Fußring" auf, besitzt ein oder mehrere Stockwerke und wird oben durch einen Laternenring abgeschlossen, der gleich allen Zwischenringen die gleiche Anzahl von Seiten hat wie der Fußring. Dadurch, daß die einzelnen Grundecke so zueinander liegen, daß den Eckpunkten des unteren Eckes eine Seite des folgenden gegenüberliegt, also immer das erste und dritte, das zweite und vierte Eck mit ihren Seiten zueinander parallel liegen, wird die Möglichkeit gegeben, die Räume zwischen diesen Vielecken — den „Ringen" — in lauter einzelne Dreiecke zu zerlegen, die stets in verschiedenen Ebenen liegen. Demgemäß besteht eine regelmäßige Netzwerkkuppel aus wagerecht verlaufenden vieleckigen Ringen von stets gleicher Seitenzahl und den die Dreiecksausfachung bewirkenden Netzwerkstäben. Alle Knotenpunkte sind Raumpunkte, es treffen überall mehr als drei Stäbe zusammen, die nicht in einer Ebene liegen.

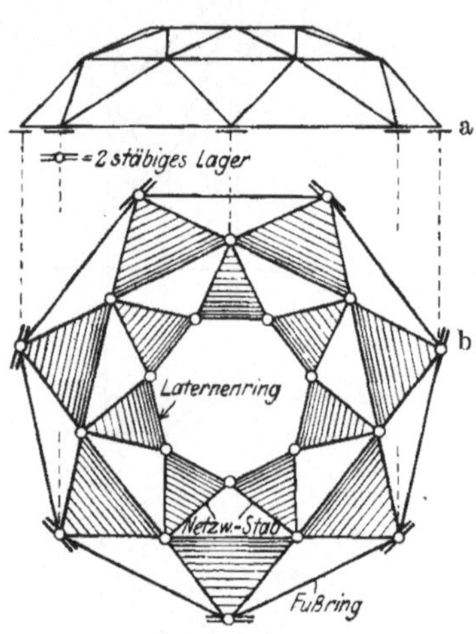

Fig. 131 a u. b.

Legt man bei x Stockwerken und einem n-Eck als Grundeck sämtliche Eckpunkte des Fußringes auf zweistäbige, also z. B. Rollenlager, so wird das Gesamtsystem statisch bestimmt. Alsdann wird:

die Anzahl der Ringstäbe $= (x + 1) \cdot n$;

die Anzahl der Netzwerkstäbe $= 2\,x\,n$;

die Anzahl der Auflagerstäbe $= 2\,n$;

die Anzahl der Raumknotenpunkte $= (x + 1) \cdot n$.

Demgemäß wird:

$$s_0 + a = (x + 1) \cdot n + 2\,x\,n + 2\,n = (x + 1)\,n + 2\,n\,(x + 1)$$
$$= 3\,n\,(x + 1) = 3\,K_r = 3\,n\,(x + 1)\,.$$

Wollte man an den Laternenring durch im Grundrisse radial geführte Stäbe einen Firstpunkt anschließen, so würde ein neuer Knotenpunkt mit n Stäben angefügt werden, für deren Ermittelung aber nur drei

Bestimmungsgleichungen zur Verfügung stehen, d. h. das System würde hierdurch $(n-3)$fach statisch unbestimmt werden.

Macht man alle Lagerpunkte fest, so wird es zur Wahrung der statischen Bestimmtheit erforderlich, n Stäbe fortzulassen, da jetzt in der obigen Gleichung $a = 3\,n$ wird. Demgemäß könnte der Fußring entfallen. Alsdann würde sich die Kuppel nur auf den Dreiecken des unteren Ringes aufbauen:

$$s_0 = x \cdot n + 2\,x\,n; \qquad a = 3\,n; \qquad K_r = (x+1)\cdot n;$$

$$s_0 + a = x\,n + 2\,x\,n + 3\,n = 3\,n(x+1) = 3\,K_r = 3\,n(x+1).$$

Ist, wie das die Regel bildet, das Polygon ein regelmäßiges von gerader Seitenzahl, so darf die bisher noch nicht festgesetzte Richtung der

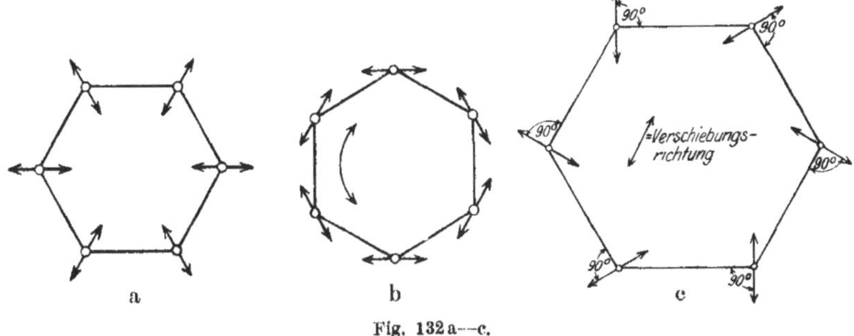

Fig. 132a—c.

Lagerverschieblichkeit bei Anwendung eines Fußringes nicht, wie Fig. 132a zeigt, in radialer Richtung erfolgen. Alsdann könnte man, ohne an den Stablängen des Fußringes etwas zu ändern, je einen Lagerpunkt etwas heraus-, den nächsten etwas nach innen schieben usw. Demgemäß wäre eine solche Stützung labil. Sie ist aber stabil, falls die Anzahl der Fußringstäbe, also des Ringeckes, eine ungerade ist, weil alsdann ein Punkt heraus- und hereingeschoben werden müßte, d. h. fest liegt und somit eine Formänderung, wie die gedachte, hier nicht möglich wird.

Ebenso labil ist (Fig. 132b) für jedes regelmäßige Grundeck die Lagerung der Eckpunkte in den Tangenten an den umschriebenen Kreis, da hier eine vollkommene Drehung der Kuppel eintreten könnte. Zu sicherer stabiler Lagerung führt bei jedem, nach einem regelmäßigen Vieleck ausgebildeten Fußringe eine derartige Verschiebungsrichtung der Lagerpunkte, daß sie immer auf jeder folgenden Seite senkrecht steht (Fig. 132c).

b) Die Schwedlerkuppel. (Fig. 133.) Über in der Regel regelmäßigem Grundrisse aufgebaut, besteht diese Kuppel aus Sparren (S), die meist nach parabolischen Kurven geführt sind, aber auch geradlinig verlaufen können, und sie verbindenden, in wagerechten Ebenen liegenden Ringen (R) und aus Schrägstäben (D); letztere fachen die zwischen den Ringen und Sparren sich bildenden Felder aus. Die Schwedlerkuppel hat meist einen Fuß- und einen Laternenring. Sie ist also gleich der Netzwerkkuppel oben offen.

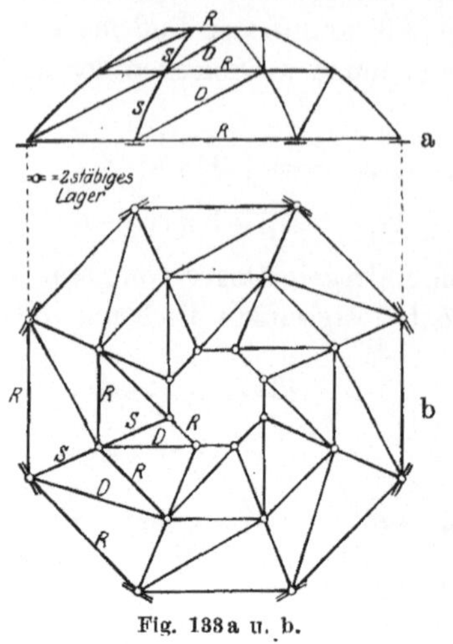

Fig. 133a u. b.

Wird die Schwedlerkuppel mit ihren Lagerpunkten auf zweistäbige Lager, also z. B. Rollenlager, gelegt, so ist sie statisch bestimmt. Hier beträgt bei n Ringen und x Sparren:

die Anzahl der Ringstäbe $x \cdot n$;
die Anzahl der Sparrenstäbe $x \cdot (n-1)$;
die Anzahl der Diagonalen $x\,(n-1)$;
die Anzahl der Auflagerunbekannten $2x$;
die Anzahl der Raumpunkte $x \cdot n$.

Somit ist:

$$\begin{aligned} s_0 + a &= x\,n + 2\,x\,(n-1) + 2\,x \\ &= x\,n + 2\,x\,n - 2\,x + 2\,x = 3\,x\,n \\ &= 3\,K_r = 3\,x\,n. \end{aligned}$$

Bezüglich der Umwandlung der linear beweglichen Lager in feste Punkte, den hierdurch bei statischer Bestimmtheit bedingten Fortfall des Fußringes und der Hinzufügung eines Firstpunktes über dem Laternenring, endlich über die stabile Lagerung der Kuppel, d. h. die zweckmäßige Bewegungsrichtung der Lagerbahnen gilt genau dasselbe wie von der Netzwerkkuppel.

c) Die Zimmermannsche Kuppel (Fig. 134). Die Zimmermannsche Kuppel (Reichstags - Kuppel) ist durch ihre besondere Lagerung ausgezeichnet. Während an den Eckpunkten des Fußringes sich Kugellager befinden, die demgemäß nur senkrechte Drücke aufzunehmen und ausschließlich senkrechte Lasten zu übertragen vermögen, befinden sich in der Mitte der Fußringstäbe noch besondere Pendellager, welche ein Ausweichen senkrecht zu der betr. Mauer ge-

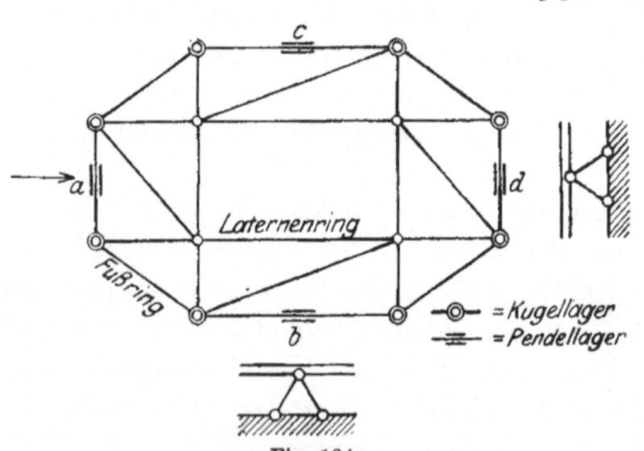

Fig. 134a.

statten, also nur in der Längsrichtung dieser Kräfte übertragen. Demgemäß werden diese Lager, aber auch nur sie, den auf die Kuppel entfallenden Wind aufnehmen und ihn durchaus unschädlich für den Unterbau auf die Mauern in deren Längsrichtung übertragen. Demgemäß wird für eine von links in Fig. 134 kommende Windbelastung eine Beanspruchung der Lager *b* und *c* eintreten, während bei einer um 90° veränderten Windrichtung die Lager *a* und *d* zur Kraftübertragung gelangen.

Die Zimmermannsche Kuppel ist meist eingeschossig gebaut; jedenfalls hat sie stets eine ungerade Anzahl von Stockwerken. Ihr Stabwerk ist dadurch ausgezeichnet, daß auf den oberen Laternenring ein Ring folgt, dessen Ecken abgeschnitten sind, der also doppelt soviel Seiten aufweist wie der erstere. Die zwischen beiden Ringen gebildeten Vierecke sind durch einfache Diagonalen ausgesteift.

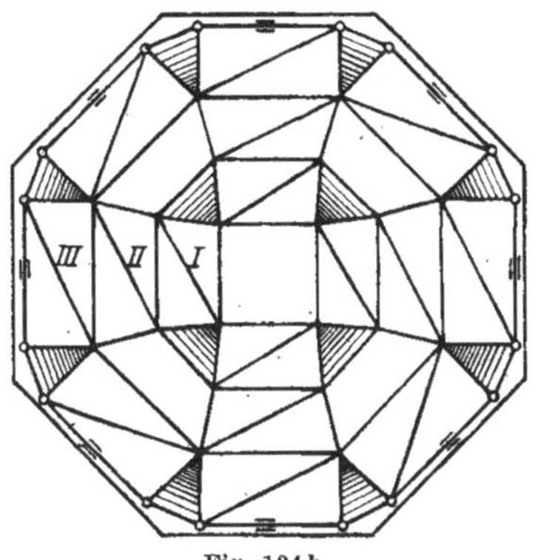

Fig. 134 b.

Alle Eckpunkte der Kuppel sind Raumpunkte; hingegen sind die Lagerpunkte *a*, *b*, *c*, *d* nur ebene Punkte, da hier die (gedachten) Pendelstäbe und der Fußringstab je in einer Ebene (der senkrechten) liegen. Besitzt der Laternenring n Stäbe, so hat der Fußring $2\,n$ Stäbe; zudem treten noch $2\,n$ Gratstäbe an den „abgeschnittenen“ Ecken, n Diagonalstäbe und n Teilstäbe infolge der Zwischenlager *a*, *b*, *c*, *d* hinzu. Demgemäß wird:

$$s_0 = n + 2\,n + 2\,n + n + n = 7\,n;$$
$$a = 2\,n \cdot 1 + n \cdot 2 = 4\,n;$$
$$K_r = 3\,n; \qquad K_e = n.$$

Es wird mithin die Gleichung:

$$s_0 + a = 3\,K_r + 2\,K_e$$

erfüllt:

$$7\,n + 4\,n = 11\,n = 3 \cdot 3\,n + 2\,n = 11\,n.$$

Demgemäß ist die Zimmermannsche einstöckige Kuppel statisch bestimmt.

In Fig. 135 ist eine Zimmermannsche Kuppel von 3 Stockwerken dargestellt. Hier ist das Bildungssystem das gleiche wie bei der einstöckigen Ausbildung. Die dargestellte Kuppel besitzt 92 Stäbe. Ferner ist

$$a = 16 \cdot 1 + 8 \cdot 2 = 32; \quad K_r = 36; \quad K_e = 8.$$
$$s_0 + a = 3\,K_r + 2\,K_e.$$
$$92 + 32 = 124 = 3 \cdot 36 + 2 \cdot 8 = 108 + 16 = 124.$$

d) Die Schlinkschen Kuppeln mit Zimmermannscher Lagerung. Bei der in Fig. 135 dargestellten einstöckigen Kuppel zählt, wie bei der unter c) behandelten Bauart, der äußere Ring doppelt soviel Stäbe als der innere (Laternenring). Die Lager sind abwechselnd Kugel- und Zimmermannsche Pendellager. Letztere nehmen also auch hier nur Drücke in der Längsrichtung der Mauern auf. Die Ausfachung be-

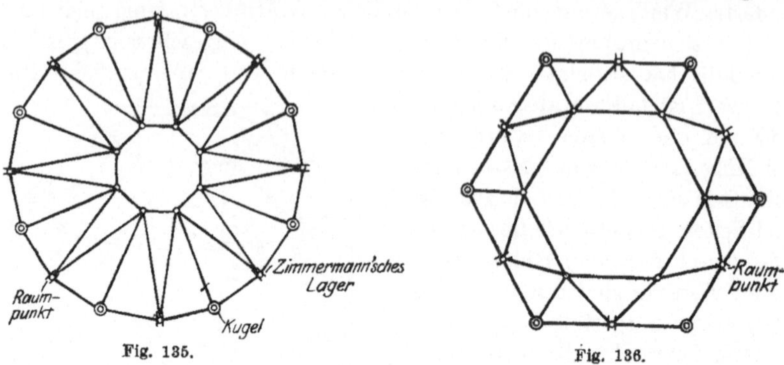

Fig. 135. Fig. 136.

steht aus Dreiecken — Netzwerkstäben — (nach den Pendellagern zu) und einfachen Sparren. Alle Knotenpunkte sind Raumpunkte. Bei einem n-Eck des Laternenringes wird die Anzahl aller Ringstäbe $3\,n$. die der Sparren n, die der Netzwerkstäbe $2\,n$; es wird somit

$$s_0 = 6\,n; \qquad a = n + 2\,n = 3\,n; \qquad K_r = 3\,n.$$

$$s_0 + a = 6\,n + 3\,n = 9\,n = 3\,K_r = 3 \cdot 3\,n.$$

Diese Beziehung ändert sich auch nicht, wenn man (Fig. 136) je zwei der Fußringteile in eine Gerade zusammenfallen läßt und somit die zweistäbigen Lager in die Mitte der Fußringteile verlegt, die Ecken aber alle auf Kugeln liegen läßt. Hierbei bleiben auch die Pendellagerpunkte Raumpunkte, da die anschließenden Stäbe zwar alle in eine Ebene fallen, aber die zwei Lagerstäbe in einer anderen liegen (nämlich in der senkrechten Ebene). Es entsteht somit ein statisch bestimmter Unterbau, auf dessen oberem Ring nun Kuppelerweiterungen nach Schwedlerscher Bauart, nach einer Netzwerkausbildung usw. angefügt werden können. Beispiele hierfür liefern die Fig. 137—139. Im ersteren Falle ist über einem Unterbau gemäß Fig. 136 über quadratischem Grundrisse eine Schwedlerkuppel errichtet. Die statische Bestimmtheit folgt aus:

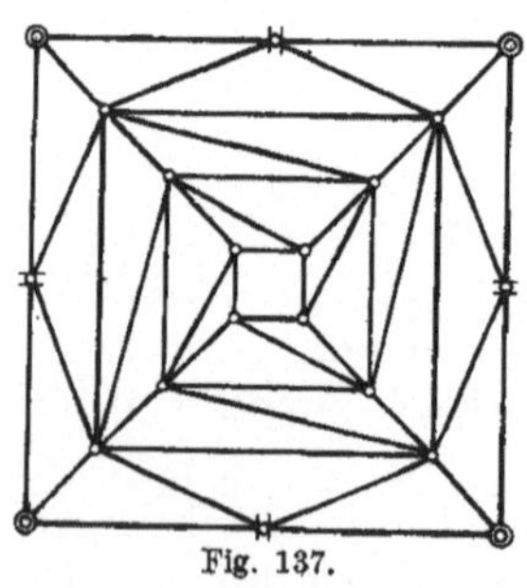

Fig. 137.

$$s_0 = 48; \qquad a = 12; \qquad K_r = 20,$$

also:

$$s_0 + a = 48 + 12 = 60 = 3\,K_r = 3 \cdot 20.$$

In Fig. 138 ist bei dem gleichen Grundrisse die Ausfachung durch Sparren und Dreiecke bewirkt.

$$s_0 = 60; \qquad a = 12; \qquad K_r = 24.$$

$$s_0 + a = 72 = 3\,K_r = 3 \cdot 24.$$

Werden hierbei — ungünstig für die Stützung der Dachhaut mit ihrem Unterbau — die Dreiecke zu flach, so kann man (Fig. 139) auch noch

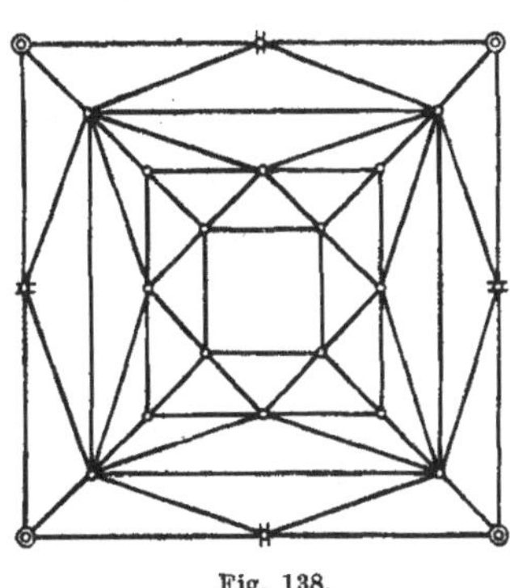

Fig. 138.

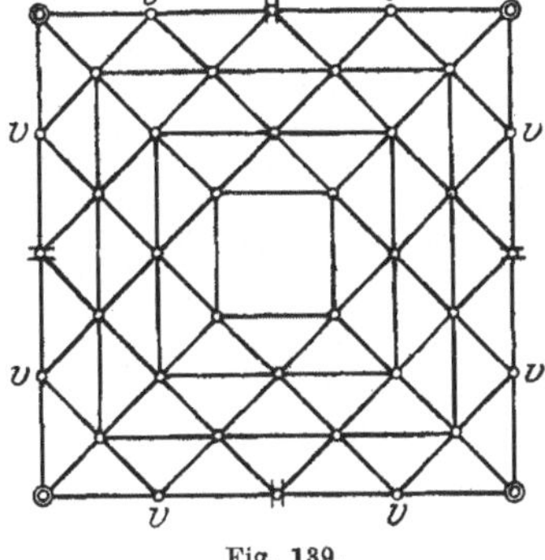

Fig. 139.

mehr solcher einfügen, ohne daß die statische Bestimmtheit verändert wird. Hier sind allerdings dann die Punkte v im Fußring, da sie keine Lagerunterstützung besitzen, nur ebene Knotenpunkte. Es wird:

$$s_0 = 100; \qquad a = 12; \qquad K_r = 32; \quad K_e = 8$$

und somit:

$$s_0 + a = 100 + 12 = 112 = 3\,K_r + 2\,K_e = 3 \cdot 32 + 2 \cdot 8 = 96 + 16 = 112.$$

3. Die einfachen räumlichen Zelt- und Turmdächer.

Räumliche Zelt- und Turmdächer, die in ihrer Fachwerksausgestaltung sich den Raumkuppeln, namentlich den Schwedlerschen, anschließen, unterscheiden sich untereinander nur äußerlich durch die Stärke der Neigung ihrer Dachflächen. Während Zeltdächer flacher geneigt sind, zeigen die Turmdächer steilen Verlauf. Die Grenze wird bei einer Neigung von etwa 1 : 1,4 angenommen, d. h. bei der Neigung, von der an der Schnee nicht mehr liegen bleibt, sondern abgleitet. Demgemäß sind Zeltdächer für Eigengewicht, Schnee und Winddruck, Turmdächer nur für ersteres und Wind zu berechnen. Letzterer spielt bei hohen Turmdächern eine besondere Rolle, gegen ihn sind die Dächer in der Regel fest zu verankern. Bei dem Nachweise der Sicherheit eines Turmdaches gegenüber dem Kippen durch Wind ist es notwendig, die geringste mögliche Last des Turmes in Rechnung zu stellen, d. h. für ihn einen Bau- bzw. Wiederherstellungszustand zugrunde zu legen, bei dem der Turm zwar schon verschalt oder gelattet ist, die Windfläche also in möglichster Größe, das Eigengewicht aber wegen Mangels der Dachdeckungslasten verringert eingeführt wird. Bei der Berechnung auf Kippen wird ferner anzunehmen sein, daß der Turm versuchen wird, um seine äußerste Kante auf der vom Wind abgewandten Seite zu kippen und daß die verschiedenen Verankerungsstellen einen Widerstand leisten, der ihrer Entfernung von der Drehkante proportional ist. Bei dieser Berechnung wird in der Regel die Windrichtung wagerecht angenommen und der Wind auf die alsdann zu seiner Richtung senkrecht stehende, senkrechte Projektion des Turmdaches bezogen; als Einheitsbelastung ist hierbei der Sicherheit halber ein Winddruck von 150 kg/qm einzuführen. Bei dem in Fig. 140 dargestellten achtseitigen Turmdach würde z. B. der Winddruck auf eine Dreiecksfläche mit der Grundlinie rs und der Höhe h zu berechnen sein und demgemäß sein Angriffspunkt im unteren Drittelpunkt der Höhe h liegen. Ferner ist v der Drehpunkt für eine unter der Einwirkung des Windes stattfindende Kippbewegung, also wy die Drehkante. Auf sie bezogen lautet also die Momentengleichung:

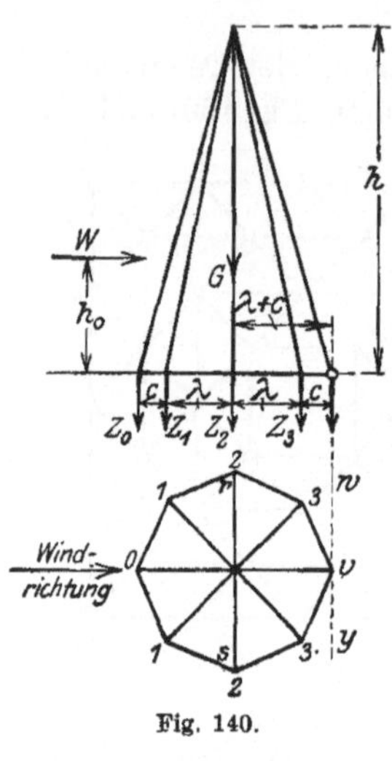

Fig. 140.

$$Z_0(2\lambda + 2c) + 2Z_1(2\lambda + c) + 2Z_2(\lambda + c) + 2Z_3 c + G(\lambda + c) - Wh_0 = 0 .$$

Hierbei sind Z_0, Z_1, Z_2, Z_3 die Ankerkräfte in den Punkten 0 bzw. 1 bzw. 2 bzw. 3.

Ferner nimmt man an, daß, um in der obigen Gleichung nur eine Unbekannte zu erhalten, die Beziehungen bestehen:

$$Z_0 : 2Z_1 = (2\lambda + 2c) : (2\lambda + c) ,$$
$$Z_0 : 2Z_2 = (2\lambda + 2c) : (a + c) ,$$
$$Z_0 : 2Z_3 = (2\lambda + 2c) : c ,$$

$$Z_1 = \frac{Z_0(2\lambda + c)}{2 \cdot (2\lambda + 2c)} ; \quad Z_2 = \frac{Z_0(a + c)}{2 \cdot (2\lambda + 2c)} ; \quad Z_3 = \frac{Z_0 c}{2 \cdot (2\lambda + 2c)} .$$

Nach Einsetzung dieser Werte in die obige Gleichung wird endlich Z_0 als Unbekannte ermittelt und nach ihr jeder Anker bemessen, da der

Wind von allen Seiten kommen und somit jeder Ankerpunkt eine Beanspruchung wie Punkt 0 in Fig. 140 erhalten kann.

Liegt — wie stets — ein regelmäßig gestaltetes Turm- (oder Zelt-) Dach vor, so kann für gleichmäßig verteilte senkrechte Belastung die Spannkraftermittlung auf den folgenden Überlegungen sich aufbauen. Durch eine gleichmäßige Belastung werden alle Sparren in den einzelnen

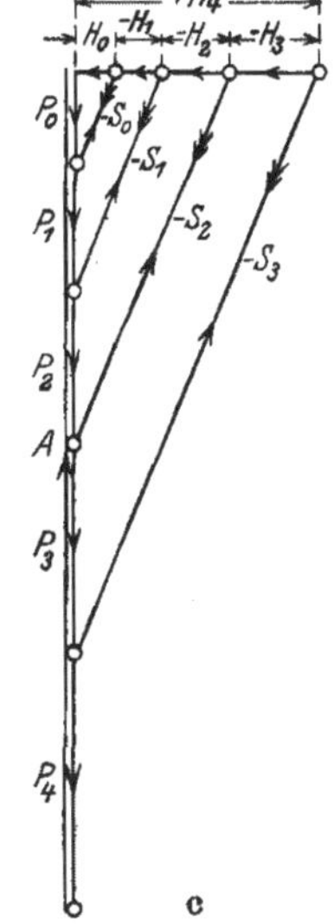

a b c

Fig. 141 a—c.

Stockwerken auch gleich stark belastet und ebenso werden alle Ringstäbe, die in einer wagerechten Ebene liegen, je die gleiche Spannkraft erhalten. Ist letzteres der Fall, so kann man (Fig. 141 a) je zwei von ihnen, die in einer Ecke des Turmdaches zusammentreffen, zu einer Mittelkraft H verbinden, die in der wagerechten Ebene und zugleich in der Ebene der anschließenden Sparren liegt. Unter Einführung dieser Mittelkraft kann man alsdann für jeden Sparren, da er mit seiner Belastung (P) und den Mittelkräften (H) der Ringstäbe in einer Ebene liegt, einen einfachen ebenen Kräfteplan zeichnen (Fig. 141 b u. c), aus dem die Kräfte S der Sparren und H abgeleitet werden. Aus H werden schließlich durch Zerlegung die R-Kräfte gewonnen. Da Turmdächer oben geschlossen sind, muß man hierbei allerdings auch für den obersten Sparrenpunkt eine H-Kraft einführen, obwohl hier kein Ring vorhanden ist, eine Kraft, die durch den

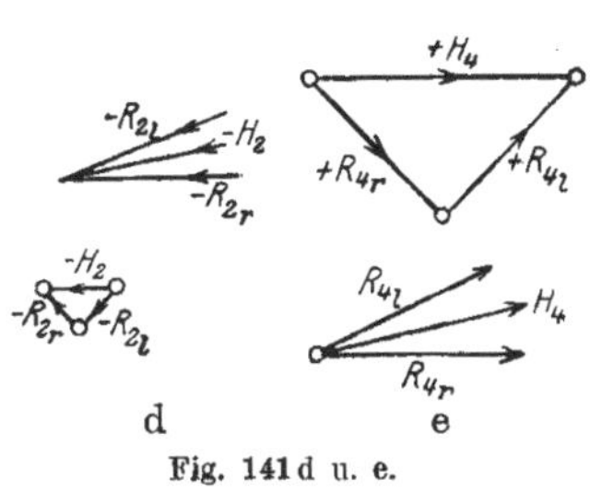

d e

Fig. 141 d u. e.

gegenseitigen festen Anschluß der Stäbe in der Turmspitze sich konstruktiv ausgleicht. Durch den Kräfteplan werden zugleich die Richtungen der Kräfte H bestimmt; sie weisen für alle oberen Ringebenen

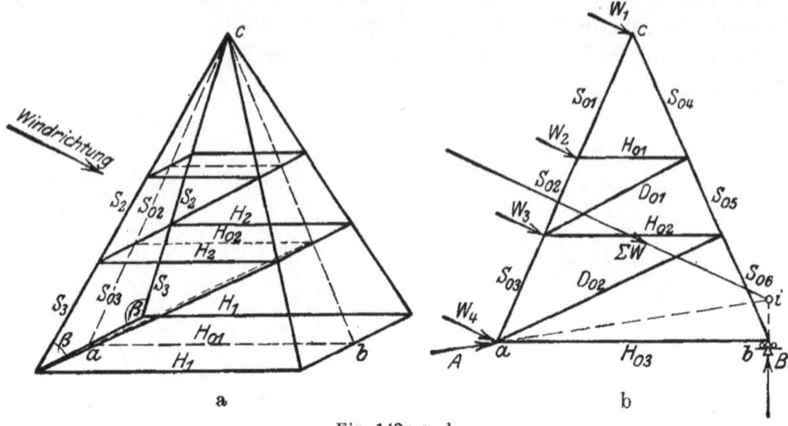

Fig. 142a u. b.

nach dem Anschlußpunkte hin, nur bei dem untersten Ring zeigt sich infolge der Einwirkung der Auflagerkraft der entgegengesetzte Richtungssinn. Demgemäß sind auch alle Ringstäbe bis auf den untersten Fußring, der gezogen ist, Druckglieder. Ebenso sind alle Sparrenteile durch die senkrechten Lasten gedrückt.

Es ist ersichtlich, daß das Rechnungsverfahren auch für ein mehr als vierseitiges Turmdach in genau derselben Weise durchgeführt werden kann.

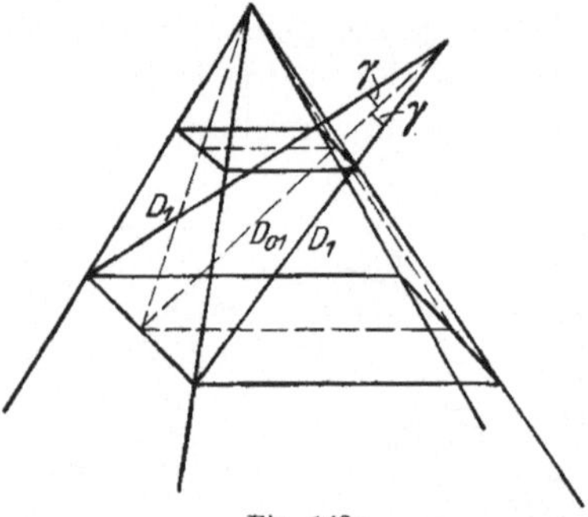

Fig. 142c.

Weniger einfach ist die nachfolgende angenäherte Berechnung für die Einwirkung des Windes, die auch nur für ein vierseitiges Turmdach durchführbar ist. Nimmt man den Wind senkrecht zu einer der geneigten Pyramidenflächen an, so denkt man sich in der Windrichtung einen ebenen ideellen Symmetriebinder $a\,b\,c$ gelegt, der in seiner Fachwerkseinteilung dem Turmdach sich anschließt (Fig. 142). Nimmt man dann an, daß dieser gedachte Binder wie ein Balkenbinder gelagert ist (Fig. 142b) und die gesamte auf das Turmdach bei der angenommenen Windrichtung entfallenden Winddrücke aufzunehmen hat, so kann man für ihn einen einfachen Kräfteplan zeichnen und seine Stabkräfte S_0, H_0

und D_0 bestimmen. Aus den so gefundenen Spannkräften des ideellen Binders *a b c* hat man dann rückwärts auf die entsprechenden Spannkräfte in dem Turmdache zu schließen. Es verteilt sich jede Stabkraft S_0, H_0 und D_0 auf je zwei entsprechende Stabkräfte im Turmdach. Hierbei ist (nach Fig. 142a u. c):

$$H_0 = 2H; \qquad H = \frac{H_0}{2}.$$

$$2S = \frac{S_0}{\sin\beta}; \quad S = \frac{S_0}{2\sin\beta}; \quad D = \frac{D_0}{2\cos\gamma}.$$

Naturgemäß kann eine solche Berechnungsart nur auf eine grobe Annäherung Anspruch machen.

Daß bei dem Entwurfe verwickelter Turmdächer, z. B. der Dachreiter, auch unter Wahrung ausreichender Stabilität gegenüber der Einwirkung des Windes für die statische Bestimmtheit des Gesamtsystems gesorgt werden kann, möge aus Fig. 143 entnommen werden. Hier baut sich über einem quadratischen Grundrisse ein achtseitiger Dachreiter auf. Abgesehen von seiner obersten Spitze ist das Gesamtsystem statisch bestimmt, wenn man den Unterbau auf vier Kugellager und vier feste Lager (Ankerpunkte) stützt. Hierbei kann man erstere an den Ecken oder in der Mitte der Unterbauseiten anordnen. Die statische Bestimmtheit der Gesamtanordnung ergibt sich aus der Gleichung:

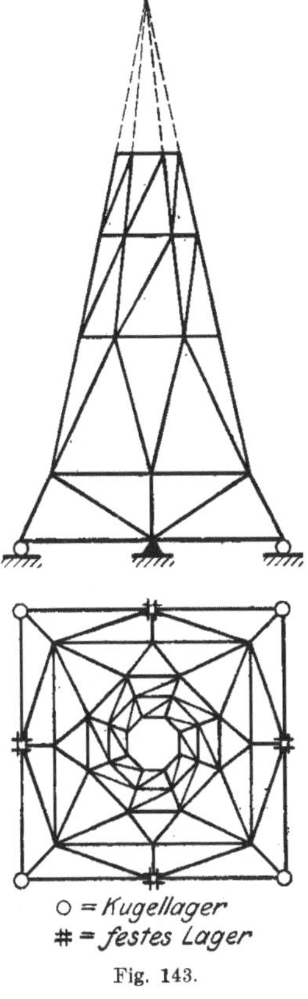

Fig. 143.

$$s_0 + a = 3K_r; \quad s_0 = 104; \quad a = 4\cdot 1 + 4\cdot 3 = 16; \quad K_r = 40.$$
$$s_0 + a = 104 + 16 = 120 = 3K_r = 3\cdot 40 = 120.$$

12. Kapitel.

Die Berechnung der Tonnengewölbe.

Ein Tonnengewölbe ist ein bogenartiges Tragwerk, bei dem sich unter der Einwirkung der äußeren Kräfte eine Mittelkraftlinie — wie für Dreigelenkbögen bereits auf S. 75 gezeigt würde — ausbildet. Meist wird diese Mittelkraftlinie, da sie bei Gewölben aus einzelnen

Druckkräften sich zusammensetzt, mit Drucklinie bezeichnet, oder auch, da sie eine in sich gestützte Linie darstellt, mit Stützlinie benannt. Diese Stützlinie verbindet im Gewölbe die Gesamtheit aller der Punkte, in denen die Gewölbequerschnitte von der Mittelkraftlinie, d. h. also den je auf sie wirkenden Mittelkräften geschnitten werden. Wegen der Mittelkraftlinie sei auf die Theorie des Dreigelenkbogens S. **73** ff. verwiesen, und zwar, weil Tonnengewölbe im Hochbau als **Dreigelenkbogen** berechnet zu werden pflegen.

Um dies zu können, nimmt man die Durchgangspunkte für die Mittelkraftlinie sowohl in den Mitten der Kämpferfugen, als auch der Scheitelfuge an. Hierdurch wird das sonst dreifach statisch unbestimmte Gewölbe ein statisch bestimmter Bogen und somit seine Berechnung eine einfache, auf der Theorie des letzteren sich aufbauend.

Die Zerstörung eines Tonnengewölbes kann erfolgen dadurch, daß das Gewölbe seine Widerlager verschiebt, somit seine Stütz-

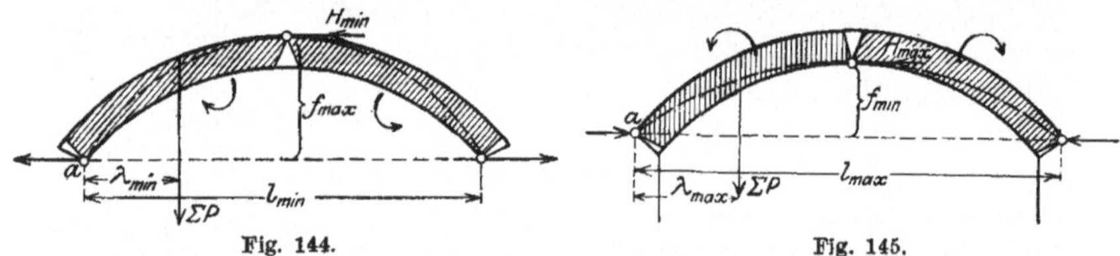

Fig. 144. Fig. 145.

weite vergrößert und endlich nach Öffnung von Fugen nach innen stürzt, oder daß die Widerlager gegen das Gewölbe schieben, seine Stützweite verkleinern und es — ebenfalls unter Öffnung von Fugen — nach oben herausdrücken. Hierbei kantet das Gewölbe nach außen. Diese beiden Einstürzmöglichkeiten sind in den Fig. 144 und 145 dargestellt.

Im ersteren Falle (Fig. 144) öffnen sich die Scheitelfugen an der inneren, die Kämpferfugen an der äußeren Gewölbeleibung. Kurz vor dem Stadium des Einstürzens ist hierbei noch eine Drucklinie im Gewölbe möglich, welche durch den unteren Fugenpunkt am Kämpfer und den oberen Fugenpunkt im Scheitel verläuft. Bildet man eine Momentengleichung für Punkt a, so ist:

$$H \cdot f_{\max} = \sum P \cdot \lambda_{\min} ; \qquad H = \frac{\sum P \cdot \lambda_{\min}}{f_{\max}} = H_{\min} .$$

Deshalb wird die hier noch mögliche Drucklinie als Minimallinie bezeichnet. Da hier das Gewölbe aktiv arbeitet und seinerseits eine Verschiebung der Widerlager bewirkt bzw. versucht, so kann man die Drucklinie auch mit „aktiver Drucklinie“ benennen. Wird vorausgesetzt, daß die betrachteten Fugen sich noch nicht öffnen und die Drucklinie hier innerhalb des Kerns des Gewölbes verbleibt, um das Auftreten von Zugspannungen zu verhüten, so würde die alsdann sich ausbildende Drucklinie höchstens durch den oberen Kernpunkt der Scheitel- durch den unteren Kernpunkt der Kämpferfuge gehen.

Kantet (Fig. 145) das Gewölbe nach außen, so öffnet sich die Scheitelfuge nach außen, die Kämpferfuge nach innen; hierdurch ist vor dem Einsturz die eingetragene Lage der Drucklinie gegeben. Eine Momentengleichung in bezug auf Punkt a liefert die Beziehung:

$$H \cdot f_{\min} = \sum P \cdot \lambda_{\max} ; \qquad H = \frac{\sum P \cdot \lambda_{\max}}{f_{\min}} = H_{\max} .$$

Demgemäß wird die hier sich ausbildende Drucklinie auch Maximallinie genannt. Für sie kann, da hier das Gewölbe durch den Schub des Widerlagers beeinflußt wird, also nur passiv wirkt, auch die Bezeichnung passive Gewölbelinie eingeführt werden.

Soll ein aus Stein oder Beton gebautes Tonnengewölbe stabil sein und keine zu starken Fugenbeanspruchungen erhalten, so muß die Drucklinie im Gewölbe verbleiben; sollen Zugspannungen in ihm vermieden werden, so darf sie, dem Kern des rechteckigen Querschnitts entsprechend, nicht aus dem inneren Drittel heraustreten.

Die Berechnung der Tonnengewölbe beruht in der Aufzeichnung der Mittelkraftlinie zu den gegebenen äußeren Kräften (Lasten). Hierbei wird es sich vorwiegend um Eigengewichtslasten handeln, sowohl des schweren Gewölbes selbst als auch der von ihm getragenen Bauteile. Zudem kann aber auch eine bewegliche Belastung in Frage kommen, sei es, daß diese durch Menschengedränge oder durch sonstige verschiebbare Nutzlast bedingt ist. Genau wie beim Dreigelenkbogen wird auch hier die Mittelkraftlinie auf zeichnerischem Wege gefunden und unmittelbar in das Gewölbe im Anschlusse an die angenommenen Gelenkpunkte, also die Fugenmitten am Kämpfer und im Scheitel, eingezeichnet. Um dies bequem ausführen zu können, wird zunächst die gesamte auf dem Gewölbe ruhende Last, die dauernde und die verschiebliche, in „Gewölbematerial" umgewandelt und als Belastungsfläche über dem Gewölbe aufgetragen. Das setzt naturgemäß voraus, daß das Raumgewicht des Gewölbematerials bekannt ist, auf das also alle Lasten umzurechnen sind[1]); mit anderen Worten:

[1]) Beträgt beispielsweise das Raumgewicht des Gewölbes $\gamma = 2{,}0$ und liegt auf ihm eine Überschüttung mit Sand von $\gamma = 1{,}8$, darauf eine Estrichausbildung mit $\gamma = 2{,}2$ und kann auf diese endlich eine verschiebliche Last von 500 kg/qm aufgebracht werden, so sind die einzelnen Höhen über dem Gewölbe bei der Überschüttung zu reduzieren auf: $\frac{1{,}8}{2{,}0} = \frac{9}{10}$, bei dem Estrich zu erhöhen auf $\frac{2{,}2}{2{,}0} = 1{,}1$, d. h. um 10 v. H. zu vergrößern, während an Stelle der beweglichen Belastung von 500 kg/qm eine Höhe von 25 cm an Gewölbematerial einzuführen ist, da eine Schicht dieses von 0,25 m ein Gewicht von $0{,}25 \cdot 2000 = 500$ kg/qm besitzt.

Auf dem Gewölbe ist eine gedachte Aufmauerung in seinem Material aufzubringen und in die Gewölbezeichnung einzutragen, welche ebenso schwer ist als wie die Belastung des Gewölbes. Alsdann stellen die Belastungsfläche und das Gewölbe eine homogene Masse dar, deren Abmessungen und weiter deren Gewichte unmittelbar aus der Zeichnung entnommen werden können.

Die statische Berechnung wird stets für einen Gewölbestreifen von 1 m Tiefe mit seiner Belastung durchgeführt. Um die Mittelkraftlinie zu zeichnen, wird die Belastungsfläche in eine Anzahl soweit wie möglich gleich breiter Streifen (mit rundem Maße 1, 1,5,

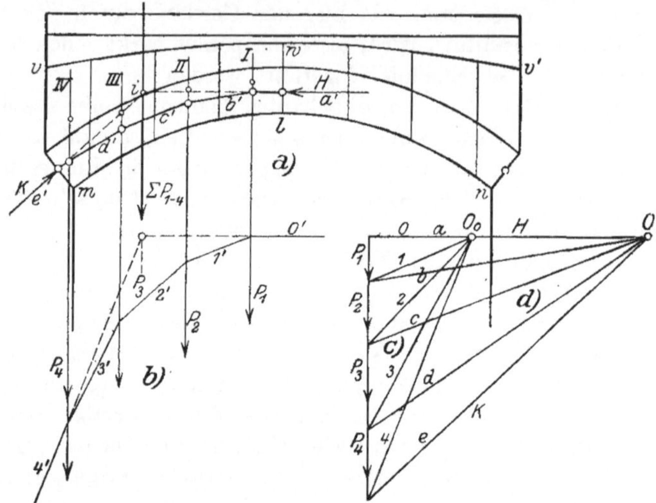

Fig. 146 a—d.

2,0 m) so eingeteilt, daß in der Scheitelfuge zwei solcher Streifen zusammentreffen. Bei einem symmetrischen Gewölbe, wie es meist vorliegt, ist demgemäß die Anzahl der Belastungslamellen eine gerade. Für die einzelnen Streifen werden weiter die Schwerpunkte bestimmt, wobei man erstere ohne Bedenken als Trapeze auffassen kann. In den Schwerpunkten greifen alsdann die Streifengewichte an, die nunmehr die äußeren Lasten sind, zu denen die Mittelkraft- oder Drucklinie zu suchen ist. In Fig. 146a ist eine derartige Belastungsfläche für eine vollkommen symmetrische Vollbelastung des Gewölbes dargestellt. Die auf Gewölbematerial umgerechnete Fläche ist $m\ l\ n\ v'\ w\ v$. Sie wurde in acht Streifen eingeteilt, deren Gewichte für die Gewölbehälfte mit P_1, P_2, P_3 und P_4 eingeführt sind. Da es sich um eine vollkommen symmetrische Belastung des selbst symmetrischen Gewölbes handelt, verläuft, wie für Dreigelenkbögen auf S. 123 bereits ausführlich dargelegt wurde, die Mittelkraftlinie auch durchaus symmetrisch. Sie ist also im Scheitelgelenk wagerecht gerichtet. Demgemäß genügt es hier, zur Aufzeichnung der Drucklinie nur eine Gewölbehälfte heranzuziehen. Für eine solche und zwar die linke ist demgemäß durch Verwendung des Kraftecks in Fig. 146c mit dem beliebigen Pol O_0 und des Seilecks in Fig. 146b zunächst die Mittelkraft der diese Gewölbehälfte belastenden Kräfte P_1, P_2, P_3, $P_4 = \sum P_{1-4}$ gefunden. Da der Scheiteldruck (H) wagerecht verläuft, die betrachtete Gewölbehälfte aber im Gleichgewicht stehen muß unter ersterem, $\sum P_{1-4}$ und dem Kämpferdruck, so ist auch letzterer sofort gefunden. Er muß im Gewölbe durch Punkt i (den Schnittpunkt von H und $\sum P_{1-4}$) gehen. Da drei Kräfte nur unter sich im Gleichgewicht sein können, wenn sie sich in einem Punkte schneiden, wird hierdurch die Kämpferkraft (K) also in ihrer Richtung festgelegt. Demgemäß ist sie auch durch das Kraftdreieck in Fig. 146d einwandfrei in ihrer Größe bestimmt. Zugleich ist der so gefundene Pol der Pol für das Mittelkrafteck, mit dessen Hilfe die Mittelkraftlinie — Drucklinie — gezeichnet wird. Sie ergibt sich als das zugehörende Seileck, welches durch die Mitte der Scheitel- und Kämpferfuge hindurchgeht. Als Zeichnungskontrolle dient, daß das von einem dieser Fugenpunkte ausgehende Seileck auch genau durch den anderen Punkt gehen muß. Ist die Drucklinie gefunden, so kann mit ihrer Hilfe, da jede Seite von ihr jeweils die Mittelkraft in dem betreffenden Schnitte darstellt, auch die Spannung in ihm rechnerisch oder graphisch ermittelt werden.

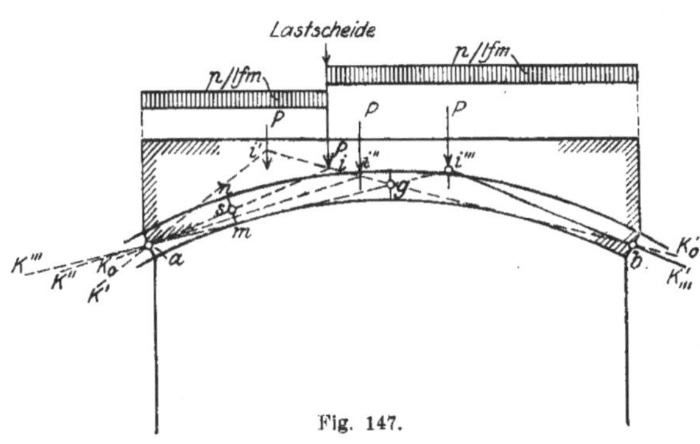

Fig. 147.

Liegt eine über das Gewölbe verschiebbare Last vor, so wird diese je nach dem betrachteten Querschnitte des Gewölbes eine verschiedene Lage einnehmen müssen, um die Grenzwerte der Spannungen im betrachteten Gewölbeschnitte zu erzeugen. Betrachtet man in diesem Sinne den Querschnitt $m\,n$ in Fig. 147, so liefern die Geraden $a\,s$ — also eine Gerade durch das linke gedachte Kämpfergelenk und den Schwerpunkt des Querschnittes $m\,n$ — und die Gerade $b\,g$ von rechts (Kämpfer- und Scheitelgelenk verbindend) einen Schnittpunkt i, der die „Lastscheide" für den betrachteten Querschnitt ergibt. Eine Kraft P in i liefert eine Normalkraft für $m\,n$, die durch dessen Schwerpunkt geht (s) und somit keinerlei Biegung, sondern nur eine reine, gleichmäßig verteilte Normalspannung im Querschnitt hervorruft. Ändert jedoch P seine Lage, gelangt es nach i' bzw. nach i'' oder i''', so entstehen jeweilig Momente, die, je nachdem der neue Angriffspunkt links oder rechts von i liegt, in verschiedenem Sinne drehend wirken. Demgemäß werden alle verschieblichen Lasten, die rechts von i liegen, und ebenso die links von i sich befindenden die Randspannungen des Querschnitts $m\,n$ im entgegengesetzten Sinne beeinflussen. Lasten rechts werden am unteren Fugenrand die größte, am oberen die kleinste Druckspannung bzw. hier eine Zugspannung bedingen, während bei Lasten links oben die größte, unten die kleinste Druckbelastung bzw. an letzterem Rande ein Zug auftritt. Es scheidet also Punkt i diese verschiedenen Beeinflussungen der Spannung in $m\,n$, wodurch seine Benennung als „Lastscheide" sich rechtfertigt. Handelt es sich also um eine verschiebliche Last über dem Gewölbe, so ist sie einmal von b bis i, das andere Mal von i bis a aufzubringen, um die Grenzwerte der Randspannungen zu finden (vgl. Fig. 147).

Aus der Figur ergibt sich zudem, daß diese Teilbelastung, da für eine jede Querschnittsfuge eine besondere Lastscheide besteht, für jeden Querschnitt verschieden ist, daß sie also immer nur für einen bestimmten Querschnitt bestimmt werden kann. Denkt man daran, daß in der Mitte der Scheitel- bzw. Kämpferfugen Gelenke, d. h. festliegende Durchgangspunkte für alle Stützlinien angenommen werden, daß also gewissermaßen um diese Punkte für verschiedene bewegliche Belastung die Drucklinien pendeln, so wird ihr größter Ausschlag in der Mitte zwischen diesen Gelenkpunkten zu erwarten stehen, also in der „$\frac{l}{4}$-Fuge" (l ist die Stützweite des Gewölbes) auch die stärkste Abweichung der Drucklinie von der Mittellinie des Gewölbes und damit das voraussichtlich größte Moment und somit die stärkste Materialbeanspruchung auftreten. Aus diesem Grunde wird im Hochbau meist die Spannung in der „$\frac{l}{4}$-Fuge" untersucht. Bei verschiebbarer Last entsteht alsdann, bei sonst symmetrisch geformtem und symmetrisch belastetem Gewölbe eine unsymmetrische Belastung, die ein Aufzeichnen der Drucklinie nach der auf S. 69 und in Fig. 76 gegebenen Berechnungsart verlangt. Eine solche Berechnung ist in Fig. 148a—f durchgeführt. Für die $\frac{l}{4}$-Fuge $m\,n$ ist die Lastscheide i_0 bestimmt und der rechts von ihr liegende — größere — Gewölbeteil durch die verschiebbare Last p belastet; auch hier sind alle Lasten auf Gewölbematerial umgerechnet, also eine vollkommen homogene Lastfläche geschaffen. Diese ist alsdann in einzelne Streifen zerteilt, wobei daran zu denken ist, daß einmal eine Streifengrenze durch die Scheitelfuge geht und zum anderen mit einer Streifenbegrenzung auch der Abschluß der verschieblichen Lastfläche zusammenfällt, hier die Begrenzung also durch die Lastscheide geht. Der weitere Gang zur Einzeichnung der Drucklinie ist genau der gleiche, wie auf S. 76 beim Dreigelenkbogen ausführlich dargelegt wurde. Nach Bestimmung der Streifenkräfte (auf 1 m Gewölbetiefe) P_1 bis P_{10} wurde zunächst für die rechte Gewölbehälfte die $\sum P_{1-5}$, alsdann für die linke $\sum P_{6-10}$ in ihrer Lage bestimmt. Hierzu dienen das beliebig ge-

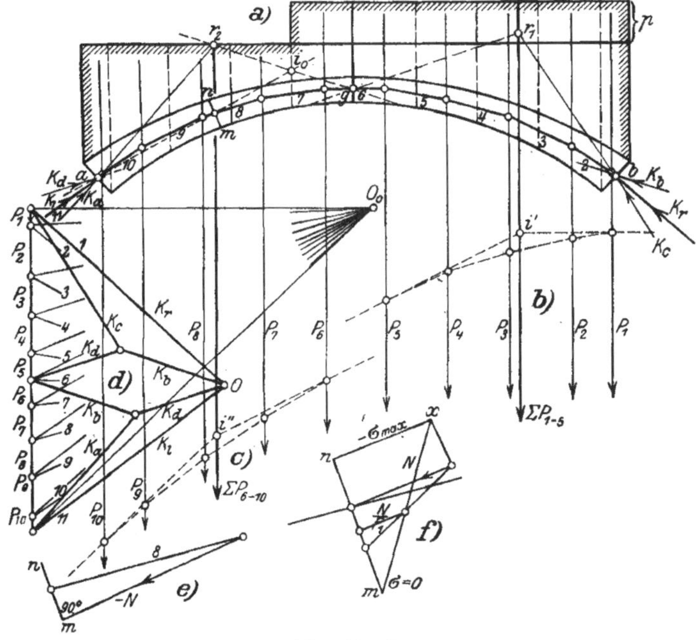

Fig. 148 a—f.

wählte Krafteck mit dem Pole O_0 und die beiden Seilecke in Fig. 148 b u. c. Mit Hilfe der $\sum P_{6-10}$ und $\sum P_{1-5}$ werden alsdann die Teilkämpferdrücke K_a und K_b bzw. K_c und K_d in ihrer Richtung bestimmt und durch das Krafteck (Fig. 148d) ihrer Größe nach gefunden. Vereinigt man dann auf graphischem Wege (Fig. 148d) die am linken Kämpfer auftretenden Kräfte K_a und K_d bzw. die rechts gefundenen K_b und K_c zu je einer Mittelkraft K_l bzw. K_r, so liefern diese endlich den Pol O, mit dessen Hilfe zu den vorliegenden Kräften die Drucklinie durch die Gelenkpunkte a, g und b gezeichnet wird. Als Zeichnungskontrolle dient auch hier, daß die von einem dieser Punkte begonnene Linie durch alle drei Punkte hindurchgeht.

Will man endlich die Spannungen in der Fuge mn finden, so ist hierfür die für letztere in Frage kommende Mittelkraft heranzuziehen, d. h. die Seite der Drucklinie zwischen den rechts und links liegenden Kräften, also zwischen P_7 und P_8, d. i. Kraft 8 im Krafteck. Zunächst ist diese Kraft (Fig. 148e) in eine Seitenkraft senkrecht und parallel zur Fuge mn zu zerlegen, um die Normalkraft für letztere zu erhalten (N in Fig. 148e); alsdann ist auch der Spannungsverlauf in bekannter Weise gegeben (Fig. 148f). Da hier — zufällig — N durch den oberen Fugenkernpunkt hindurchgeht, so ist die Spannung an der inneren Gewölbeleibung $= 0$, an dem oberen Rande

$$= -\frac{2N}{F} = -\frac{2N}{mn \cdot 1}.$$

In genau derselben Weise ist jedes unsymmetrisch gestaltete oder belastete bzw. in beiden Hinsichten unsymmetrische Tonnengewölbe zu behandeln (vgl. Fig. 149); hier ist die Scheitelfuge in der Mitte zwischen den Kämpferfugen angenommen, von ihr aus, im Anschlusse an die vorliegende Belastungsfläche, die Einteilung dieser in Streifen bewirkt und nach Bestimmung der Mittelkräfte links und rechts vom Scheitel die Ermittlung der auftretenden Kämpferdrücke (K_l und K_r) genau wie vorstehend durchgeführt.

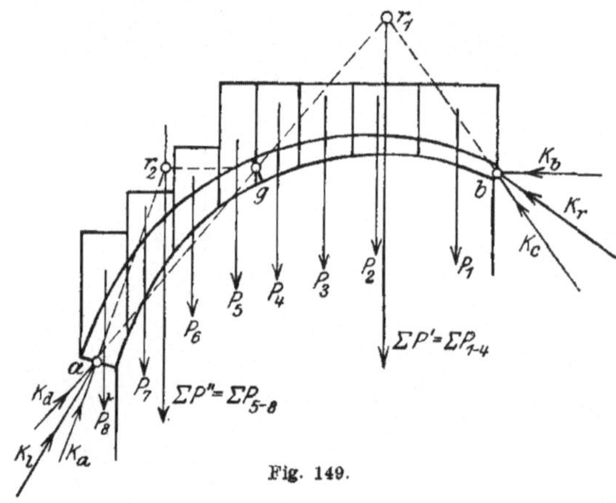

Fig. 149.

Bei der **Berechnung der Pfeiler,** auf welche die Tonnengewölbe sich stützen, sind zu trennen Endpfeiler (oder Widerlager) und Mittelpfeiler.

Bei den Endpfeilern (Fig. 150) ist, um den Schub des Gewölbes möglichst groß zu halten, das Gewölbe auf seine ganze Länge mit seiner Größtlast zu belasten, hier also neben dem Eigengewichte auch die verschiebbare Last auf die ganze Gewölbelänge aufzubringen. Hingegen ist das Endwiderlager nur durch Eigenlasten zu beanspruchen, bei ihm also auch kein seitlicher Erddruck in Rechnung zu stellen, da dieser die Lage der Mittelkraft günstig beeinflussen, d. h. im vorliegenden Falle nach rechts verschieben, also ihre Exzentrizität vermindern würde.

Zweckmäßig wird auch hier die Eigenlast über dem Widerlager in das Material dieses umgerechnet und durch eine entsprechende Belastungsfläche $r\,s\,t\,u$ (Fig. 150) ersetzt. Wird das Gewölbe selbst symmetrisch vorausgesetzt, so verläuft auch der Scheiteldruck wagerecht, so daß — gleichwie in Fig. 146 — aus H und $\sum P$ die Richtung des Kämpferdruckes K und dann weiterhin aus einem Kraftdreieck auch seine Größe bestimmt werden kann. Setzt man dann in einfachster Weise K mit der $\sum G_p$, d. h. dem Gesamtgewicht von Endpfeiler und dessen Eigenlast zusammen, so erhält man die Mittelkraft R, welche über die Pfeilerbeanspruchung, namentlich auch über die Belastung des Baugrundes Rechenschaft gibt. Hier wird in der Regel R außerhalb des Kernes fallen und somit für die Bestimmung des Bodendrukes nur der dreifache Abstand e (vgl. Fig. 150) maßgebend sein.

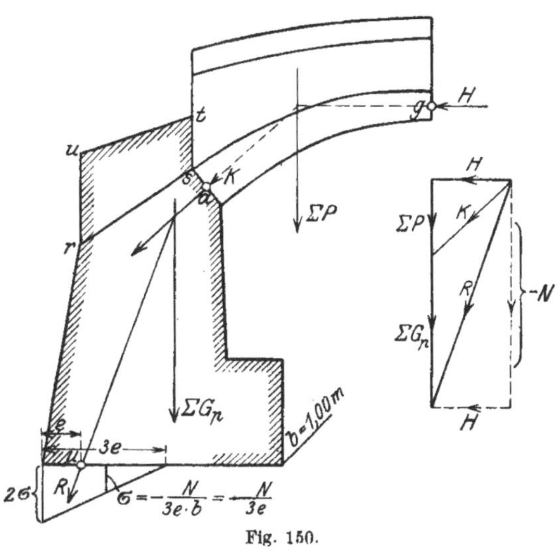

Fig. 150.

Ein Mittelpfeiler wird, namentlich wenn zwei Gewölbe von verschieden großer Spannweite an ihn anschliessen und eine verschiebliche Last vorliegt, dann am gefährlichsten belastet sein, wenn eines der Gewölbe, und zwar das größere, durch Nutz- und Eigenlast voll belastet ist, das andere aber nur durch Eigengewicht beansprucht wird. Alsdann findet eine exzentrische Belastung des Zwischenpfeilers statt. Sind beide Gewölbe gleich weit gespannt, so kann u. A. auch deren beiderseitige Vollbelastung die größte Pressung im Pfeiler hervorrufen. Der Rechnungsgang bei beiden Belastungsarten ist der gleiche; er soll im Anschlusse an Fig. 151 für eine exzentrische Pfeilerbelastung vorgeführt werden. Hier möge das rechte (größere) Gewölbe voll, der Pfeiler und das kleinere linke Gewölbe nur durch Eigengewicht beansprucht sein. Alle Belastungsflächen sind in Gewölbemauerwerk dargestellt, das auch für den Aufbau des Pfeilers Verwendung finden soll. Da es sich hier wiederum je um eine Vollbelastung eines symmetrischen Gewölbes handelt, genügt es, nur die anschließende Gewölbehälfte in Rechnung zu ziehen; auch sind deren äußeren Kräfte, $\sum P_1$, H_1 bzw. K_1 und $\sum P_2$, H_2

und K_2 ohne weiteres auffindbar nach Lage und Größe. Im Pfeiler werden alsdann die beiden Kämpferdrücke zur Mittelkraft R_1 zusammengesetzt und diese mit dem Pfeilergewicht (einschließlich seiner Auflast) bis zur Fuge $u\,t = G_1$ vereinigt. Es ergibt sich die Mittelkraft R_2, welche $u\,t$ in s schneidet und somit die Belastung dieser Fuge bestimmt. Endlich wird R_2 mit dem Fundamentgewichte G_f zu einer Mittelkraft R_3 zusammengesetzt, die, durch v gehend, die Fundamentsohle in w schneidet. Durch die senkrechte Seitenkraft von R_3 und ihren Angriffspunkt (w) sind schließlich die Randspannungen in der letzten Mauerfuge und die Belastung des Baugrundes in bekannter Weise abzuleiten.

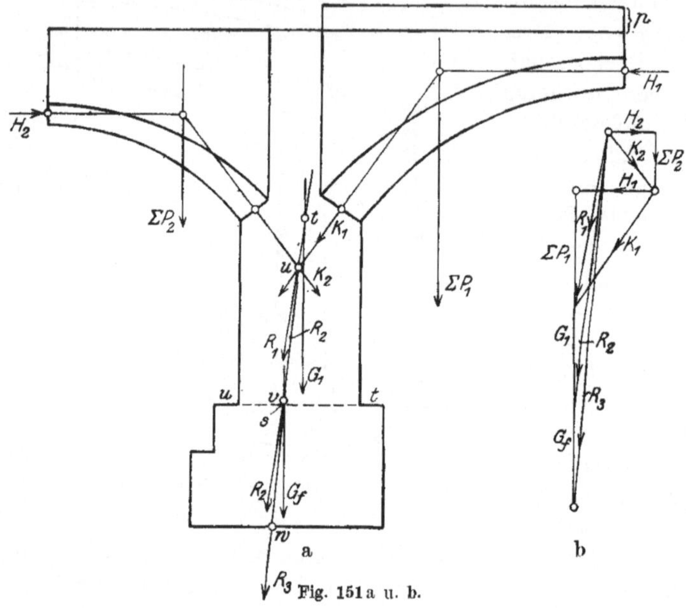

Fig. 151 a u. b.

Ist eine Vollbelastung beider anschließenden Gewölbe zu untersuchen, so verbleibt der Rechnungsgang genau der gleiche; sind hier die Gewölbe beide gleich stark belastet und gleich weit gespannt, so ergibt sich die Vereinfachung, daß $K_1 = K_2$ wird und ihre Mittelkraft senkrecht verläuft. Das bedingt alsdann bei symmetrischem Mittelpfeiler eine Beanspruchung dieses ausschließlich in seiner Achse, also eine zentrale Belastung nur auf Normaldruck und somit eine gleichmäßige Verteilung der Druckspannung in allen Querschnitten.

Wegen der in der hochbaulichen Praxis nur selten vorkommenden Berechnungen der Kreuzgewölbe und der massiven Kuppeln sei auf die größeren Werke der Statik, u. a. auch auf das Handbuch der Architektur 1. Band, zweite Hälfte, verwiesen.

13. Kapitel.

Die Grundzüge der Theorie des Erddruckes.

Der Erddruck auf eine senkrecht begrenzte Mauer bei wagerecht abgeglichener Hinterfüllung.

Wird lockere Erde auf eine wagrechte Ebene geschüttet, so bildet sie im Zustande der Ruhe mit der Wagrechten einen bestimmten Winkel, den sog. natürlichen Böschungswinkel (φ). Dieser ist abhängig von der Erdart, namentlich der inneren Reibung und der Klebekraft ihrer Einzelteile und dem Feuchtigkeitsgrade der Erde. Für gewöhnliche trockene Erde ist φ etwa $= 37°$, kann aber bei nasser Erde bis zu $20°$ herabgehen.

Will man der Aufschüttung eine größere Steilheit geben, als sie der natürliche Böschungswinkel zuläßt, so muß man die über der natürlichen Böschungslinie liegenden Erdmassen durch eine vorgesetzte Stütz- oder Futtermauer am Abrutschen verhindern (Fig. 152). Alsdann übt die über AC befindliche Erdmasse einen Druck auf die Stützmauer aus, die ihr Gleichgewicht halten muß. Weicht die Mauer ein wenig aus, so rutscht nicht das ganze Erdprisma ABC ab, sondern es bildet sich innerhalb dieses eine Gleit- oder Bruchebene AD aus, so daß nur das Erdprisma ADB mit der Mauer im Gleichgewicht zu stehen braucht, und auch nur einen Druck auf sie ausübt. Für die Ermittlungen der Abmessung der Mauer ist es notwendig, einmal die Lage der Gleitebene zu kennen und zum anderen hieraus die Größe des Erddruckes, weiterhin seine Richtung und seinen Angriffspunkt zu bestimmen.

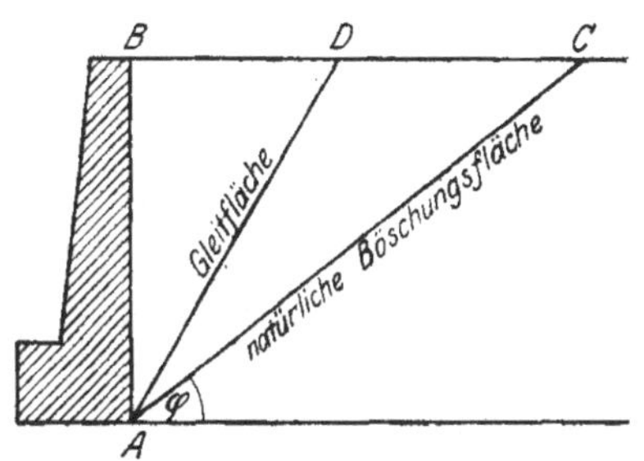

Fig. 152.

In Fig. 153 ist, auf 1 m Tiefe gerechnet, das Gewicht des Erdprismas $ABD = Q$:

$$Q = BD \frac{h}{2} \gamma ,$$

wenn γ das Raumgewicht der Erde bezeichnet. Da $BD = h \operatorname{tg} x$ ist, so ist:

$$Q = \frac{h^2}{2} \operatorname{tg} x \, \gamma = \frac{h^2}{2} \operatorname{cotg} (\varphi + y) \gamma .$$

Der Erdkörper ADB muß im Gleichgewicht sein unter der Einwirkung der drei Kräfte: Q, dem von der Mauer auf das Erdprisma ausgeübten Drucke $= E$ und dem Gegendruck des Erdprismas $ADC = W$. Diese drei Kräfte müssen sich in einem Punkte schneiden und unter sich demgemäß auch ein Kraftdreieck bilden (Fig. 152b). Aus ihm ergibt sich unter der Annahme, daß E senkrecht zu AB, d. h. wagerecht gerichtet ist:

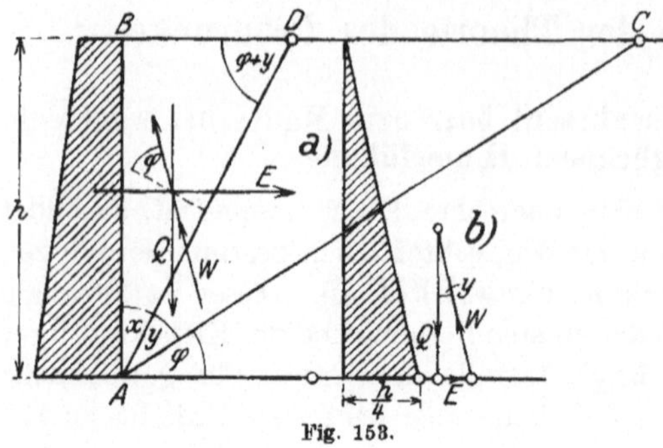

Fig. 153.

$$E = Q\,\mathrm{tg}\,y = \gamma \frac{h^2}{2} \mathrm{tg}\,x \cdot \mathrm{tg}\,y = \gamma \frac{h^2}{2} \mathrm{cotg}(\varphi + y) \cdot \mathrm{tg}\,y\,.$$

Da die Erde mit demselben Drucke gegen die Mauer einwirkt, wie diese gegen das Erdprisma, so ist E zugleich der gesuchte Erddruck.

Es sei zunächst im Interesse der Sicherheit der Rechnung untersucht, unter welchen Verhältnissen E einen Größtwert erhält.

Der Wert von E, wie er oben gefunden wurde, läßt sich in die Form bringen:

$$E = \frac{\gamma h^2}{2} \frac{\sin y \cdot \cos(\varphi + y)}{\cos y \cdot \sin(\varphi + y)} = \frac{\gamma h^2}{2} \frac{2 \sin y \cdot \cos(\varphi + y)}{2 \cos y \cdot \sin(\varphi + y)}$$

$$= \frac{\gamma h^2}{2} \frac{\sin[y + (\varphi + y)] + \sin[y - (\varphi + y)]}{\sin[(\varphi + y) + y] + \sin[(\varphi + y) - y)]}$$

$$= \frac{\gamma h^2}{2} \frac{\sin(2y + \varphi) - \sin\varphi}{\sin(2y + \varphi) + \sin\varphi}\,.$$

Soll E ein Größtwert werden, so muß der Zähler ein solcher sein. Da in ihm $\sin\varphi$ konstant ist, so muß $\sin(2y + \varphi)$ ein Maximum werden, d. h

$$\sin(2y + \varphi) = 1\,.$$

$$2y + \varphi = 90^\circ\,. \qquad y = \frac{90 - \varphi}{2} = 45 - \frac{\varphi}{2}\,.$$

Somit wird Winkel x:

$$x = 90 - \varphi - y = 90 - \varphi - \left(45 - \frac{\varphi}{2}\right) = 45 - \frac{\varphi}{2} = y\,,$$

d. h. die Gleitfläche AD halbiert den $\sphericalangle(x + y) = 90 - \varphi$.

Demgemäß ergibt sich:

$$E = \frac{\gamma h^2}{2} \operatorname{tg} x \operatorname{tg} y = \frac{\gamma h^2}{2} \operatorname{tg}^2\left(45 - \frac{\varphi}{2}\right).$$

Wird bei normalem, trockenem Erdmaterial der Mittelwert für $\varphi = 37°$ eingeführt, so ergibt sich:

$$\operatorname{tg}^2\left(45° - \frac{\varphi}{2}\right) = \operatorname{tg}^2\left(45° - \frac{37°}{2}\right) = \text{rd. } 0{,}25 = \frac{1}{4},$$

und somit:

$$\boldsymbol{E} = \frac{\gamma \boldsymbol{h}^2}{2} \frac{1}{4} = \frac{\gamma \boldsymbol{h}^2}{8},$$

d. h. der Erddruck wird bei der Mauerhöhe $= h$ durch ein Dreieck dargestellt, das eine Basis von $h/4$ und eine Höhe $= h$ hat, gerechnet auf 1 m Tiefe.

Für die häufiger vorkommenden Erdarten kann die nachfolgende Zusammenstellung dienen und im besonderen Falle zur Ermittlung der E-Größe benutzt werden:

Erdart	γ	φ	$\operatorname{tg}^2\left(45° - \frac{\varphi}{2}\right)$
Lehm, trocken	1,5	40—46°	0,217—0,163
Lehm, naß	1,9	20—25°	0,490—0,406
Tonerde, trocken	1,6	40—50°	0,217—0,132
Tonerde, naß	2,0	20—25°	0,490—0,406
Dammerde	1,6—1,7	30—37°	0,333—0,250
Kiese	1,86	25°	0,406

Handelt es sich um Wasser, so ist für dieses $\varphi = o$ und somit wird der Wasserdruck:

$$W = \frac{\gamma h^2}{2} \operatorname{tg}^2 45° = \frac{\gamma h^2}{2},$$

d. h. der Wasserdruck wird durch ein gleichschenklig rechtwinkeliges Dreieck mit der Höhe und Basis $= h$ dargestellt.

Bei der Unsicherheit, welche der ganzen Theorie des Erddruckes auch heute noch anhaftet, allein schon im Hinblicke auf die Frage, ob bei stark durchwässerter Erde Wasser und Erddruck sich addieren, ist es durchaus angebracht, je nach der vorhandenen Erdart mit einem einfachen Erddruckdreieck auch in den Fällen zu rechnen, in denen die Mauer an ihrer Rückseite schräge Ebenen aufweist, oder die Geländelinie gegenüber der Wagerechten ansteigt. Für gewöhnliche Dammerde wird es sich hierbei empfehlen, überall mit dem Erddruckdreieck, dessen

Basis $h/4$ ist, sinngemäß zu rechnen — vgl. Fig. 154 u. 155 —, deren graphische Ermittlungen naturgemäß nur den Anspruch auf angenäherte Schätzungen machen, aber für die im Hochbau auftretenden diesbezüglichen Aufgaben zu immerhin brauchbaren Lösungen führen. Bei der an ihrer Rückseite schräg geführten Stützmauer sind entsprechend den drei Neigungen $a\,b$, $b\,c$, $c\,d$ je drei Erddruckdreiecke mit Grundlinie von je $h/4$ konstruiert, deren Teile, soweit sie in den Bereich der einzelnen Mauerabschnitte fallen, als Erddruckflächen in Rechnung gestellt und durch Schraffur herausgehoben sind.

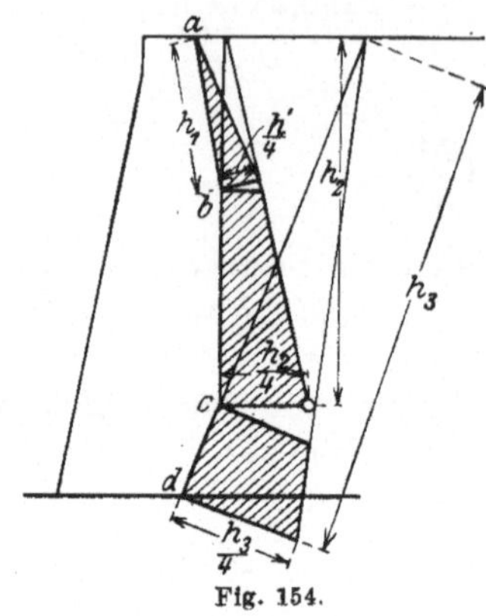

Fig. 154.

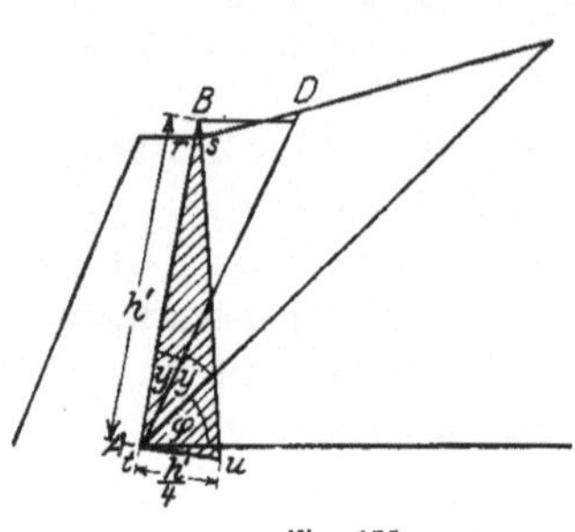

Fig. 155.

In ähnlicher grob angenäherter Weise ist bei der schräg ansteigenden Erdfläche in Fig. 155 zunächst durch Halbierung des Winkels zwischen Mauerinnenfläche und natürlicher Böschungslinie die Gleitebene $A\,D$ bestimmt und das verbleibende Erdlastendreieck $B\,D\,A$ in ein solches mit wagrechter oberer Begrenzung umgewandelt, das alsdann für die Bestimmung des Erddruckdreiecks als maßgebend erachtet ist. Auf die Hinterseite der Mauer lastet hier der Erddruck in Form des Trapezes $r\,s\,u\,t$.

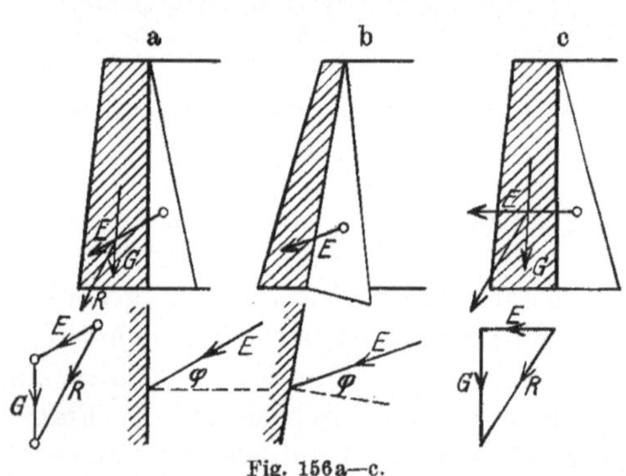

Fig. 156a—c.

Die Richtung des Erddruckes ist dadurch bestimmt, daß der Druck zwischen zwei sich berührenden Körpern theoretisch höchstens um einen Winkel von der Senkrechten zur Berührungsebene abweicht, der gleich dem Reibungswinkel, bei Erde also gleich dem natürlichen Böschungswinkel φ ist. Hierdurch ist die Richtung von E bestimmt (Fig. 156a, b). Vielfach rechnet man aber auch, dem Zustande der

Ruhe und des Gleichgewichts Rechnung tragend, wie vorstehend geschehen, mit einer wagrechten Richtung des Erddruckes, und zwar um so mehr, als hierdurch die Rechnung im Sinne größerer Sicherheit eine günstige Beeinflussung erhält (Fig. 156c). Ein Vergleich der Fig. 156a und c läßt dies deutlich erkennen, da in Fig. 156c bei wagrecht angenommenem Erddrucke nicht nur die Richtung von R flacher ausfällt, sondern auch sein Angriffspunkt höher zu liegen kommt und damit R in seinem weiteren Verlaufe günstiger fällt.

Der Angriffspunkt von E liegt naturgemäß im Schwerpunkt der Erddruckfigur, also im Schwerpunkt des Erddruckdreiecks bzw. Trapezes

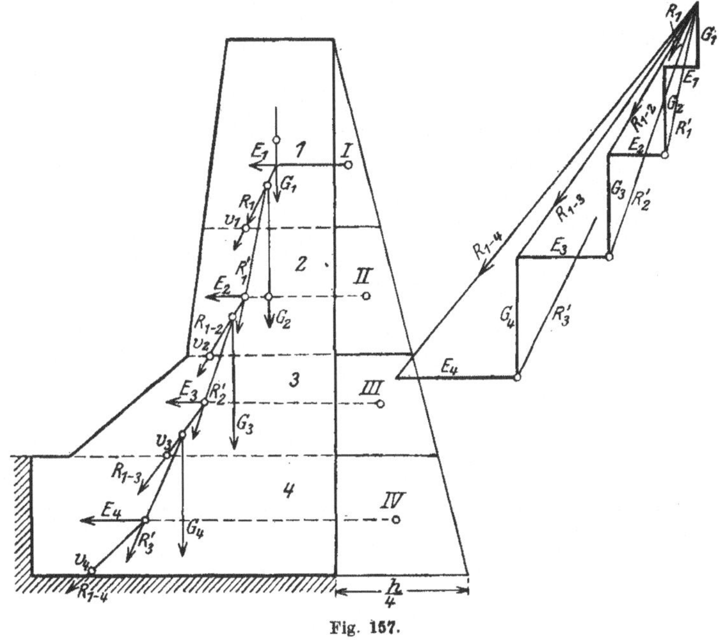

Fig. 157.

Will man innerhalb der Mauer den Verlauf der Kräfte festlegen, so ist sowohl das Erddruckdreieck als auch der Mauerquerschnitt — je wieder auf 1 m Tiefe — durch Wagerechte in eine Anzahl Streifen zu zerteilen, für die die Schwerpunkte sowie die entsprechenden Gewichte bzw. Erdlasten zu ermitteln sind. Die den einzelnen Abschnitten entsprechenden Kräfte sind alsdann in geeigneter Weise unter sich und mit den weiter nach unten folgenden Kräften zu Resultierenden zu vereinigen (vgl. Fig. 157). Hier ist in der Art vorgegangen, daß Erddruckdreieck und Mauer in je 4 Teile geteilt sind (*I*, *II*, *III*, *IV* bzw. 1, 2, 3, 4). Für diese alle sind die Schwerpunkte und die Erddrücke (gleich den betreffenden Flächeninhalten $\cdot \gamma$) E_1, E_2, E_3 und E_4[1]) bzw. die Mauergewichte G_1, G_2, G_3 und G_4 gefunden. Die Vereinigung der Kräfte beginnt mit der Zusammensetzung von E_1 und G_1 zu R_1. Mit R_1 wird alsdann (um günstige Schnitte zu erhalten) zunächst G_2 vereinigt und die Mittelkraft R'_1 gefunden, die nun ihrerseits erst mit E_2 zur Kraft R_{1-2} zusammengefaßt wird. In gleicher Weise ist die Zusammensetzung fortgeführt:

R_{1-2} vereint mit $G_3 = R'_2$
R'_2 „ „ $E_3 = R_{1-3}$
R_{1-3} „ „ $G_4 = R'_3$
R'_3 „ „ $E_4 = R_{1-4}$.

Aus den Kräften R_1, R_{1-2}, R_{2-3} und R_{1-4} lassen sich je die Beanspruchungen der Fugen berechnen bzw. für R_{1-4} die Bodenpressung bestimmen. Die in Frage kommenden Fugenschnittpunkte sind in Fig. 157 mit v_1, v_2, v_3 und v_4 bezeichnet.

Den auf die linke Seite des Fundamentes in Fig. 157 entfallenden kleinen, entgegengesetzt zu E_4 wirkende Erddruck in Rechnung zu stellen, empfiehlt sich nicht, da einmal an dieser Seite eine beabsichtigte oder nicht gewollte Wegnahme der Erde eintreten kann und zum anderen durch Nichtinrechnungstellung des Gegendrucks die Rechnung im Sinne erhöhter Sicherheit günstig beeinflußt wird.

[1]) Zur Kontrolle dient: $E_1 + E_2 + E_3 + E_4 = \frac{\gamma h^2}{8}$.